세포의 발견

The Birth of the Cell

디아스포라(DIASPORA)는 독자 여러분의 책에 관한 아이디어와 원고 투고를 기다리고 있습니다. 디아스포라는 전파과학사의 임프린트로 종교(기독교), 경제·경영서, 일반 문학 등 다양한 장르의 국내 저자와 해외 번역서를 준비하고 있습니다. 출간을 고민하고 계신 분들은 이메일 chonpa2@hanmail.net로 간단한 개요와 취지, 연락처 등을 적어 보내주세요.

세포의 발견
The Birth of the Cell

—
초판 1쇄 발행 2000년 09월 30일
개정 1쇄 발행 2025년 08월 19일

—
지 은 이 헨리 해리스
편   역 한국동물학회
발 행 인 손동민
디 자 인 오주희

—
펴 낸 곳 전파과학사
출판등록 1956년 7월 23일 제 10-89호
주   소 서울시 서대문구 증가로18, 204호
전   화 02-333-8877(8855)
팩   스 02-334-8092
이 메 일 chonpa2@hanmail.net
공식 블로그 http://blog.naver.com/siencia

ISBN   979-11-94832-19-5 (03470)

- 이 책은 저작권법에 따라 보호받는 저작물이므로 무단전재와 무단복제를 금지하며, 이 책 내용의 전부 또는 일부를 이용하려면 반드시 저작권자와 전파과학사의 서면동의를 받아야 합니다.
- 파본은 구입처에서 교환해 드립니다.

세포의 발견

The Birth of the Cell

헨리 해리스 지음 | 한국동물학회 편역

전파과학사

번역에 부쳐서

오늘날 중학교 이상의 교육을 받은 사람이라면 세포가 생물체의 구조적, 기능적 단위라는 사실과 세포라는 단어는 물론 핵, 세포질, 세포막 등의 용어쯤은 알고 있을 것이다. 세포의 발견은 훅(Robert Hooke)이 1665년 영국왕립학회에 코르크의 관찰을 발표한 것이 그 시초이나 세포의 의미와 중요성을 이해하는 데는 그로부터 100여 년이 지나서였다. 즉 1800년대 초 모든 생물체가 세포로 구성되어 있다는 세포설이 확립됨에 따라 세포생물학은 생물학의 중심 분야로 자리를 굳히게 되었다. 이로써 생물학의 전 분야에 비약적인 발전을 가져오는 토대를 구축하였고 현재는 세포의 미세구조와 각 부분의 기능이 상세하게 밝혀져 있음을 우리 모두가 알고 있다. 다시 말하여 세포생물학의 발전은 비단 세포에 대한 지식만이 아니라 생명과학 전체의 발전에 견인차 역할을 해왔다고 볼 수 있다.

한국동물학회 총서 제2권의 번역서로 선택된 이 책은 영국의 저명한 생물학자인 해리스가 세포의 발견에 중대한 공헌을 한 논문과 저서들의 원본을 지난 50여 년 동안 탐독한 내용을 정리하여 당시의 역사적, 사회적 배경과 과학적 움직임을 서술한 1999년도에 출간된 최신 서적이다.

이 책은 현재까지 밝혀진 세포생물학의 신지식을 소개하기보다는 1800년대 세포설이 확립되기까지의 역사를 서술하는 데 주목적을 두고 있다. 저자는 우리들이 일반적으로 알고 있는 내용, 즉 1830년대 식물과 동물이 세포로 구성되어 있다는 슐라이덴과 슈반의 주장과 세포는 이미 존재하고 있던 세포로부터 유래한다는 피르호의 세포 발생설 외에도 이들의 그늘에 가려 빛을 보지 못했던 여러 학자의 노력과 공헌을 강조하고 있다. 따라서 이 책은 생물학을 전공한 사람들은 물론 과학에 관심이 있는 일반인들도 세포설의 역사와 더불어 생명과학의 초기 발전상을 이해하는데 큰 도움을 줄 것으로 기대한다.

이 책의 번역을 주도하신 박은호 출판위원장과 김현섭 운영위원 및 위원, 그리고 번역의 노고를 마다하지 않은 여러 회원들의 헌신적인 봉사에 학회를 대표하여 감사드린다.

1999년 12월 31일
한국동물학회 회장
서울대학교 생물과학부 교수 정해문

원저에 대하여

이 책의 원저는 옥스퍼드대학교의 국왕 임명 교수(Regius Prof.)이자 명예교수인 헨리 해리스 경(Sir Henry Harris)이 저술한 『The Birth of the Cell』이다. 해리스 경은 왓킨스(J. F. Watkins) 교수와 함께 1965년 2월 13일 체세포 융합 기법을 개발하여 세포생물학뿐만 아니라 생명공학에 불후의 발자취를 남긴 현대 세포생물학의 거성이다. 그는 이 책을 통해 세포의 발견 과정을 추적하여 현대 생명과학의 뿌리가 되는 세포생물학의 발전사를 체계적으로 조명하였다.

1999년에 예일대학교 출판부(Yale University Press)에서 출판된 이 책의 내용이, 과거를 알아야 현실을 직시할 수 있고 미래를 예견할 수 있다는 간과하기 쉬운 평범한 진리를 후학에 일깨울 수 있다고 판단하여 이를 교양 총서 제2권으로 번역 출판하게 되었다. 학회의 방침에 따라서 30명의 회원이 분담하여 번역한 후 내용의 통일성을 기하기 위하여 이를 출판위원회에서 가필 정정하였다. 모든 생물학 용어는 『교육부 편수 자료』와 한국생물과학협회에서 지난 3년간 심의 제정하여 2000년 1월 15일에 출판한 『생물학 용어집』에 따랐다.

2000년 3월 1일
한국동물학회 출판위원장
한양대학교 자연과학대학 생물학과 교수 박은호

차례

번역에 부쳐서 5
원저에 대하여 7
서문 11

제1장 초기의 현미경학자들 | 17

제2장 알갱이, 섬유 및 꼬인 원통 | 41

제3장 프랑스의 경우 | 55

제4장 식물학자들 간의 격렬한 논쟁 | 81

제5장 세포에 대한 전형적인 독일 교과서들의 관점 | 99

제6장 작은 동물들 | 113

제7장 두모르티이와 몰 | 131

제8장 세포핵의 발견 | 155

제9장 조직학의 요람 | 167

제10장 뮐러, 슐라이덴과 슈반 | 187

제11장 슈반에 대한 견해 | 209

제12장 수정란에서 배아까지 | 233

제13장 **레마크와 피르호** | 255

제14장 **세포핵의 분열** | 273

제15장 **세포막의 필요 불가결함** | 293

제16장 **염색체** | 303

제17장 **세포내 유전 결정 인자들** | 327

서문

오랜 생물학의 역사상 세포설보다 생명과학에 더 큰 영향을 미쳤던 개념은 거의 없을 것이다. 세포설이란 모든 형태의 생명체가 현재 우리가 세포라 부르는, 독립적이지만 서로 연관된 단위로 이루어져 있다는 학설이다. 이러한 세포설에 대한 증거를 생물학자들이 어떻게 얻었을까 하는 질문이 바로 이 책의 주제이며, 그 내용의 대부분은 원전에 근거하여 기술하였다. 나는 지난 50여 년 동안 그 책들을 매우 흥미롭게 읽어왔는데, 특히 저자가 여러 명인 20세기의 논문과는 달리 대부분 단일 저자로 이루어져 있어 저자 개인에 대한 학문적인 취향을 느낄 수 있었기 때문에 더욱 흥미롭게 읽을 수 있었다. 나의 번역 능력으로 원전의 뉘앙스와 함축적인 의미를 정확하게 옮기기는 쉽지 않지만, 나름대로 신빙성을 가지고 번역할 수 있도록 노력하였다. 잘못된 번역이나 부적절한 표현 등은 모두 나의 미숙함 때문일 것이다. 그러나 원전에 가까운 해석은, 번역에 필연적으로 따르게 마련인 왜곡의 위험성을 줄여주었을 뿐 아니라, 원전의 저자들을 단순한 지식의 전달자로서가 아니라 인격체로 대할 수 있도록 해주었다. 물론 이것은 그들의 정치적, 사회적 배경을 보지 않고서는 불가능한 일인데, 특히 유럽 각국의 경쟁의식 때문에 과학 논문의 내용과 문체가 영향을 받았던 19세기에는 더욱 그러하다.

세월이 흘러 과거의 생물학적 저술을 더 많이 읽어 갈수록, 나는 세포설의 기원에 대한 대부분의 일반적인 설명, 특히 교과서에 실리는 형식적인 설명이 만족스럽지 못하다는 것을 깨닫게 되었다. 종종 우리가 알고 있는 사실은 꼼꼼한 사료 분석보다는 수동적으로 전해진 간접적 지식에 의해 결정되어 왔다. 따라서 나는 대개의 경우, 간접적인 인용은 피하도록 노력하였다. 하지만 전기적인 자료에 대해서는 어느 정도의 공간을 할애하였다. 그것은 전기적인 자료 자체가 갖는 재미 때문이기도 하였지만, 또한 어떤 연구자의 저술이나 그 저술을 쓰게 된 배경, 그것을 썼던 과정 등이 어느 정도는 저자의 인생관을 반영할 수 있기 때문이기도 하였다.

세포설의 역사는 대개 슐라이덴, 슈반, 피르호와 같은 거장의 이름으로 점철되어 있다. 그러나 어떤 발견을 발전시킨 사람보다 최초에 그것을 만들어 낸 사람에게 관심을 갖는다면, 이들 외의 다른 사람들 – 두모르티어, 퍼킨, 발렌틴, 레마크 등이 이제까지의 역사가들이 평가한 것보다 더 높은 평가를 받아야 할 것이다. 나의 목적은 상투화된 사건의 도식적인 나열을 피하고, 실수와 혼란을 넘어, 어떻게 진실에 접근할 수 있을지를 제시하는 것이다.

이 일에 대해 지원을 아끼지 않은 옥스퍼드대학교 윌리엄 던 공·병리학과의 허먼 왈드먼 교수와 원고 준비를 도와주신 발레리 보스턴 씨께 감사드린다. 또한 좋은 의견과 조언으로 교재를 풍부하게 해주신 예일대학교 출판부의 로버트 발독 교수께도 감사드린다.

1998년 옥스퍼드
헨리 해리스

제1장

초기의 현미경학자들

세포설의 기원에 대한 대부분의 설명은 1662년 왕립학회(Royal Society)의 실험 관장으로 임명되었고, 1665년 『마이크로그라피아(Micrographia)』를 출간한 박물학자 훅(Robert Hooke, 1625~1703)의 현미경 관찰에서 시작한다. 세포설의 발전 과정은 대개 현미경의 제조 방법과 사용 방법의 발전에 따르는 불연속적인 발전 과정으로 연관되어 있다. 그러나 비록, 코르크 조각의 얇은 단면을 그린 훅의 유명한 그림이 죽은 코르크 세포의 두터워진 세포벽을 나타내고 있긴 하지만, 그 당시 훅이 이 구조가 모든 동물과 식물을 이루는 최소 단위의 일부이리라고 상상했던 것은 아니었다. 또한, 설사 그가 생물체 구성의 최소 단위에 대해 생각을 하고 있었다 하더라도, 그것이 그가 관찰한 코르크의 구멍과 같은 크기와 모양을 가지리라고 생각했던 것은 결코 아니었으며, 생물이 기본적으로 동일한 구조를 가지리라고 생각했던 것 역시 아니었다. 150년 뒤인 19세기 초, 생물체의 최소 단위를 찾기 위해 동물의 조직을 연구하던—그러나 늘 둥글게 보이는 이물질만을 발견하곤 했던—많은 현미경학자는 생물체를 구성하는 기본적인 최소 구조가 반드시 존재하며, 그것을 쉽게 발견할 수 있을 것이라고 확신하였다. 이러한 사고의 전환은 현미경의 발달에 의한 것이 아니었고, 우주와 그 구성 물질의 본질에 대한 과학자들의 견해가 급진적으로 바뀌었기 때문이었다.

이러한 전환을 시대적 흐름에서 이해하기 위해서는 기원전 3, 4세기쯤 그리스 철학자들의 생각에 영향을 주었던 논쟁으로 되돌아가야만 한다. 그러나 유감스럽게도, 그리스 원자론의 아버지인 레우키포스(Leu-

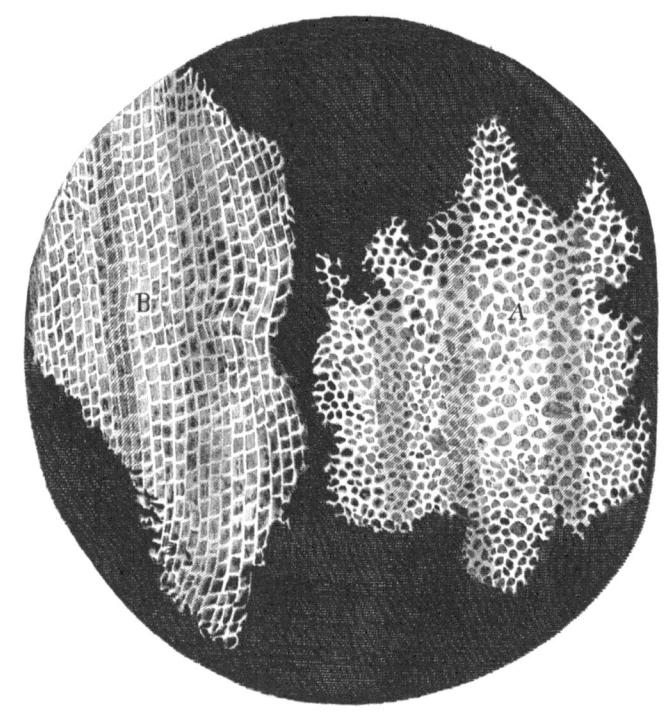

그림 1 코르크의 횡단면(왼쪽)과 종단면(오른쪽)

cippus)와 데모크리토스(Democrims)의 글에 대한 우리의 지식은 그들의 반대자, 특히 아리토텔레스(Aristotle)와 심플리키우스(Simplicius) 등이 제시한 악의적인 설명에 의존하고 있어서, 최초의 원자론자들이 주장했던 입장에 대한 자세한 내용은 현재 확실히 알 수가 없다. 하지만 한 가지 사실만큼은 분명했다. 그들은 우주의 모든 물질이 결국 더 이상 나눌 수 없는 최소 단위인 '원자'로 이루어져 있다고 보았으며, 이 원자들은 단지 크기와 모양만 다를 뿐 본질적으로 동일한 구성 요소를 가지고 있다고 생각했다. 또한, 이 원자들이 변화할 수 있는 방식은 오직 '위치의 변화'뿐이라고 여겼다.

반스(Barnes)에 의해 '미립자 가설(corpuscularian hypothesis)'이라 명명된 이러한 생각은 아리스토텔레스에 의해 비논리적인 것으로 치부되어 사장되었다. 아리스토텔레스는 모든 물질이 연속적으로 이루어져 있으며, 불연속적인 상태로 이루어진 물질은 존재할 수 없다고 주장하였다. 비록 데모크리토스의 원자론이 에피쿠로스(Epicurus)에 의해 계승 발전되고, 루크레티우스(Lucretius)의 철학적 서사시, 『사물의 본성에 관하여(De Rerum Natura)』에 훌륭하게 기술되긴 했지만, 아리스토텔레스의 견해가 명백히 지배적이었다. 중세 유럽의 책에서는 원자론에 대한 해설이나 논의를 전혀 발견할 수 없을 정도였다. 원자론에 대한 재평가는 르네상스 시대에 『사물의 본성에 관하여』가 재발견되며 이루어졌지만, 루크레티우스에 의해 계승된 에피쿠로스의 견해는 17세기 초까지도 거의 수용되지 않고 있었다. 현대에 이르러 물질의 분자 모형에 대한 최초의 공식적 해설은 아마도 1620년의 베크만(Isaac Beeckman)에 의한 해설일 것이다. 1623년 출판된 갈릴레오(Galileo)의 『시금사(Il Saggiatore)』는 당시 그가 원자론자였음을 명백히 드러내고 있다. 또한 1632년에 최초의 외과 병리학 논문으로 생각되는 『농양의 본성에 대하여(De Recondita Abscessuum Natura)』를 출간한 세베리노(Marco Aurelio Severino)와 1661년 모세관을 발견하여 조직학의 새 장을 연, 말피기(Marcello Malpighi, 1628~1694) 역시 원자론자였다. 1658년, 사후에 출판된 『철학총서(Syn-

그림 2 가상디(Pierre Gassendi, 1592~1655)

tagma Philosophicum)』에 체계화된 가상디(Pierre Gassendi)의 중요한 철학적 연구는 아리스토텔레스의 연속적인 우주관을 가톨릭화된 에피쿠로스의 견해로 대체시키려는 체계적인 시도였다.

뉴턴(Newton)은 가상디의 연구를 알고 있었으며, 1664년쯤에 저술하기 시작한 그의 책 『몇 가지 철학적 질문(*Quaestiones Quaedam Philosophicae*)』을 보면 그가 데카르트가 주장한 연속적 우주관보다는 원자론자들의 우주관을 선호했음을 알 수 있다. 1704년에 출판한 『광학(*Opticks*)』의 유명한 한 문장에서 데모크리토스가 주장한 것과 별로 다르지 않은 원자론의 개요를 설명하고 있다. 그러나 성직자였던 가상디에게는 에피쿠로스적 물질관을 영혼의 문제에 적용시키는 데 대한 커다란 어려움이 있었다. 가상디는 이 문제에 대해 영혼이 어떤 방식으로든 생명체를 구성하는

그림 3 라이프니츠(Gottfried Wilhelm Leibniz, 1646~1716)

원자의 활동을 지배할 것이라는 어설픈 제안 외의 답을 제시하지 못했다. 라이프니츠(Leibniz)가 이에 대해 더 급진적인 답을 제시하였는데, 1714년 출판된 『단자론(*Monadologie*)』에서 그는 데모크리토스의 균질한 원자라는 개념 대신, 자생적일 뿐 아니라 영혼을 가지는 원소라는 개념을 정점으로 한, 다양한 속성을 가지는 원소의 체계를 제시하였다.

라이프니츠의 생각에 대한 당시의 반응을 살펴보면, 정통 이론가들이 원칙적으로는 여전히 아리스토텔레스의 가설에 집착하였음에도 불구하고, 대부분의 실험 과학자와 많은 철학자는 우주가 기본적으로 원자론적이라는 대전제를 자연스럽게 받아들였다. 또한 대부분의 경우 근본적인 최소 단위의 존재 여부보다는 그것의 특성과 그것의 행동이 어떻게 관찰 가능한 세계의 현상을 설명할 수 있는가에 논의의 초점이 맞추어져 있었다는 것을 알 수 있다. 현미경학자들이 생명체의 조직을 관찰하기 시작하였을 때 이미 그들의 머릿속엔, 어느 정도 동일한 현미경적 단위의 덩어리로서 생물체의 구성에 대한 밑그림이 그려져 있었다. 그러므로 어디서나 발견할 수 있는, 어느 정도 둥글게 보이는 상을 현미경 시야에서 발견했을 때, 그들이 그것을 생명체의 기본적인 최소 단위라 결론 내린 것을 이해할 수 있다. 그리고 실제 세포를 발견했을 때는 그것이 무엇인지 전혀 알지 못했던 것도 충분히 납득할 수 있다.

비록 현대 현미경의 발전이 네덜란드의 렌즈 제작자들의 작업, 특히 1620년대 드레블(Cornelis Drebbel)이 만든 현미경 기구에서 비롯되었지만, 살아 있는 조직을 현미경으로 관찰하는 시도는 조악한 렌즈를 사용하긴 했어도 이탈리아에서 먼저 시작되었다. 1610년에 출판된 『별세계의 보고(*Sidereus Nuncius*)』에서 갈릴레오는 망원경의 사용법을 기술하였지만, 『말피기 선집(*Opere scelte di Malpighi*)』의 편집자였던 벨로니(Belloni)가 지적하였듯, 갈릴레오는 1614년 렌즈를 현미경에 적용시켰으며 파리의 표피 모양에 대하여 '완전히 털로 뒤덮인'이라고 기술하였다. 니콜라클로드 파브리 드 페레스크(Nicolas-Claude Fabri de Peiresc)는 1622년 진드기의 미세구조에 대한 그의 관찰 결과를 출판하였고, 1624년 린체이 아카데미(Academy of the Lincei)의 창립자인 체시(Cesi)는 현미경을 가장 작은 물체를 가까이서 관찰하기 위한 렌즈라고 표현하였는데, 그것에 'microscopio'라는 이름을 부여한 것이 바로 린체이(Lincei)였다. 1625년에는 스텔루티(Francesco Stelluti)가 벌을 현미경으로 관찰하여 그 결과를

『멜리소그라피아 린체아(Melissographia Lincea)』에 출판하였다. 초기의 현미경은 주로 대상의 표면, 특히 곤충의 표면을 관찰하기 위해 사용하였는데, 오디에르나(Giovanni Battista Odierna)의 연구에서는 미세 절단을 응용한 현미경의 사용법을 발견할 수 있다. 1644년 출판된 그의 『파리의 눈(L'Occhio della mosca)』은 파리 눈의 내부 구조에 대해 자세히 기술하고 있다. 이들의 연구는 모두 훅의 『마이크로그라피아』(1665)보다 훨씬 앞선 것들이다.

훅은 1660년경 복합 현미경을 개발하기 시작하였다. 『마이크로그라피아』에 그려져 있는 형태의 현미경은 단지 두 개의 렌즈로 구성되었는데, 크기가 작은 평철 대물렌즈는 볼록면이 관찰 대상을 향해 있고, 크기가 큰 평철 접안렌즈는 볼록한 면이 관찰자의 눈을 향해 있다. 두 렌즈를 연결하는 관은 선명도를 높이기 위해 물로 채웠다.

훅은 대물렌즈와 접안렌즈 사이에 또 다른 렌즈를 끼워 넣어 실험하기도 했는데, 그는 이것이 빛을 너무 분산시켜 실용적이지 못하다는 것을 발견하였다. 세포의 발견에 대해 훅이 명백히 우선권을 가진다는 관점에서 보면, 그가 무엇을 보았고, 무엇을 보지 못했는가 하는 두 가지 모두를 입증하는 것이 중요한 일이다. 그는 식물에 대한 최초의 현미경적 관찰로 석화되거나 타버린 나무 혹은 숯을 사용하였는데, 손렌즈를 이용하여 이것에서 수많은 빈 공간 혹은 '구멍'을 발견하였다. 그는 이러한 발견에 대해 이블린(Evelyn)과 의견을 나누었는데, 이블린은 1664년 그의 『실바(Sylva)』에서 이 사실에 대해 언급하였다. 그러나 훅은 현미경을 이용하여, 손

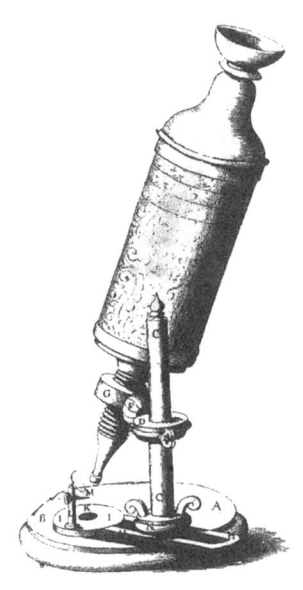

그림 4 훅이 사용한 현미경

렌즈로 보이는 이러한 커다란 구멍 외에도 촘촘하게 일렬로 놓인 많은 작은 구멍들도 발견하였는데, 이것이 커다란 구멍과 같은 관인지 또는 석화되거나 탄화된 세포벽인지는 확실치 않다. 어쨌든, 훅은 살아 있는 상태에서 식물체는 즙으로 채워져 있다고 믿었다. 그러나 코르크의 얇은 단면에서 그가 현미경으로 관찰했던 것이, 세포벽과 이전에 적어도 하나의 세포가 존재했을 세포벽으로 둘러싸인 빈 공간이라는 사실은 의심의 여지가 없다. 그가 코르크의 미세 구멍에 대해 '이전에 그것에 대해 언급한 어떠한 작가나 사람을 만난 적이 없기 때문에, 내가 최초로 발견한 또는 최초로 나에게 보인 진정한 현미경적 미세 구멍'이라고 말한 것을 보면, 그가 코르크에서 보았던 벽으로 둘러싸인 공간이 석화되거나 타버린 나무에서 이전에 관찰했던 구멍과 같지 않았을 가능성이 높다. 라틴어 cella라는 단어의 일반적인 의미가 작은 공간 또는 작은 방이라고 한다면, 이러한 작은 구멍을 기술하기 위해 'cell'이라는 단어를 훅이 사용한 것은 적절한 일이었다.

훅이 살아 있는 세포를 관찰한 적이 있는지는 확실치 않다. 그는 코르크에서 관찰하였던 '셀'이 공기를 가지고 있다는 사실을 알고 있었으며, 이것으로 코르크의 가볍고, 신축성 있으면서 물에 뜰 수 있는 성질을 설명하고자 하였다. 그러면서도 훅은 살아 있는 형태의 '셀'은 수액을 운반할 수 있는 도관이라고 생각하였다. 그는 각 '셀'은 벽으로 둘러싸여 서로 담을 쌓고 있다고 믿었다. 그는 도관과 도관 사이로 수액이 통과할 수 있는 구멍을 찾아보았으나 확인할 수는 없었다. 그는 수액이 이동할 수 있는 연결망이 있다고 믿었지만 그 존재를 확인할 수 없게 되자, 이는 현미경의 해상력이 나쁘기 때문이며, 좋은 현미성만 있다면 이 문제를 해결할 수 있다고 생각하였다. 오늘날의 관점에서 본다면, 훅이 그 당시 코르크에서 관찰한 것은 세포 내 공간이지 식물의 도관과 같은 것은 아니었다. 그럼에도 그는 세포 내의 공간을 고등 생물에서의 도관과 유사하다고 생각하였다. 뒤자르댕(Dujardin, 1835), 푸르키녜(Purkinje, 1839), 폰 몰(Von Mohl, 1846)과 같은 19세기의 학자들도 수액을 이동시키는 도관과 반유동적인 세포질이 들어 있는 세포의 단면을 혼동하였다. 그러나 코르크 세포의 크기를 계산해 본 훅은 이 작은 통로를 통해 커다란 식물에 필요한 모든 영양분이 전해질 수 있다는 사실에 놀랐다. 왜냐하면 이 통로는 대단히 작은 것이어서 에피쿠로스학파가 주장하는 원자도 들어가기가 어려운데, 수액이 이 작은 통로를 통하여 이동하리라고는 상상할 수 없었기 때문이었다. 17세기의 에피쿠로스학파의 원자의 크기에 대한 개념은 아주 막연한 것이었다.

훅은 다른 식물들, 즉 딱총나무를 비롯한 거의 모든 나무의 줄기와 채소류의 줄기 등 몇몇 다른 식물의 연한 조직에서도 '셀'과 비슷한 것을 관찰하였다. 여러 정황으로 봐서 훅이 관찰한 것은 지름이 다른 관다발의 단면이 아닐까 하는 추측도 든다. 그리고 그 관다발 중 더러는 수액을 지녔을 것이라고 생각된다. 훅은 어떤 식물의 연한 조직에서 두꺼운 벌집 모양의 세포벽을 현미경으로 보았다고 하였으나, 유감스럽게도 그가 식물에서 세포의 구조를 보았다고 인정하기는 곤란하다. 그러나 『마이크로그라피아』라는 저서에서 훅은 살아 있는 세포를 보았다는 증거로 그림을 첨부하고 있다. 싱어(Charles Singer)는 유명한 『간추린 생물학 역사(Short History of Biology)』(1931)라는 책에서 훅의 쐐기풀잎 뒷면에 관한 기술이 세포의 윤곽을 의미하는 것 같다고 했지만 이는 잘못된 견해이다. 우선 쐐기풀잎 뒷면에 있는 표피세포는 싱어가 제시한 것과 같은 납작한 다각형 모양이 아니다. 다른 쌍떡잎식물과 마찬가지로 이들 세포들은 꾸불꾸불하게 생긴 세포벽을 가지고 있다. 그런데 훅의 그림을 보면 각 다각형 안에 100~200개의 세포가 들어 있다. 다각형의 윤곽을 나타내는 것은 세포벽이 아니라 작은 관다발들의 모임이다. 훅은 새의 깃털의 단면에서도 세포벽으로 구획된 공간을 발견하였지만, 이것은 코르크의 경우와 같은 규칙적인 배열이 아니라 마치 작은 비눗방울들이 서로 불규칙하게 뭉쳐 있는 모습이었다. 혹은 깃털의 단면에서 나타나는 세포벽으로 구획된 공간의 기능에 대해서 언급하지 못하였으며, 그들을 서로 연결하는 방법에 대해서도 코르크의 경우에서처럼 아무런 해답을 제시하지 못했다. 필자가 『마이크로그라피아』의 관련 부분을 읽어 보고 얻은 결론은 훅이 코르크에서 세포를 둘러싸고 있는 세포벽을 보기는 하였지만, 그 기능을 제대로 이해하지는 못했다는 것이다. 혹은 살아 있는 세포의 세포벽 안에 무엇이 들어 있는지 전혀 알지 못했던 것 같다. 필자의 견해로는 훅이 어떤 조직에서도 살아 있는 세포를 보았다고 내세울 만한 증거가 없다.

훅의 『마이크로그라피아』 발간 6년 후, 유럽에서 상당히 명성이 높은 왕립학회에 식물의 미세구조를 이해하는 데 시금석이 되는 2편의 원고가 도착했다. 이중 하나는 그루(Nehemiah Grew, 1641~1712)가 보낸 것이었고, 나머지 하나는 말피기가 보낸 것이었다. 두 저자가 개별적인 연구를 통해 이러한 발견을 했다는 것에는 의심의 여지가 없었으나, 누구에게 우선권을 주느냐 하는 것은 끊임없는 논쟁거리가 되어 왔다. 이러한 논쟁은 슐라이덴(Schleiden)의 저서 『식물학의 원리(Gundzüge der wissnschaftlichen Botanik)』(1842)에서 비롯되었다. 슐라이덴은 그루가 그의 우선권을 확보하기 위해 왕립학회의 간사라는 자신의 직위를 이용하여 말피기의 논문을 보류 상태로 두게 했다고 주장하였지만, 확인된 바로는 이러한 비난에 대한 증거는 없다. 그는 아마도 영국인이었던 그루를 혐오하지 않

그림 5 그루(Nehemiah Grew, 1641~1712)

았나 추측된다.

우선 그루는 1677년 학회의 간사로 선임되었는데, 왕립학회에 두 원고가 접수된 날짜는 1671년 12월이었다. 현재까지의 증거로는 그루가 초고의 일부를 케임브리지의 황실 교수이며 왕립학회의 창립 멤버인 글리슨(Francis Glisson)에게 보냈고, 글리슨은 학회의 수석 총무이었던, 올덴버그(Henry Oldenburg)에게 이것을 보냈다. 올덴버그는 또 한 명의 총무였던 윌킨스(John Wilkins)의 의견을 구했고, 윌킨스는 논문 초고 전부를 학회로 보내줄 것을 그루에게 요청하자고 제안했다. 학회평의회는 1671년 5월 11일에 원고를 출판하도록 결정하였다. 비록 1672년이라고 기록되어 있기는 하지만, 이 논문은 1671년 12월 7일에 출판되었다. 그루의 처음 원고에는 책의 제목이 『식물 해부학 초론(*Anatomia Vegetalium Incho-*

ata)』이었으나 왕립학회에서 출판될 때는 영문으로 『식물 해부학의 시작 (*The Anatomy of Vegetables Begun*)』이라고 제목이 붙여졌다. 이 책의 두 번째 판이 1675년에 불어로 번역되었고, 1678년에는 라틴어로 번역되었다. 바로 이 두 번째 판이 1682년까지 그루의 연구를 집대성한 『식물의 구조(*Anatomy of Plants*)』의 첫 부분에 해당한다.

1672년과 1682년 사이에 그루는 식물 미세구조를 다룬 많은 논문과 책을 발표했는데, 이 분야에 관한 그의 공헌을 생각하는 데에는 그의 관점이 10년을 지나는 동안 다소 변화했다는 점을 기억하는 것이 중요하다. 처음에 그는 세포 공간을 '기포'라고 불렀고 이것은 마치 빵이 구워질 때 발효와 비슷한 과정에 의해 기포가 생기는 것처럼 생성된다고 생각했다. 1672년에 그는 세포 공간을 '구멍'이라고 부르고, 어떤 구멍들은 몇 개의 작은 구멍으로 다시 나뉘어져 있다고 생각했다. 그리고 큰 구멍의 옆에는 더 작은 구멍들이 있다고 주장했다. 후에 그는 훅의 '셀' 혹은 말피기가 제시한 '소포'라는 용어를 받아들이게 된다. 그는 『식물 뿌리 해부학(*Anatomia Radicum*)』이라는 책에서 이렇게 말했다. "현미경으로 보니 나무의 껍데기는 수많은 작은 '셀'들과 단단한 구멍들로 이루어져 있었다."

그는 1682년까지도 이들 소포들에는 공기가 가득 차 있었을 것이라 믿고 있었다. 즉 수액이 씨앗에 침투하면 씨앗은 일종의 응고물을 만들어 내고 이것들은 다시 발효 과정을 거쳐 소포들의 집합체로 변환되어 씨앗의 유연조직이 생성된다고 생각했다. 그루는 이 구멍이 있는 부드러운 조직을 묘사하기 위해 유연조직이라는 용어를 고안해냈다. 비록 세포 공간

그림 6 말피기(Marcello Malpighi, 1628~1694)

은 때로 그가 수액이라고 생각했던 것으로 가득 차 있기도 했지만, 근본적으로는 그 공간이 공기로 차 있다는 개념을 계속 유지하고 있었다. 그루가 1682년 제안했던 모델은 이러한 사실을 입증하고 있다. 그는 유연조직을 뼈에 비유하고 구멍들의 외곽을 혈관으로 지지되는 실이나 섬유에 비유하였다. 그는 유연조직을 삼차원적인 개념으로 생각했기 때문에 유연조직 내 구멍도 같은 층들이 겹겹이 싸이면서 만들어진다고 추측하였다. 그는 "이것이야말로 식물의 참된 조직으로, 가지뿐만이 아니라 하나의 씨앗에서 식물이 자라 새로운 씨앗을 만들 때까지 형성되는 식물 특유의 조직이다."라고 하였다.

그루는 『식물의 해부』라는 책의 서문에서 다음과 같이 말했다. "최근 나는 내 책이 제출되었던 바로 그날 이탈리아 북부 시간으로 1671년 11

월 1일 말피기가 같은 주제의 원고를 제출하였다는 소식을 런던에서 입수하였다." 이것은 본질적으로 자신 쪽에 우선권이 있다는 주장이고, 최소한 말피기의 원고가 입수되기 전에 독립적으로 자신의 연구를 수행했다는 주장이다. 이 두 명이 그들의 초록을 왕립학회에 보내기 전에 얼마 동안 식물체에 대한 연구를 했다는 것은 분명하다. 아마도 서문에 있던 이 문장이 왕립학회의 담당자들이 말피기보다 그루에게 우선권을 주기 위해 그루의 연구 결과를 빨리 출판하도록 묵인했다는 슐라이덴의 의심스러운 언급을 야기시켰던 것 같다. 말피기의 연구 결과 중 처음 일부분은 1675년이 되어서야 출판된 반면, 그루의 원고는 즉시 출판되었고, 1672년이라고 찍혀 있는 출판물이 학회에는 1671년 12월에 제출되었다는 사실을 보면 그러한 의심을 가질 만도 하다. 그러나 라틴어로 쓰인 말피기의 논문 초록은 라틴어로 쓰인 저서 『식물 해부학(*Anatomes Plantarum*)』(1675/1679)에 있는 내용의 일부만을 언급하고 있다.

1671년 11월에 발표된 것으로 적혀 있는 「식물 해부학 개요(*Anatomes Plantarum Idea*)」로 이름 붙여진 초록은 1675년에 출판된 『식물 해부학 제1권(*Anatomes Plantarum Pars Prima*)』 책의 첫 번째 부분이다. 1671년에 처음 출판된 연구 초록집은 1672년 10월 『알의 배양에 관한 반복적이며 철저한 관찰』이라는 부록이 출판될 때까지 지속되었다. 1679년 출판된 말피기의 연구의 속편은 『식물 해부학 제2권(*Anatomes Plantarum Pars Altera*)』이란 제목으로 소개되었다. 말피기의 연구는 활자화되기까지 3~4년이 걸렸음에도 불구하고 어째서 그루의 연구는 즉시 출판되었는지는 분명치 않다. 어쨌든 그루가 말피기의 『식물 해부학 개요』를 처음으로 보았을 때, 그는 그 내용이 자신의 업적보다 훨씬 뛰어나다는 사실에 충격을 받고, 식물 미세해부학에 관한 연구를 포기하는 것도 생각해 보았지만, 왕립학회는 두 사람 모두에게 그들의 연구를 계속하기를 희망했던 것 같다.

말피기와 그루는 그들의 논문을 왕립학회에 제출하기 전에 오랜 기간 동안 식물에 대해 독립적으로 연구해 두 논문이 거의 동시에 작성된 점을 생각해 보면, 우선순위에 대한 논쟁은 주된 관심사가 아니다. 이것은 17세기의 과학자들 사이에서도 경쟁이 있었다는 것을 보여주고 있을 뿐이다. 그러나 문제는 두 사람 중 누가 더 과학에 공헌하였느냐 하는 점이다. 이 문제에 관하여는 두 가지를 명심해야 한다. 첫 번째로는, 1675년에 1679년 사이에 나온 말피기의 두 저서가 그 자신의 연구 결과만을 다루고 있는 데 비해, 그루의 주된 연구 업적인 1682년에 출간된 『식물의 해부』는 그 자신의 연구 결과뿐 아니라 말피기로부터 습득한 생각도 구체화시켰다는 것이다. 두 번째로는, 식물의 미세해부학은 말피기 연구의 단지 일부였던 데 비하여, 그루는 의학박사였음에도 불구하고 그의 연구 대부분은 식물학이었다는 점이다. 이 두 사람 사이의 비교는 여러 식물학자의 논쟁거리였다. 식물의 물관은 연속된 세포 사이의 경계가 붕괴됨으로써 만들어진다는 사실과 부드러운 조직의 세포학적 성질을 기술하기 위한 '유연조직'이라는 단어의 사용 및 자세한 그림은 그루의 훌륭한 과학적 업적으로 평가되었다. 그러나 동물 조직에 관한 말피기의 연구는 식물에 관심이

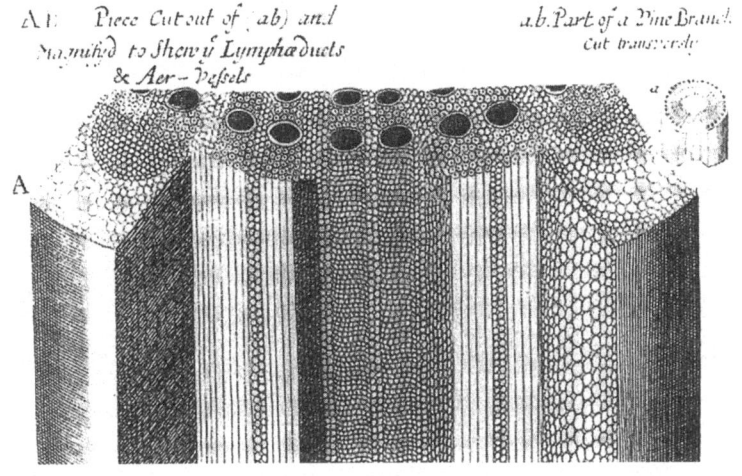

그림 7 그루가 도해한 포도나무 줄기의 미세구조

컸던 당시 학자들에게 대부분 무시되었다. 그러나 의학 사전을 보면 말피기 체, 말피기 세포, 말피기 소체, 말피기 소낭, 말피기 추체, 말피기 반점, 말피기 층, 말피기 괴망과 같은 용어를 볼 수 있는데, 이것은 동물의 현미경적 분석에 있어서 말피기의 중요한 연구 업적들을 증명해 주고 있다. 사실 말피기는 해부학의 유일한 시조는 아니라 할지라도 식물 해부학뿐 아니라 동물 해부학의 시조의 한 사람이라고 할 수 있다.

말피기는 그의 원고를 왕실학회에 제출할 당시 그루보다 13살이 많았고, 이미 볼로냐의 약학 교수로서 유럽에서 명성이 높은 과학자였다. 그와 그의 동료들은 그루가 식물의 구조에 관한 연구를 시작하기 몇 년 전부터 동물의 조직학에 관한 연구를 시작한 것으로 보인다. 어쨌든 그루가 그의 원고를 글리슨에게 보냈을 때 그루는 30세의 젊은 나이였다. 적어도 그보다 10년 전에, 말피기와 피사의 교수인 그의 친한 동료 보렐리(Giovanni Alfonso Borelli, 1608~1679), 오베리우스(Claudius Auberius)는 동물(가능하다면 식물도)에 관한 체계적인 연구를 시작하였다. 1681년 로마에서 출판된 『동물론(De Motu Animalium)』에서 보렐리는 그가 1657년에 심장 근육의 나선형 섬유질을 발견하였다고 기술하였다. 그러나 말피기는 이 발견이 자신의 것이라고 주장하였다. 1661년에 보렐리에게 썼던 두 통의 편지에서 그는 개구리 허파의 모세혈관층에 관해 처음으로 기술하였다. 『폐에 대한 연구(Sui Pulmoni)』에 실린 두 통의 편지에서 그는 여러 배율에서 투과, 굴절하는 빛에 따라 현미경의 사용법을 설명하였고, 건조, 해부, 취입, 관류 등의 해부학적 연구 방법을 설명하였다. 거기에 덧붙여서 그는 종종 살아 있는 상태의 조직으로 실험하였다. 그의 모세혈관층의 발견은 하비가 주장한 '혈액은 순환한다'는 주장을 증명할 수 있는 해답을 제공하였다. 이로써 심장의 심실 간 격벽에 보이지 않는 구멍이 있다는 갈렌의 주장은 받아들일 수 없게 되었다. 그 당시에 하비는 혈액이 정맥에서 동맥계로 통과하는 것에 대한 설명을 하지 못했는데, 말피기는 폐 모세혈관을 발견하여 이 문제에 대한 설명을 제공하였다.

말피기는 동물 조직에 대한 폭넓은 연구를 했기 때문에, 동물과 식물의 시스템에서의 유사성이 식물 조직에 대해 관찰을 하는 데 있어 많은 도움을 주었다. 그는 식물의 목질부(물을 통과시키는 식물의 조직) 내에 있는 관을 도관이라고 불렀는데, 이는 곤충의 호흡관과 비슷하다고 생각했다. 심지어 그는 식물의 도관에서 연동운동(불수의적 수축 운동)을 보았다고 믿었다. 그루처럼 그는 도관이 공기로 채워져 있다고 믿었다. 그러나 1675년 『식물 해부학 제1권』에서 말피기는 쇠비름의 줄기의 횡단면을 도식화했는데, 전체 조직이 크기가 달라 보이는 세포들로 구성되어 있었다. 두 사람 모두 나이테의 생성에 관해 연구했고 봄과 가을에 나무의 성장이 다름을 언급했다. 말피기가 세포 내 공간을 묘사하기 위해 선택한 언어들은 그 자체로도 흥미로운 것이었다. 그는 훅이 사용한 cellulae라는 단어 대신에 utriculi와 sacculae라는 더욱 복잡한 단어를 사용했다. 고대 라틴어인 utriculus는 주로 가죽으로 만들어진 작은 병을 뜻하고, sacculus는 대체로 작은 주머니 또는 염료를 담아 놓는 주머니라는 두 가지 의미로 사용되곤 했다. 17세기에도 여전히 이런 단어들이 원래의 어감으로 쓰였는지는 알 수 없지만, 말피기가 cellulae 대신에 그 단어들을 선택한 것은 살아 있는 상태에서 세포 내 공간이 액체, 아마도 세포벽에 의해 걸러진 액체로 채워져 있다는 개념을 가지고 있었음이 틀림없다. 말피기는 세포 내 공간이 가는 뼈로 만들어진 레이스와 비슷하다는 그루의 의견을 부인하였다. 말피기는 utriculi 또는 sacculus라는 용어를 사용함으로써 섬유로 짜인 삼차원적인 그물로 인한 빈 공간 이상의 무엇이라고 생각하고 있었던 것 같다. 사실 『식물 해부학 제1권』에서 말피기는 식물의 꽃잎이 파괴되면 함께 연결된 utriculi가 줄지어 방출된다는 것을 언급했다. 그는 실제로 튤립의 꽃잎에서 생기는 이러한 세포들의 연쇄를 도식화하였다.

『식물 해부학 제2권』에서 말피기는 식물의 기생에 대해 논했다. 그는 식물 조직에 곤충이 알을 낳아 혹이 생긴다고 묘사했으며, 그 자세한 과정

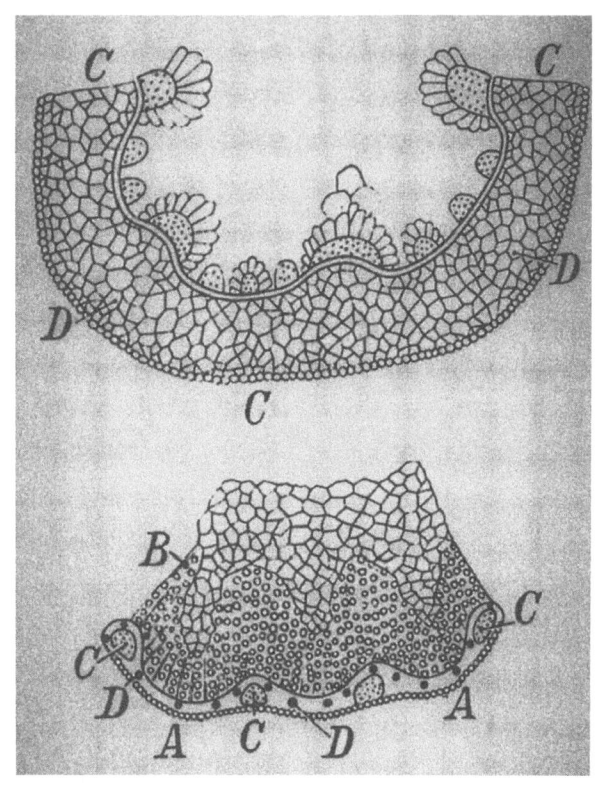

그림 8 말피기가 도해한 Portulaca 줄기 단면의 미세구조

을 그림으로 그려 설명하였다. 이 관찰은 생명의 자연발생설을 부정하는 중요한 증거의 하나이다. 투스카니의 공작 페르디난드 II세의 주치의였던 레디(Francisco Redi)는 1668년에 출판된 『곤충의 생성에 관한 실험』에서 구더기는 썩은 살코기에서 자연적으로 생기는 것이 아니라 파리가 낳은 알에서 생긴다는 것을 주장한 바 있었다.

누가 먼저 출판했느냐에 관하여 폴렌더는 식물 미세 해부학의 영예는

그림 9 레벤후크(Antoni van Leeuwenhoek, 1632~1723)

그루에게 주어져야 한다는 결론에 도달했다. 그러나 만일 전 생애를 통틀어 과학에 기여한 정도를 따진다면 말피기가 당연히 더 위대하다. 벨로니는 말피기의 많은 공헌들이 후세의 역사가들에 의해 크게 무시되었음을 비판한다. 영어권의 과학사늘이 관계되이 있는 한, 그리고 특별히 식물학의 과학사에 관한 한 필자는 벨로니의 의견에 동의한다. 결국 미세해부학의 체계적인 연구를 시작하고 그 방법론을 발전시킨 것은 말피기였기 때문이다. 『말피기의 서신들(Malpighi's letters)』이라는 책의 편집자였던 아델만(Howard B. Adelman)은 두 사람 사이에 어떤 경쟁 심리가 있었는지 여부를 떠나 '예의와 상호 존중, 그리고 상대방의 노력에 대한 공정한 평가'를 그들은 연구 일생을 마칠 때까지 유지하였다고 서술하였다.

그루와 말피기 이후 반세기 남짓한 시간이 흐르도록 식물 미세해부학에 큰 진전은 없었다. 레벤후크는 씨앗의 횡단면과 느티나무 싹의 줄기에 있는 미세한 구멍의 존재를 확인했지만 그의 묘사는 그루와 말피기의 것에 비하면 보잘 것 없다. 1948년 베이커가 「세포 이론」 논평에서 언급한 바와 같이, 레벤후크의 『자연의 몇 가지 신비에 대한 생리학적 글(*Epistolae Physiologicae Super Compluribus Naturae Arcanis*)』이 출판된 1719년까지 식물의 조직은 작은 방들이 모여서 이루어졌다는 사실이 식물학자들 사이에서 상식으로 통하게 되었다.

제2장

알갱이, 섬유 및 꼬인 원통

여러 가지 기록들은 중세 스콜라 철학으로부터 18세기 경험주의로의 전환을 이야기해 왔으나, 왕립학회의 표어인 '말만으로는 안 돼!'보다 그 분위기 변화를 더 간결하게 표현한 것은 없었다. 이 말은 "어떤 심판자의 말도 믿을 것 없어."라는 뜻의 호레이스의 글에서 요약한 문구로서, 당시 왕립학회 회원들에게 좌우명이었다. 이 표어는 교리에 대한 반동으로서, 실험의 중요성을 주장한 말일뿐만 아니라 실증적이고 기계론적인 세계관에 대한 신뢰를 나타내는 말이다. 신교도 신학자인 안드레아(Johann Andreae)는 1619년의 그의 저술 『예수님이 말씀하신 나라』에 다음과 같이 이러한 분위기를 기록하였다. "만약 실험을 통해 사물을 분석하지 않거나 개량한 실험 기구로 지식을 얻지 않으면 쓸모가 없다." 이 말은 실체적 세계는 기계론적이라는 뜻이기도 하다. 현미경의 발전은 오늘날 우리가 알고 있는 세포에 대한 지식 발전의 기초가 되었고, 현미경을 이용함으로써 생긴 해상력과 정확성의 증진은 결국 더 훌륭한 기계나 도구의 등장을 이끌어냈다.

간단한 렌즈를 이용하여 예전의 것보다 더 좋은 현미경을 만들기 위해 헌신한 사람은 후더(Johaness Hudde, 1628~1704)였다. 당시에 암스테르담의 여러 학자들도 자신의 책을 그에게 증정할 만큼, 그는 적어도 베네룩스 지방에서는 유명한 사람이었다. 후더는 유리를 갈아서 훌륭한 렌즈를 만드는 방법을 레벤후크와 스바메르담에게 가르쳤고, 이 두 사람이 각자 명성을 얻게 된 것도 이러한 렌즈로 만든 현미경을 사용했기 때문이다. 스바메르담, 레벤후크, 말피기가 동물 세포인 적혈구를 처음 본 사람이었는

그림 10 스바메르담(Jan Swammerdam, 1637~1680)

지는 아직도 불확실한데, 그 주요 이유는 스바메르담의 위대한 저술 『자연의 성경(Biblia Natura)』이 그가 죽은 지 한참 후에야 출간되었기 때문이다. 이 책은 1737년과 1738년에 세상에 나온 반면, 스바메르담의 생존 기간은 1637~1680년이다. 불행하게도 『자연의 성경』에는 사람의 혈액을 관찰한 시기가 정확히 기록되어 있지 않다. 사람의 이(Pediculus)를 해부할 때 스바메르담은 복부의 앞쪽에서 혈액이 유출되는 것을 언급하면서, 이 유출물은 우유에서 보는 것과 같은 알갱이로 이루어졌다고 하였다. 우유에서 보이는 알갱이는 분명히 적혈구가 아니라 지방 알갱이인 것 같으며, 이 두 가지 과립에 대한 혼란이 그 후 다른 학자들의 연구에서도 당분간 나타나고 있었다. 그러나 스바메르담은 이를 관찰하기 수년 전에 이와 같은 과립을 사람의 혈액에서 관찰하였고, 혈액에서 이 과립들이 약간

붉고, 투명한 액체 속에 퍼져 있다고 언급하였다. 그가 사람의 혈액에서 '매우 훌륭한 현미경'으로 본 과립은 적혈구였음이 틀림없다. 레벤후크가 적혈구를 발견한 시기는 정확하다. 1673년 8월 15일과 1674년 4월 17일에 왕립학회에 보낸 편지에서, 그리고 1674년 4월 27일이라고 기록된 『철학 회보(Philosophical Transactios)』의 글에서 레벤후크는 "나는 혈액이 무엇으로 구성되어 있는지 알고자 여러 차례 노력하였다. 그리고 여러 차례 나의 팔에서 혈액을 채취하여 관찰한 바로는, 이것은 투명하고 끈끈한 물속에서 이동하는 작고 둥근 알갱이로 이루어져 있었다. 그러나 모든 혈액이 이와 같은지는 모르겠다. 그리고 내가 본 소량의 혈액에서 알갱이들은 색깔이 거의 없었다."라고 적고 있다. 레벤후크가 혈액에서 본 것은 지방 알갱이가 아니라 적혈구인 것 같다. 그러나 그가 이어서 적은 글에는 이와 유사한 알갱이를 우유, 머리털, 손톱에서도 보았다는 것이다. 그는 손톱이 '알갱이'의 돌출을 통해서 커가며, 순록의 털도 알갱이들이 합쳐져서 자란다고 믿었다. 실제로 레벤후크는 동물체의 모든 물질이 알갱이로 구성되어 있다고 믿었는데, 이 점에 대하여 당시에 렌즈의 굴절 오차에 대하여 잘 알고 있던 호이겐스(Christiaan Huygens)는 강하게 의심하였다. 호이겐스는 1675년 1월 30일, 올덴버그에게 보낸 편지에서 "모든 것의 근원을 작은 알갱이로 보는 레벤후크 씨의 관찰에 대하여 당신 주변 사람들은 어떻게 생각하고 있는지 매우 궁금합니다."라고 물었다. 호이겐스 자신은 이러한 알갱이들을 볼 수 없었고, 이것들은 광학적 허상이라고 생각했다. 나중에 레벤후크는 실제로 이의 상아질이 세관(tubules)으로 이루어져 있다고 동의하였다. 그러나 다른 조직은 어떻든지 간에, 1682년에 레벤후크가 적혈구를 본 것은 사실이다. 그는 중요한 관찰 내용을 편지를 통해 훅에게 전하였는데, 훅은 레벤후크가 적혈구를 처음 발견하였음을 인정하였다. 이 편지의 날짜는 1682년 3월 2일로 기록되어 있으며, 그 편지 속에는 다음과 같은 이야기가 적혀 있다. "사람이나 포유동물의 혈액에 있는 붉은 색을 띤 알갱이는 모두 납작하고 난형이며 투명한 물속에 조밀하게 떠 있다. 이 난형 과립이 단독으로 있을 때는 색깔이 없으나, 이것이 3겹 또는 4겹으로 포개져 있을 때는 붉은 빛을 띠기 시작한다." 도벨(Dovell)은 현미경 학자로서의 그의 성공 비결을 설명하면서, 레벤후크는 배경을 어둡게 하는 특수 조명을 이용했음이 틀림없다고 주장하였다. 레벤후크는 자신의 현미경 사용 방법을 남에게 가르쳐주지 않았다. 1675년 1월 22일 올덴버그에게 쓴 편지에서 레벤후크는 "그러나 나는 혈액 속의 알갱이를 뚜렷이 보여줄 수 있습니다. 검은 비단 조각 위에 모래알들을 뿌려놓은 것 같습니다."라고 하였다. 그러나 이 알갱이들이 중첩될 때 색깔이 생기는 것은 엄밀히 말해서 배경을 어둡게 해준 것과는 관련성이 없다. 이것은 아마도 빛을 비스듬하게 쪼여주어 생겼을 가능성이 있다.

말피기가 혈액을 관찰한 것은 확실히 레벤후크가 관찰한 것보다 시기가 앞서지만, 이 관찰은 더 불확실하다. 1665년에 말피기가 쓴 『막, 지방 및 지방관에 대한 보고서(*Exercitatio de Omento, Pinguedine et Adiposis Dutibus*)』에서 그는 두더지 복막의 혈관 속 물질에 대하여 기술하고 있다. 그가 본 혈액에서 자신이 지방 알갱이라고 생각한 것은 '특정한 모양의 윤곽을 가지고 있으며 붉은색이고, 일반적으로 붉은 산호로 된 꽃 장식과 같은' 것이었다. 말피기가 본 것은 적혈구들이 틀림없고, 이것이 적혈구에 대하여 표현한 최초의 글이다. 그러나 말피기는 이 적혈구를 지방 알갱이와 구별하지는 않았다.

혈액에서 보이는 혈구가 단단한 동물 조직을 구성하는 요소와 유사하다는 생각을 한 사람은 아무도 없었다. 식물 세포는 동물 세포보다 훨씬 크고, 대개 두꺼운 세포벽을 가지며, 유조직을 절단해 보면 대개 창 모양의 구멍이 나 있거나 세포의 모양이 나타난다. 그러나 간이나 근육과 같은 동물 조직을 절단해 보면 이와 비교할 수 있는 모양은 나타나지 않는다. 따라서 식물 조직과 동물 조직은 기본적으로 다른 방식으로 짜여 있다고 생각한 것은 당연한 일이었다. 그루가 1650년에 구루병에 대하여 쓴 책과 1654년에 간의 구조에 대하여 쓴 책은 최초로 영어로 작성한 의학 저술이었다. 그루가 식물의 미세구조에 대한 그의 논문을 처음 준 글리슨은 단단한 동물 조직, 특히 근육의 분석에 말년을 보냈다. 1672년 런던에서 출간된 조직의 유연성에 대한 보고서에서, 글리슨은 단단한 동물 조직의 기본 소단위는 분자들이 엮어져 이루어진 유연한 섬유라고 제안하였다. 동물 조직의 섬유적 성질이나 섬유의 유연성에 대한 제안은 중대한 파급 효과를 내었다. 17세기 말과 18세기 초에 '유연한 섬유'에 대한 이야기는 말피기가 총애하였던 제자 바글리비(Giorgio Baglivi, 1668~1707)가 섬유를 분류하는 데까지 이용되었다. 바글리비가 많은 점성학적 사색을 곁들여 제안한 바로는 섬유는 2가지, 즉 기질성 섬유(fibra matrix)와 막상 섬유

그림 11 할러(Albrecht von Haller, 1708~1777)

(fibra membranacea)가 있는데 이는 아마 각각 근육계와 비수축성 요소에 해당되는 것 같다.

바글리비는 몸은 이 두 가지 기능적 요소로 구성되어 있다는 견해를 가지고 있었다. 그러나 18세기에 동물생리학 분야에서 가장 영향력이 있던 인물은 스위스의 해부학자 할러(Albrecht von Haller, 1708~1777)였다. 1757년 로잔느에서 출간한 『인체의 기본 생리(Elementa Physiologiae Corporis Bumani)』 첫 권에서 할러는 신체를 이루는 기본 요소는 섬유라는 견해를 다음과 같이 피력하였다. "생리학자에게 섬유란 기하학자에게 직선과 같은 것으로서, 분명히 섬유로부터 모든 형태가 생긴다." 할러에 의하면 큰 섬유는 작은 섬유로 구성되며, 이 섬유들은 글루텐으로 서로 접착되어 있고, 압력으로 눌려 고정된 것이라고 믿었다. 압력의 성질에 대해

그림 12 비샤(Xavier Bichat, 1771~1802)

서는 특별히 규정하지 않았으나, 할러에 따르면, 동물 조직의 기본 소단위는 이들 미세섬유로 구성된다고 한다. 할러는 미세섬유를 3가지로 분류하였다.

첫째 섬유는 세포성 조직으로서 몸 전체를 지시하는 기본 골격을 이룬다고 하였다. 원래 1890년에 터너가 지적한 것처럼, 이것은 결합 조직을 뜻하는 것으로서 실제로는 몸 전체에 퍼져 있는 것은 아니다. 둘째 섬유는 근육섬유로서 민감성이 크다고 하였다. 셋째 섬유는 신경섬유로서 자극 유연성이 크다고 하였다. 할러는 이 3가지 섬유를 이용하여 동물 기관의 여러 가지 특징적 기능을 설명하였다. 그러나 그는 선 조직이나 상피의 현미경적 구조에 대해서는 언급하지 않았다. 18세기의 수많은 학자들은 할러의 분류 혹은 적어도 섬유가 동물 기관의 기본 구성 요소라는 추정을 수용하였다. 이러한 관점은 비샤(Marie Francois Xavier Bichat, 1771~1802)에 이르러 절정을 이루었다. 비샤는 프랑스 동물 조직학의 창시자 또는 이 분야의 중추적 인물로 인정받고 있었다.

할러가 근육섬유에 대하여 말한 '유연성'은 그 후대의 저술에도 계승되었다. 폰타나(Fontana, 1730~1805)와 칼다니(Leopoldo Marco Antonio Caldani, 1725~1813)는 '유연성' 현상에 대하여 큰 관심을 가졌고, 두 사람은 잠시 공동으로 연구한 적도 있다. 그러나 이 '유연성'의 기원이 자극이 신경으로부터 근육으로 전도되는 데 있음을 확실히 밝힌 사람은 갈바니(Luigi Galvani, 1737~1798)였다. 1792년 모데나에서 출간된 『전기의 힘에 대하여(De Viribus Electricitatis)』에 기술된 '동물의 전기'에 대한 고전적 실험에서, 갈바니는 개구리에서 분리한 신경-근육 표본을 이용하여 근육의 수축은 전기 자극으로 유도할 수 있음을 보여주었다. 이 실험은 리터(Johann Wilhelm Ritter, 1776~1810), 훔볼트(Alexander von Humboldt, 1769~1859), 그리고 최종적으로는 뒤 부아-레이몬드(Emil Du Bois-Reymond, 1818~1896)에 의해 방법론적으로 기본 골격을 이루어 근대 전기생리학의 초석이 되었다.

할러와 쌍벽을 이루는 18세기의 한 가지 견해는 볼프(Kaspar Friedrich Wolff, 1733~1794)의 것이었는데, 그는 어릴 적에 베를린에서 자랐고 나중에는 세인트피터즈버그에서 과학원 교수이자 식물원 원장으로 근무하였다. 동물 조직의 형성에 대한 볼프의 모델은 여러 가지 면에서 할러의 모델을 채택한 것이었다. 철학적 또는 자연철학적 관념으로 점철된 저술

그림 13 볼프(Kaspar Friedrich Wolff, 1733~1794)

『생명 탄생론(*Theoria Generationis*)』은 어느 면으로는 나중에 뒤트로셰(Dutrochet), 라스파일(Raspail), 튀르팽(Turpin)에 의해 제기된 평행주의(parallelism)보다 앞서 나온 것으로서, 동물 조직과 식물 조직의 유사성에 대하여 설명하였다. 동물 조직과 식물 조직에 대하여 볼프가 주창한 모델은 그루의 생각에 크게 의존한 것이었다. 볼프는 모든 조직의 기본 소단위는 소포(vesicle) 또는 알갱이라고 생각했고, 이것을 훅이나 그루처럼 때때로 세포라고 부르기도 하였다. 그는 섬유와 도관(vessel)은 2차적 구조라고 생각했다.

그는 그루처럼 이 소포는 성장하는 조직 속에서 형성된 공간이라고 추정했고, 처음 생길 때 그 속은 공기로 채워져 있다고 생각했다. 나중에는 이 소포 중 일부는 액체로 채워지고, 따라서 볼프는 소포를 과다한 영양을 저장하는 저장소라고 보았다. 볼프는 식물에 커다란 소포가 있고, 이 큰 소포들 사이에 작은 소포들이 있음을 주목하고, 식물체의 생장은 새로운 소포 때문에 일어난다면서 다음과 같은 결론을 지었다. "잎은 이전의 소포 사이에 새로운 소포가 생김으로써, 또 부분적으로는 소포의 팽창으로 생장한다. 그리고 줄기와 가지도 이와 유사하게, 부분적으로는 도관 사이에 새로운 도관이 생기거나 또는 이미 있던 도관의 팽창으로 커간다."

볼프는 새로운 소포의 생산은 떡잎에서 볼 수 있는 것처럼 섬유나 도관이 없는 상태에서 일어난다고 했다. 즉 "씨앗에서 생기는 어린잎은 완전히 소포로 구성되어 있으며, 확실히 섬유나 도관은 없다." 새로운 소포는 단순히 투명한 바탕 물질 안에서 새로이 생긴다. "이들은 어떤 소포나 도관의 흔적도 없이 순수하고 일정하며 투명한 물질에서 생긴다." 볼프 책의 둘째 부분은 특별히 동물 조직을 다루고 있으나, 관찰을 통해 새롭게 밝힌 것은 거의 없다. 볼프는 동물 조직은 본질적으로 식물 조직과 같은 방식으로 구성된다고 추정하였다. "동물체의 각 부분을 구성하는 첫째 요소는 알갱이로서, 보통 현미경으로도 쉽게 분간할 수 있다. 그러나 만약 누군가 크기가 작아서 이를 볼 수 없다고 말한다면, 이는 단지 크기가 작아서 주목하기가 어렵기 때문이지 않을까?" 특별히 현미경의 해상력에 대하여 연구한 스투드니치카(Studnicka)는 볼프는 실제로는 동물 세포를 보지 못했을 것이라고 결론지었다.

셋째 모델은 폰타나(Felice Fontana, 1720~1803)에 의해 제안되었으며, 당시에 커다란 주목을 받았다. 레오폴드 1세는 물리학을 발전시키기

그림 14 폰타나(Felice Fontana, 1720~1805)

위하여 1776년에 폰타나를 플로렌스로 소환하여, 처음에는 피티 궁전에서 일하게 했다. 폰타나는 후에 물리학 및 자연과학 박물관을 설립하여 이 기관의 지도자가 되었는데, 이 박물관에는 폰타나의 밀랍 모델들이 소장되어 있었다. 폰타나는 프랑스 혁명을 지원하다가 1799년에 잡혀 감옥에 갇혔다. 그는 산타크로체 교회에 묻혀 있다. 폰타나의 주요 연구 결과 중 일부분이 1765년에 이탈리아어로 출간되었으나, 프랑스어로 된 더 완전한 번역본은 1787년에 나왔다. 이 저술은 주로 뱀의 독과 여러 가지 식물의 독을 다룬 것이었으나, 동물체의 기본 구조에 대한 부분도 포함되어 있다. 폰타나는 모든 동물 조직은 유리 같거나 수정 같은 막을 제외하고는 꼬인 원통(cylinder)으로 구성되어 있다고 믿었다.

그는 신경, 인대, 근육에서 이 원통 구조를 보았다. 그러나 그는 이러한 구조들이 설사 현미경으로 볼 수 없다고 할지라도 동물 조직의 기본적 소단위라고 확신했다. "신경, 인대, 근육과 같은 세포성 조직에서 본 꼬인 원통은 내가 아는 모든 동물체 부위나 기관에서 발견한 것 중에서 가장 작은 것이다. 이들은 단 한 개의 혈구만 통과할 수 있을 만큼 작은 혈관보다도 훨씬 작다. 나는 이것들을 더 작은 원통으로 쪼개려고 했지만 매번 실패했다." 그는 또 다음과 같이 부연하였다. "…나는 세포성 조직을 가지는 모든 동물체 부분에서 꼬인 원통을 가지지 않는 것은 보지 못하였다." 여기에서 '세포성 조직'이란 결합 조직을 의미하는 것 같고, 폰타나가 실제로 관찰한 것은 결합 조직의 섬유일 가능성이 있다. 그러나 의아하게도 그는 그림으로 뚜렷이 알갱이 모양의 구조물을 표현하였고, 그중 한 가지는 납작한 모양의 상피세포가 들어 있는 상피도 그렸는데, 이와 같은 조직에도 꼬인 원통이 있다고 하였다.

폰타나의 견해는 몬로(Alexander Monro)의 도전을 받았는데, 몬로는 꼬인 원통이란 광학적 허상이라고 보았다. 그러나 예나의 유명한 해부학자 호이징어(Carl Friedrich Heusinger)는 그의 책 『조직학의 체계(*System der Histologie*)』에서 폰타나의 견해에 찬성하였다. 비록 동물 조직이 꼬인 원통으로 이루어져 있다는 생각은 당시에 많은 관심을 끌었지만, 이는 널리 수용되지는 못하였고, 오늘날에도 반향을 일으키지 못하고 있다. 그러나 세포핵의 발견에 대한 이야기를 다루는 이 책의 뒷부분에서 논의하겠지만, 폰타나가 적혈구 외의 다른 세포에서 핵을 본 최초의 사람이라는 점은 사실인 것 같다.

제3장

프랑스의 경우

20세기에 세포설에 대해 자기 나라가 더 공헌했다고 주장하고 다른 나라의 공적은 깎아 내리는 국수주의적 편견이 팽배했다는 것은 슬픈 일이다. 프랑스와 독일에서 이런 일이 더 뚜렷했다. 우리가 알듯이 과학의 저술은 그 시대의 산물이다. 그리고 과학적 발견은 그 시대의 정치를 명확하게 반영한다. 예를 들면 작스(Julius Sachs)는 그의 저서 『식물학의 역사(History of Botany)』에서 세포의 특징과 기능을 밝히는 데 독일 사람들만이 기여했으며, 영국 사람들은 논문은 많이 썼지만 거의 기여하지 못했다고 하였다. 슈반 뒤에는 그가 세포설을 확립하게 도와준 많은 독일 과학자들이 있었다. 폰 베어(Von Baer)는 루스코니(Mauro Rusconi)의 연구를 정당치 않게 비방하며 그의 논문을 깎아 내렸다. 그리고 폰 베어의 후배 과학자들은 루스코니에게 돌아갈 영광을 폰 베어에게로 돌렸다. 슐라이덴은 라스파일의 연구에 동참하는 것은 과학적인 면에서 가치가 없다고 공격적인 태도로 말하였다. 그리고 심지어 1927년에 스투드니치카는 독일 브륀에서 역사적인 보고서를 썼는데 푸르키녜가 슈반의 의견에 반박했다는 내용을 아주 세세하고 자세하게 썼다. 그러나 세포설에 공헌을 많이 한 라스파일의 이름은 그저 언급하고 지나갔을 뿐이었다. 그 후 1931년에 나온 논문에서는 라스파일을 조금 더 언급했지만 정당하게 대우하지 않았다.

프랑스의 과학자들은 프랑스 과학을 방어하는 데 적극적이었고, 또 프랑스 과학자들의 업적을 과장하였다. 예를 들어 브로카(Paul Broca)는 그의 저서 『종양의 연구(Traite des Tumeurs)』에서 다음과 같이 말했다. "사람들은 세포설이 독일 사람들이 생각한 이론이라고 알고 있으나 사실은 그렇지 않다. 그 이론은 1837년이나 1838년에 나온 것이 아니며 그것은 슐라이덴이나 슈반의 독자적인 생각이 아니다. 그 생각은 12년 전에 프랑스 사람인 라스파일이 생각해 낸 것이다." 클라인(Marc Klein)의 논문 「세포설의 기원에 대한 역사(*Histoire des Origines de la Theorie Cellulaire*)」에서도 프랑스인의 탁월성과 공헌을 강조하는 것을 잊지 않았다. 그리고 뒤셰노(Duchesneau)는 1887년에 발간한 그의 저서 『세포설에 대한 기원(*Genese de la Theorie Cellulaire*)』에서 65페이지를 뒤트로셰와 라스파일에 대해서 쓰는 것으로 시작했으며, 다음과 같은 결론으로 끝을 맺는다. "세포에 대한 생각들을 모아 보니 슈반보다 앞서 뒤트로셰와 라스파일의 이론이 1820년대에 있었으며 그들은 실험적인 근거도 가지고 있었다."

이러한 나라간의 경쟁심은 19세기 프랑스와 독일 사이에 생긴 정치적인 긴장감 때문이라는 것을 알 수 있다. 그러나 그것은 프랑스와 독일의 과학자들이 세포설에 얼마만큼 공헌했는지 밝히는 데 전혀 도움이 되지 않는다. 프랑스 혁명으로 유럽에서의 대변동이 가속화되었다. 1806년 예나(Jena)와 아우어슈테트(Auerstedt)의 굴욕적인 패배를 가져왔고 이것이 독일인의 복수심을 북돋았으며, 1814년 드디어 파리가 점령되었다. 19세기 동안 내내 프러시아의 국수주의가 팽배하게 되었다.

1866년 쾨니히그레츠의 전투와 1871년 베르사유 조약에서 독일 제국의 선언 후에 독일인의 우월성은 부각되었다. 그리고 이 기간에 나왔던 독일어로 된 과학 논문은 어떤 때보다 정당하게 평가되지 않았다. 논문에서 인용할 때도 독일 과학자들에 의한 발견은 부각시키고, 프랑스 논문들은 불필요하게 비방을 받거나 모두 삭제되었다. 이와 같이 나라 사이의 상호 적대적인 예가 종종 있었다.

어떤 과학적 발견에 과학자들이 얼마만큼 공헌하였는지 평가할 때 생기는 또 다른 어려움은 과학자들이 진실을 말하지 않는 데 있다. 따라서 과학자들의 생각과 역사가들의 생각이 다를 때가 많다. 많은 역사가들은 과학자들의 생각이 잠정적으로만 옳다는, 아니 결국에 가서는 다 틀리다는 포퍼(Popper)의 견해를 어느 정도 받아들이는 것 같다. 조셉 실러와 테티 실러는 그들이 쓴 뒤트로셰(1776~1847)의 전기에서, 지난 일에 대해 우리가 지금 받아들이고 있는 사실이 잘못된 것일 수 있고 많은 역사가들이 옳고 그름을 판단하는 데 역사적인 사실에 의존하지 않는다는 것을 보여주기 위해 베이커의 연구를 자세히 언급했다. 그러나 과학자가 자기의 생각을 첨가하지 않고 어떤 과거 사실에 대해 쓰는 것은 쉽지 않다. 우리는 혈액 순환에 대한 논의에 대해, 하비와 그와는 반대 의견을 가졌던 리올란(Riolan)을 같은 비중을 두고 볼 수 없다. 리올란의 논의는 훨씬 더 이지적이고, 문화적 배경을 반영한다. 그러나 우리는 혈액 순환에 대해서는 하비의 견해를 더 믿는다. 왜냐하면 결국 혈액은 순환하며 동시대의 과학자들이 어느 누구도 혈액 순환에 대해 논박한 적이 없었기 때문이다. 과학자들의 업적을 논할 때는 그 시대적 상황을 많이 고려한다. 그러나 현재의 과학자들은 어떤 사실의 옳고 그름을 판단하는 데 역사가 아닌 사실에 근거를 두며, 경우에 따라 어떤 사실의 옳고 그름이 변할 수 있다는 것을 수용하지 않는다.

　비샤는 18세기 말 프랑스의 의학 분야에서 유명했다. 그는 파리의 오텔디외병원의 의사였고 1802년 31살의 젊은 나이로 죽었다. 비샤는 프랑스에서 현대 조직학의 아버지로 알려졌으며 그 업적을 기리기 위해 병원 이름이나 대학의 과 이름에 그의 이름을 많이 붙였다. 그러나 사실 동물의 몸에 대한 비샤의 모델은 본질적으로 할러의 생각을 확장한 것이었다. 할러가 동물의 기관을 세 개의 기본 섬유 조직으로 구성되었다고 본 데 반해, 비샤는 1801년 그의 저서 『해부학 총론』에서 동물의 기관을 21개의 섬유 조직으로 구분했다. 이 조직들은 두 범주로 나눌 수 있는데 하나는 단순 섬유 조직이고, 다른 하나는 복합 섬유 조직으로, 이는 여러 조직들이 조합되어 특이한 기능을 갖게 된다. 비샤의 견해에 의하면 한 기관의 기능은 그 해부학적 위치와 모양에 의해서만이 아니라 그 기본 구조에 의해 결정된다고 한다. 그는 조직마다 다른 미세한 구조적 차이로 각 조직의 물질 대사적 기능이 달라진다고 했다. 그러나 비샤는 현미경 관찰이 가장 큰 문제를 생기게 할 수 있다고 보았다. 그는 현미경의 광학적 오류 때문에 잘못된 상을 볼 수 있다는 것을 너무 잘 알고 있었다. 그래서 그는 현미경 사용을 전적으로 거부했다. 그래서 그의 관찰은 잘게 자르고, 부수고, 해부하고, 돋보기를 사용하는 것이 전부였다. 따라서 그는 우리가 지금 알고 있는 세포설에 전혀 기여하지 않은 것 같다. 비록 그의 저서 『해부학 총론』에서 세포의 체제에 대해 많은 양을 썼지만 그것은 결합 조직에 대한 내용이었다. 비샤가 현대조직생리학의 기초를 형성했다고 생각하나, 그의 생각들은 현대적 현미경을 사용하여 해부학의 기초를 이룬 것이 확실히 아니다.

다음은 밀른-에드워즈, 뒤트로셰, 라스파일, 튀르펭 네 사람에 대해 생각해 보자. 그중 두 사람은 프랑스 역사학자들이 세포설의 기초를 마련한 사람으로 자주 인용하고 또한 그럴 만한 인물이다. 밀른-에드워즈(Henri Milne-Edwards)는 영국 이름이지만 그는 브뤼헤에서 태어나서 파리의 국립 자연사박물관의 동물학 교수가 되었다. 그는 세포설에 관한 논문을 1823년 7월 30일 파리의 의과대학에 제출했고, 이것을 정리하여 1826년 학술진흥협회(Societe Philomatigue)에서 발표한 후 다음해에 논문으로 출판하였다. 그 논문은 뒤트로셰가 동물과 식물 조직의 미세구조에 대해 1824년에 쓴 『해부학 및 생리학 연구(*Recherches Anatomiques et Physiologiques*)』가 나오기 전에 나왔다. 밀른-에드워즈와 뒤트로셰가 서로 의견을 나누었다는 것을 밀른-에드워즈의 논문을 보면 알 수 있다. 뒤트로셰는 중요한 점을 많이 변형하기는 했지만 밀른-에드워즈가 제안한 모델을 많이 채택했다는 것이 분명하다.

밀른-에드워즈의 1826년 논문은 그의 1823년 논문보다 흥미가 덜하며 첨가된 내용도 거의 없었다. 밀른-에드워즈가 관찰한 것이 무엇인지 확실하게 알기는 어렵다. 그는 아담스가 만든 특별한 복합 현미경, 즉 색으로 인한 잘못된 이미지를 보지 않게 한 그 당시로서는 최상의 현미경을 사용하였다. 스투드니카는 그가 동물 조직을 관찰하지 못했을 것이라고 확신한다. 그것은 동물 조직을 관찰할 현미경이 좋지 않아서가 아니라 그때는 동물 조직을 잘 관찰할 수 있도록 표본을 제작하는 방법이 발달하지 않았기 때문이다.

그러나 밀른-에드워즈는 적혈구를 관찰했다. 심지어는 적혈구 가운데가 좀 진하게 보인다는 것도 관찰했다. 그러나 그는 적혈구가 몸의 다른 부분을 이루는 단위와 같을 것이라고 생각하지 않았다. 그는 다른 조직은 직경이 1/300mm인 구형의 모양이 쭉 정렬되어 있었다고 주장한다. 왜 밀른-에드워즈가 동일한 모양을 한 구형의 단위를 주장했을까를 이해하기는 어렵다. 만일 그가 조명 때문에 생기는 허상을 봤다면 그 크기가 일정하지 않았을 것이며 이것을 모를 수는 없었을 것이다. 이것은 동물 조직의 기본 요소는 크기가 일정해야만 한다는 일종의 원자론에 의해 고무된 확신이었던 것 같다. 밀른-에드워즈는 자신이 보고 싶어 했던 대로 해석한 것이었다.

그는 표본을 고정하거나 박편하는 과정 없이 사람 흉부의 피하 결합 조직을 관찰하였다. 밀른-에드워즈 이전의 사람인 폰타나처럼 그는 '구부러진 관 모양의 구조'를 보았다. 이것은 아마도 콜라겐 섬유 다발인 것 같다. 그러나 밀른-에드워즈는 이러한 섬유들이 각각은 불규칙하나 선상의 동일한 구형이 연쇄적으로 구성된다고 주장했다. 그는 이러한 구조를 개의 발 결합 조직, 소의 동맥 옆 조직, 수평아리와 개구리의 피하 결합 조직, 그리고 잉어 복강의 결합 조직에서 관찰했다. 그는 그 정교한 구조가 모든 조직에서 같은 모양으로 보이는데, 이러한 기본적인 구형들은 그 모양과

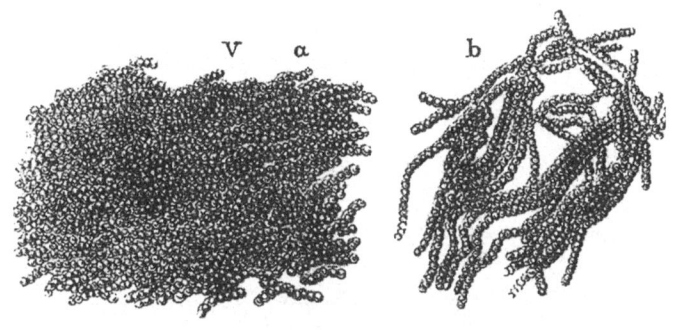

그림 15 표피 조직(a)과 근육(b)의 미세구조에 대한 아놀드의 견해.
두 조직이 모두 같은 모양의 구형으로 이루어졌으나 배열이 다르다.

직경이 고름과 우유에서 관찰된 것과 유사하다고 했다. 그는 또한 점막과 장막, 골격근에서 같은 모양의 구형 배열을 관찰했다. 스바메르담(Swammerdam)과 그 이전 시대의 학자들은 골격근의 근섬유와 그 안의 줄무늬에 대해 이미 알고 있었다.

밀른-에드워즈는 사람의 대퇴부 근육을 최초로 관찰하였다. 그리고 여러 포유동물, 양서류, 어류, 그리고 심지어는 무척추 동물의 근육도 관찰하였다. 그는 뇌의 백질, 회백질, 신경 조직, 피부도 관찰하였다. 그는 그가 관찰한 모든 조직에서 같은 모양의 동그란 구조를 관찰하고 모든 동물 조직의 기본 구조는 이러한 모양을 하고 있으며, 그 구성은 좀 다를지도 모른다고 생각했다. 그리고 그 모양이 조금 다르긴 해도 크게 다르지 않고, 그 부피 역시 그렇게 다르지 않을 것이라고 생각했다.

그러나 현재 식물을 관찰해 보면 식물을 구성하는 세포들의 크기가 다른데, 어떻게 모든 조직에서 밀른-에드워즈는 같은 크기의 단위를 관찰했을까? 밀른-에드워즈는 기본이 되는 구형이 모여 어떤 구조를 만드는데, 그 구형은 또 더 작은 구형으로 이루어지나 당시에 사용한 현미경으로는 작은 구형이 보이지 않았던 것이라고 말함으로써 이에 대해 변명을 하였다.

밀른-에드워즈의 견해는 프랑스에서 널리 알려졌을 뿐 아니라 많이 인용된다. 그는 적어도 국부적으로는 유럽 여러 나라 다른 학자들의 지지를 받았다. 아놀드의 저서 『인체 생리학(Lehrbuch der Physiologie des Menschen)』은 그 당시 독일에서 가장 널리 읽힌 교과서 중에 하나였는데, 이 책의 1부에는 근육과 상피 조직의 정교한 그림들이 실려 있다. 근육과 상피 조직은 모두 일정한 둥근 모양의 구조가 일렬로 배열되어 있었는데, 근육과 상피 조직의 배열 구성은 달라 상피 조직에서 좀 더 촘촘하게 배열되어 있었다. 베버의 저서 『인간 신체의 일반 해부학(Allgemeine Anatomie des Menschlichen Körpers)』은 1830년까지 4판이 나왔는데, 그 책에서 그는 당시의 현미경으로 관찰한 사실에 대해 아주 비판적이었다. 그의 저서에서 그는 현미경 기술에 관하여 폭넓게 언급하였다. 그는 현미경에서는 빛의 굴절 현상으로 잘못된 이미지가 생길 수 있다는 것을 잘 알고 있었다. 그는 밀른-에드워즈가 관찰한 것은 굴절 현상으로 생긴 잘못된 이미지라고 생각했다. 현대의 시각에서 볼 때 밀른-에드워즈가 실수를 한 것이라고 생각할 수 있다. 그러나 그 시대의 사람들에게는 그의 모델은 아주 매력적이었다. 왜냐하면 그 당시의 모든 생물학자들이 꼭 존재할 것이라고 생각했던 기본적이고 같은 형태를 가진 원자적 구조에 대한 근거를 그가 제시했기 때문이다.

앙리 뒤트로셰는 프랑스 혁명 후 그 이름에서 14세기의 귀족 정치적인 분위기가 풍기므로 그 이미지를 없애기 위하여 뒤트로셰(Henri Dutrochet)라고 바꿨다. 대부분의 프랑스인들은 그의 업적을 높이 평가하지 않았는데 내 생각에는 그가 독일인 슈반과 너무 밀접한 관계를 맺고 있었기 때문이라고 생각한다. 슈반은 뒤트로셰가 많은 공헌을 했다는 것을 알았어야 했음에도 불구하고 그에 대해 언급하지 않았다. 그것에 대해 여러 학자들이 화가 났는데, 특히 리히(A. R. Rich)는 세포설 형성에 제일 큰 공헌을 한 사람은 슈반이 아니고 뒤트로셰라고 주장할 정도였다. 이러한 의문은 피할 수 없으며 나중에 슈반의 『현미경 연구(*Mikroskopische Untersuchungen*)』를 논의할 때 더 자세히 고려할 것이다. 뒤트로셰는 아주 중요한 인물인데 그는 슈반이 관찰하기 전에 독립적으로 세포를 관찰하여 새로운 사실을 발견하였다. 실러 부부는 다음 두 가지가 뒤트로셰 생각의 중심을 이룬다고 하였다. 첫째는 생명 현상의 유물론적 견해인데, 이는 실험 연구에서뿐 아니라 그의 과학적 철학에서도 볼 수 있다. 두 번째는 생명 현상이 동물뿐 아니라 식물에서도 볼 수 있다는 것이다. 1837년 그의 저서 『회상록』에서 그는 생명은 여러 가지 현상에 의해 보이는 차이 중 하나이며, 살아 있는 모든 것은 기본적으로 차이가 없다고 하였다. 생명의 형태가 기본적으로 같다는 생각은 뒤트로셰가 말하기 거의 한 세기 전에 볼프가 제의하였는데, 뒤트로셰가 그 생각을 그 후로 얼마나 더 발전시켰는지는 알 수 없다. 두 학자는 동물 세포를 실제로 관찰하지는 않았지만 동

그림 16 뒤트로셰(Henri Dutrochet, 1776~1847)

물이나 식물의 조직이 모두 둥근 구형 모양의 것으로 구성된다고 생각했다.

뒤트로셰만이 생명에 대해 유물론적 견해를 갖는 유일한 사람은 아니었다. 그리고 그는 동물과 식물 조직이 같은 방법으로 구성된다고 처음으로 제안한 사람도 아니었으며, 식물 조직을 분쇄하여 세포를 처음으로 분리한 사람도 아니었다. 몰덴하우어(Moldenhawer)는 18년 동안의 연구를 구체화하여 그의 저서 『식물 해부에 대한 연구(Beiträge zur Anatomie der Pflanzen)』를 1812년에 발간했지만, 식물을 물에서 잘게 부숴 식물 세포를 분리하는 방법을 이미 발표했다. 몰덴하우어의 기술은 뜨거운 질산을 사용하는 뒤트로셰의 방법보다 쉬우므로 그 방법이 더 널리 사용되었다. 뒤트로셰는 아주 유능한 관찰자이므로 식물에서 분리한 세포가 크기가 다르다는 것을 놓치지 않았다. 그래서 그는 동물 조직은 밀른-에드워즈가 말한 것처럼 같은 크기의 기본 구조로 이루어졌다고 생각하지 않았다. 그러나 대체로 뒤트로셰는 밀른-에드워즈의 모델을 받아들였다. 그리고 뒤트로셰가 식물과 동물 조직 생리학에 준 뛰어난 통찰력은 막에 붙은 구형의 구조들이 모여 식물이나 동물의 조직을 이룬다는 생각에 기반을 두었다. 그는 세포핵에 관해서는 전혀 언급하지 않았다.

내가 보기에, 뒤트로셰의 독창성은 그의 철학적인 관점에서 동물이나 식물 조직의 세포 구조가 유사하다는 것을 주장한 데 있는 것이 아닌 듯하다. 비록 조직이나 세포에 대한 그의 해부학적 견해가 현재의 기준으로 볼 때에는 틀린 점도 많지만, 뒤트로셰 이전에는 아무도 세포가 생리학적 실제라고 생각하지 않았다. 그는 세포가 물질 대사의 기본 단위이며, 영양 물질은 세포막을 통해 선택적으로 세포 안으로 들어오고 노폐물은 선택적으로 세포 밖으로 나간다고 생각했다. 그는 농도 구배에 역행하여 세포 안팎으로 분자가 수송된다는 내삼투(endosmosis)와 외삼투(exosmosis) 개념을 구축하였고, 그 현상을 설명하기 위하여 용어도 만들었다. 그는 내삼투가 모세관 현상이나 점성, 또는 막 전류에 의해 생기는 것이 아니라는 것을 보여주는 근거를 제공하였다. 이러한 실험은 조직에서 행해졌으나 그 결과는 항상 세포에 대한 결과로 추정되었다. 그리고 세포막의 반투과성이 항상 분자의 흐름을 결정하는 주요인이라고 생각했다. 이러한 미세구조의 일률성은 세포에 있는 물질의 성질에 따라서 조직이 실제로 다르다는 것을 증명한다. 각 기관에 필요한 액체가 분비되는 곳은 세포 안이다. 또 세포 구조는 놀라울 정도로 단순하지만 어떻게 배열되느냐에 따라 그 성질이 다양하게 나타나는 것이 확실하다. 정말로 모든 것은 궁극적으로 세포에서 유래된다고 볼 수 있다.

뒤트로셰 연구의 또 다른 주목적은 동물뿐 아니라 식물의 운동을 연구하는 것이었다. 할러는 자극 감수성이라는 특성이 동물에 국한된 것이라고 생각했으나, 뒤트로셰는 미모사의 행동이 나타남으로 보아 살아 있는 생명체, 즉 동·식물 모두의 특징으로 운동을 규정지을 수 있다고 확신하였다. 그는 미모사를 재료로 하여 뿌리, 줄기 그리고 잎의 운동을 연구하였으며, 수액의 이동, 세포 내 유동 그리고 동물에서의 근육 수축을 연구하였다. 이러한 연구 결과를 종합하여 하나의 일반 원칙으로 요약하였다. 조직 만곡의 변화는 체액의 흐름에 의해서 이루어지는 것이다. 이 견해는 과학원 내에서 논쟁을 불러일으켰다. 그러나 이제 추상적이고 적잖이 신비스럽게 비치던 생명 현상에 대하여 유물론적이며 실험적인 접근이 시작된 것이다. 운동에 대한 연구는 일반생리학에서 알고 있던 지식을 모아 하나의 기둥을 세울 수 있게 해주었다. 당시의 과학 수준으로 볼 때 논쟁의 대상이 됨은 당연하였다. 생리학적 현상을 세포 내의 성분들로 설명하고자 하는 시도는 뒤트로셰를 위시한 사람들이 시작하였다고 볼 수 있다.

뒤트로셰를 세포생리학자라고 해야 하겠지만 그가 미세 해부학에 끼친 영향 또한 무시할 수 없다. 그 당시에 많은 사람들이 그랬듯이 그는 복합 현미경의 광학 기기를 의심하여 1824년 해부학 연구 잡지에서 단순 현미경을 사용할 것을 권고하였다. 이것은 아미치가 프랑스에 무색 렌즈를 소개하기 3년 전의 일이었는데, 뒤트로셰는 해부학적 연구를 포기하고 생리학적 연구에만 매달리게 되었다. 따라서 우리가 얘기하는 뒤트로셰의 해부학적 업적은 그의 초기 연구에 대한 것들이다. 61살 때까지 단순히 미세구조에 흥미를 느끼고만 있었을 뿐이다. 1837년 그의 저서에서는 마지막에 잠깐 동물 조직의 구성에 대한 언급이 있을 뿐, 30년대에 독일 과학자들이 이룩한 업적들도 언급하지 않았다.

그러나 거기에는 단순 현미경으로 관찰한 보고가 들어 있는데, 이것이 바로 미세해부학 분야에서 뒤트로셰를 중요 인물로 언급하게 되는 이유가 된다. 복족류인 헬릭스 포마티아(Helix Pomatia)와 리막스 루푸스(Limax Rufus)의 뇌를 관찰하면서 그는 여러 개의 아주 작은 구형 소체에 둘러싸인 구형 구조에 주목하였다. 스투드니치카는 뒤트로셰가 주목했던 이 구조를 계속 연구했는데, 이것이 바로 신경 부속 세포로 둘러싸인 신경절임을 확인하였다. 이 연체동물들의 뇌에서 관찰한 신경절 세포들은 매우 커서 간단한 현미경으로도 관찰이 가능한 것으로 알려져 있다. 어쨌든 뒤트로셰가 관찰하고 기술한 이 사실 때문에 그는 진정한 동물 세포를 최초로 관찰한 사람으로 평가할 수 있다. 다른 동물 조직들은 현미경으로 관찰하기엔 너무나 불분명해서, 그는 앞에서 언급한 바와 같이 밀른-에드워즈의 방법을 따랐다.

뒤트로셰는 조직 성장은 새로운 작은 구체가 형성됨으로써 이루어지는 것이라고 믿었으며 자연발생을 배격하였다. 그는 새로운 구체가 원래의 것 안에서 형성된다는 이른바 내생적 세포 형성의 입장을 취하였다. 그

그림 17 라스파일(Francois-Vincent Raspail, 1794~1878)

러나 핵의 존재에 대한 개념이 없었기 때문에 기능적인 설명을 할 수가 없어, 뒤트로셰가 생각한 새로운 구체의 형성 양태에 대한 개념은 더 이상 진보되지 못하였다. 사실 그는 식물의 세포벽과 결합된 색소체를 새로 형성된 구체로 잘못 단정 짓는 실수를 범하기도 하였다. 슐라이덴의 영향을 받은 슈반은 세포핵이 세포 생성 시스템의 중심에 위치하고 있다고 생각하였다. 그러나 슈반이나 뒤트로셰나 잘못 생각하고 있기는 마찬가지였다. 뒤트로셰의 업적은 독일에서 더 인정받고 있었다. 스투드니치카는 그의 책에서 뒤트로셰를 추켜올렸으며, 뒤 부아-레이몬드는 삼투에 관한 뒤트로셰의 업적에 최대의 찬사를 보냈다. 슈반이 그를 언급하지 않은 것이 이상할 정도이다.

1820년대와 1830년대에 라스파일(Francois-Vincent Raspail, 1794

~1878)은 독일 현미경학자들에게서 대수롭지 않은 취급을 받았다. 슐라이덴이 특히 그랬다. 당시 만연했던 민족주의를 제외하고도 세 가지가 그 이유로 거론된다. 첫 번째 이유는 라스파일의 과학적 업적이 프랑스에서조차도 제대로 알려지지 않았거나 무시되었다는 것이다. 타협을 모르는 공화당원으로서, 그는 7월 정권 때에 그리고 1848년의 격변 후 재차 투옥되었다. 이 때문에 그의 1833년 『신유기화학 체계(*Nouveau Système de Chimie Organique*)』는 감옥에서 개정한 것이었다. 그는 1853년에서 1863년까지를 브뤼셀에 망명해 보냈으며, 프랑스로 돌아와 1868년 의원으로 선출되긴 했으나 또다시 투옥되었다. 그는 1876년에 공화당 의원으로 재선출되었으나, 그의 명성이 회복된 것은 1878년 그의 죽음 이후였다. 명성은 더욱 강화되어, 지금 파리에서는 우아한 라스파일 대로가 그를 존경하는 흔적으로 남아 있다.

두 번째 이유는, 그가 한참 경력을 쌓아가는 도중에 임상적 문제에 관심을 가지고, 당시엔 인기가 높았고 오늘날까지도 행해지지만 별로 효험은 없는 치료 식이요법을 고안했다는 것이다. 이 점에서 라스파일은 우리가 뒤에서 다룰 레마크(Robert Remak)와 조금은 비슷하다 할 수 있다. 세 번째 이유는, 독일의 현미경학자들이 전체적으로 볼 때 세포의 이해를 도운 라스파일의 독창적이고 진정한 공헌을 인식하지 못했다는 것이다. 독일 해부학자들은 근본적으로 현미경을 수단으로 한 세포의 정확한 구조와 형성 과정 연구에 관심을 가진 반면, 라스파일은 세포 내의 화학 작용에 보다 더 관심을 가진 탓이다. 뒤트로셰와 마찬가지로, 그도 세포 구조와 형성에 대해 몇 가지 추정을 해보았지만, 추정이 좀 틀렸다고 해서 그의 실험적 연구 업적이 평가 절하될 수는 없다.

파리에서 델루일이 만든 라스파일의 현미경은 20배의 배율을 가진 볼록렌즈와, 240배의 배율로 빛을 양극화하여 색체 이상을 줄인 전기석 렌즈와, 두 개의 푸른 유리 평철렌즈로 구성된 50배의 배율을 갖는 것이었다. 그 당시로서는 훌륭한 도구라 할 수 있고, 나름대로의 정확한 상을 보여주었을 것이다. 그럼에도 비록 밀른-에드워즈 모델을 많이 따르진 않았으나, 라스파일은 뒤트로셰와 비슷하게 세포를 파악하였다. 예를 들어 그는 세포 또는 혈구가 크기가 동일하거나 선형으로 뭉쳐 있다고는 믿지 않았다. 그는 그것들이 섬유나 막 사이에 흩어진 것을 발견하고 후자는 본질상 입자가 아니라고 생각하였다. 그는 표피와 외피에서 세포를 관찰하였으며, 비록 혈액 속의 세포는 다른 조직의 세포와 크기는 다르다고 생각했지만 혈액 속의 빨간 세포도 관찰하였다. 그가 신경 실린더를 그린 점에는 의심의 여지가 없는데, 그는 근육과 마찬가지로 그것들도 집합 섬유로 구성되어 있다고 결론 내렸다. 그는 신경 실린더는 세포가 거대하게 확장된 것으로 세포나 근육섬유의 신장에 의해 생성된다고 생각하였다.

비록 그의 해부학적 관찰이 궁극적으로는 부정확한 부분이 있었으나, 라스파일은 생명체에서 세포의 중심적 역할에 대해 강한 확신을 가지고 있었다. 이러한 확신은 지금은 불후의 명구가 된, 다음과 같은 그의 언급에서 찾아볼 수 있다. "나에게 생명이 부여된 유기 소포를 주시오. 그러면 전체 생명체를 돌려주리다." 와이너(Dora Weiner)의 라스파일 전기문에서 다음 부분을 인용해 본다.

개개의 세포는 주변 환경으로부터 자신이 필요한 것만을 취하여 선택한다. 세포는 다양한 선택안을 가지므로, 그들의 벽을 구성하는 데 들어가는 물과 탄소, 염기의 비율이 다르게 된다. 특정 벽은 특정 분자의 통과만을 허용하고, 다른 분자들은 외부 벽에 응축됨을 쉽게 상상할 수 있다. 중앙에 있는 탄소 분자를 둘러싸는 산소 분자의 수에 따라 그 결과가 다양해짐을 볼 수 있을 것이다. 그 변이는 무한하다 할 것이다. 따라서 세포란 모든 조직이 유기화하고 자라는 일종의 실험실이다.

그러나 아직까지는 세포핵에 대한 암시가 없음에 주목하여야 한다.
세포의 기원에 관한 라스파일의 견해는 뒤트로셰와 크게 다를 바가 없다. 그는 새로운 소포가 오래된 소포 속에서 형성된다고 믿었다. 이 같은 생각은 후에 식물학자들을 크게 골탕 먹인 실수의 기원이 된다. 그의 초기 업적인 1825년의 『전분의 발달(Développement de la Fécule)』에서 그는 녹말 조각이 새로운 소포의 원본이라 주장하였고, 1833년 『신유기화학 체계(Nouveau Système)』에서도 이러한 주장을 반복하였다. 녹말 조각이 확대되어 서로 부딪치게 되고, 파열하여 그들이 함유하고 있던 소포를 방출한다는 것이다. 이러한 소포는 안에 더 작은 소포를 함유하게 된다고 생각한 라스파일은 이를 '엠보이트먼트(emboitement)'라 불렀는데 러시아의 나무 인형을 연상케 하는 개념이었다. 새롭게 형성된 소포는 모든 가능

영역을 차지하게 되고, 이런 식으로 주맥과 잎맥은 예외로 하고 전체의 나뭇잎이 생성된다고 보았다. 줄기도 비슷하게 형성된다고 보았고, 별다른 증거 없이 이러한 모델이 동물에게로 확장되었다. 라스파일은 어느 순간에는 세포벽이 남성·여성 혈구를 함유하여, 세포는 본질적으로 양성체라고 믿기까지 하였다. 그래서 그는 혈구 자체 내에서 특정 생식 기관을 찾아보았다. 후에 식물학자들이 녹말 조직과 다른 색소체의 생식 역할에 대해 옹호하거나 혹은 반박하여 발전시킨 논쟁들을 제4장에서 논의할 것이다.

『전분의 발달(Développement de la Fécule)』에는 역사적으로 흥미로운 라틴 경구가 포함되어 있는데, 라스파일이 사용한 "모든 세포는 다른 세포로부터 연유한다(Omnis cellula e cellula)."는 구절이 그것이다. 내가 아는 한 이 문구가 사용된 것은 이것이 최초인데, 다른 사람들에 의하여 약간씩 변형된 문장이 19세기 과학 문헌에 반복적으로 등장한다. 변형된 문구로 표절 시비가 일 때 등장하는 사람이 피르호인데, 그와 라스파일은 세포 형성의 기작에 대해 상당히 다른 견해를 지녔다. 피르호는 선구자들에 대한 경의를 별로 표하지 않는 사람으로, 그의 『세포병리학(Cellularpathologie)』의 중심 사상으로 그 문구를 사용했을 때, 라스파일이 먼저 그 문구를 사용했다는 사실을 그가 알았을까 하는 의문점이 남는다. 피르호가 라스파일을 실제적으로 표절하지는 않았을 것으로 보이는 증거도 있다. 만약 그가 표절을 했더라면, 그가 "모든 세포는 세포에서 나온다."라고 썼을 것이라 추정하는 것이 합리적이다. 그러나 피르호가 처음으로 사용한 구절은 분리나 수단을 의미하는 모호한 탈격을 사용한 문장이었고, 1857년에 『조직학 강독(Textbook of Histology)』이라는 책에서야 비로소 확실한 문장이 소개된다.

라스파일이 미세해부학에 기여한 공헌은 그만 이야기하자. 비록 미세해부학이 독일 현미경학자들의 관심을 끈 것이긴 하지만, 해부는 라스파일의 과학적 업적의 주된 주제는 아니었다. 그는 세포 내의 화학 작용에 대한 체계적 연구가 전공이었으며, 상당히 결정적인 연구를 수행하여 현대 세포화학이 그로부터 기원하였다고 주장해도 결코 과장이 아닐 정도이다. 그는 일련의 화학 시약에 대한 세포 구성 물질의 반응을 조사한 초기 과학자 중 한 사람이다. 그는 이러한 연구를 현미경 아래에서 시행했고, 오늘날에도 여전히 이용되는 몇 가지 탁월한 실험 방법들을 고안하였다. 그는 아마도 냉동 박편을 만들기 위해 조직을 냉동시킨 최초의 인물일 것이며, 세포에 대한 화학 정보를 얻기 위해 그러한 실험을 수행한 최초의 인물임에 틀림없다. 그는 일종의 미세 소각로의 형태를 창안하여, 백금 스푼에 세포를 태우고 그 찌꺼기를 화학적 분석에 사용했으며, 각각의 세포 구성물들을 확인하기 위하여 새로운 시약을 고안하기도 하였다. 초기 논문에서 그는 요오드를 사용하여 녹말 조직을 푸르게 검출하는 것을 보여 주었고, 수년에 걸쳐 알부민, 설탕, 실리카, 뮤신, 클로라이드, 철 등을 검출하는 시약들을 발견하였다. 그의 중요 저작의 제목을 보기만 해도 그의 연구의 중심에 있었던 것이 세포화학이라는 것을 쉽게 알 수 있다. 『잎과 줄기와 그것들의 단순한 변형인 기관의 구조와 발생뿐만 아니라, 동물 조직의 구조와 발생을 설명하기 위해 고안된 화학적 생리학적 실험』, 『새로운 관찰법에 의한 유기화학의 새로운 시스템』, 『자연에서 얻어 구리판에 형성한 60개 분석판의 도해를 통한 새로운 유기화학 시스템으로 고안된 관찰법에 근거한, 식물 생리학과 식물학의 새로운 시스템』 등이 그 예이다.

앞에서 세포가 이화작용과 동화작용의 균형을 이루는 데 부단히 관여한다는 점에서 라스파일이 세포를 일종의 실험실이라 불렀다는 사실을 언급했다. 그러나 세포는 또한 라스파일 자신에게도 미세 실험실이었고, 그는 자신의 과학적 생애의 대부분을 그러한 실험실을 활용하는 데 필요한 미세 실험법 고안에 바친 사람이었다. 그가 식물과 동물의 해부에 관해 잘못된 가정을 했다는 점 때문에 이러한 그의 업적이 과소평가되어서는 안 될 것이다.

튀르팽은 덜 알려진 인물이다. 이는 그가 새로운 실험적 사실의 발견보다는, 전문 용어의 발전적 제안에 더 공헌한 사람이기 때문일 것이다. 그는 슈반에 의해 알려지게 되었으나, 모든 프랑스 학자들과 마찬가지로 슐라이덴에 의해 경멸받았다. 튀르팽은 일반적으로 동물과 식물 조직이 소포 덩어리로 구성되었다는 관점은 인정하였으나 그것들이 비어 있거나 공기로 가득 차 있는 것이라고는 보지 않았다. 그는 그것을 생명의 근본 물질이라 간주하고 '글로불린(globuline)'이라 이름 붙인 물질의 집합체로 파악하였다. 그러나 그는 소포 자체와 그 함유물을 설명하는 데 '글로불린'이란 단어를 다소 모호하게 사용했다. 따라서 그는 단세포 식물을 '글로불린즈'라 칭했고, 흰색과 녹색의 글로불린이 존재함을 주목하였다. 다세포 식물에서는 녹색 글로불린이 일반적으로 '세포'라 불리는 개념으로 확장되고 색채의 개념이 소실되었다. 그는 단세포와 다세포 형태 사이의 근본적인 유사점을 강조하였으나 이는 이미 1805년 오켄이 주장한 적이 있었다. 클라인에 따르면 튀르팽은 소포가 다세포 형태 속으로 집합된 이후에도 독립적인 물질 대사 단위로 작용한다고 생각한 반면에, 오켄은 그들이 합쳐지면 각각의 개별성은 조직의 전체적 형태에 가려진다고 생각하였다. 두 사람은 모두 소포를 물질 대사 활동의 중심 영역으로 간주했으며, 그들의 차이점은 이러한 활동이 조절되는 수준이 어느 것인가 하는 데 있었던 것 같다.

튀르팽은 '글로불린'으로 이루어진 소포를 세 가지 유형으로 분류하였다.

(1) 단세포 생물을 포함하는 'Globuline Vésiculaire Solitaire'
(2) 함께 모인 'globuline'을 지칭하는 'Globuline Vésiculaire Enchainée'. 이 두 개의 'globuline'은 'se développent à vu dans la Nature(어디서나 그들을 볼 수 있다).'
(3) 'Globuline Captive'

이는 그것이 모체 소포 내에 둘러싸여 있기 때문이다. 'Globuline Captive'는 처음 두 종류의 '글로불린'과 똑같은 특징을 갖는다. 즉 똑같은 모양 형태와 색깔, 재생 양식을 지니고 있다. 그러나 그것은 독자적으로 생존하여 성장하는 대신에 모체 소포의 내부에 남아있다는 사실에 의해 구분되어진다. 이러한 상황 속에서 그것은 성장에 방해를 받고, 그 결과 소포로서의 형태를 잃게 되고 다소 육변형이 되어 같이 결합되거나 그것의 표면에 의해 접속되어 새로운 형태의 세포 조직을 형성하게 된다.

이런 점에서 튀르팽이 인식한 세포 증식의 형태는 세포 안에서 세포가 생산된다는 것임에 틀림없는데, 이러한 견해는 뒤트로셰가 먼저 채택했던 견해로 더 이상 새로울 것이 없었다. 튀르팽은 뒤트로셰의 책인 『해부학 및 생리학 연구』가 나온 지 2년 후에야 이러한 과정에 대한 그의 첫 번째 설명을 출간하였다. 그는 1828년에 다시 이러한 원칙을 상술했는데, 세포 증식이 간단하고 독특한 기작에 의해 이끌린다고 주장하였다. 「다양한 식물의 번식 방식에 대하여(*Des Divers Modes de Propagation Végétatale*)」라 명명된 논문의 한 부분에서, 그는 다음과 같이 적고 있다. "모든 증식하는 식물체는 모체로서 그리고 개념적으로 작용하는 선택된 소포에 그 기원이 있다. 이러한 소포가 어떠한 것이든 상관없이 말이다." 비록 1828년 논문에서, 다양한 식물의 성장 초기 단계에서 발견되는 소포의 수가 항상 2의 배수라는 점에 놀랐다고 적고 있음에도 불구하고, 그는 세포 분열이라는 과정에 대해 눈치를 채지는 못하였다.

이러한 일련의 논문들 중 1829년에 쓰인 마지막 논문에서 튀르팽은 그의 견해를 요약하고 다른 사람들의 비판에 대하여 답하고 있다. 그 논문의 적요는 다음 문장으로 시작한다. "물질이 유기화되자마자 그것은 글로불린이 된다." 그리고 다음 문장에서 그 절정에 달한다. "세포 조직의 생식 소포 내부 벽의 확장에 의해 형성된 글로불린 입자는 새로운 세포 조직의 미래의 소포 혹은 종을 번식시킬 수 있는 어떤 물질의 기원 혹은 발아원이 된다." 튀르팽은 명백하게 이러한 관념을 일반화시키기를 좋아하였는데, 1827년 논문에서 단세포 식물의 옹호자 라이프니츠의 글을 싣고 있다는 점은 매우 흥미롭다. 그러나 글로불린이라는 주제에 대한 튀르팽의 개념 변형은 거의가 상상 속에서 이루어진 것이었으며, 불행히도 실제로는 거의 관련이 없는 것으로 판명되었다.

제4장

식물학자들 간의 격렬한 논쟁

18세기 말의 거의 모든 식물학자들은 그루와 말피기가 주장한 것과 같이 식물 조직은 대부분 세포로 구성되어 있다고 생각했다. 그러나 아직 해결되지 못한 네 가지 논쟁거리가 남아 있었다. 그것은 (1) 어떻게 새로운 세포가 만들어지는가? (2) 세포는 서로 정보를 주고받는가? 그렇다면 그 방법은 무엇인가? (3) 세포의 구성 성분은 무엇인가? (4) 도관을 구성하는 조직은 모두 변형된 세포들로 구성되어 있는가? 였다. 이러한 질문에 대하여 그 당시 독일 과학자들은 프랑스 과학자들이 주장하는 학설에 반대되는 주장을 펼치는 것을 볼 수 있다. 독일 과학자들은 서로를 인정하지 않았으나, 파리의 주장에 반대하는 데는 의견이 통일되었다. 대표적인 프랑스 과학자는 브리소-미르벨(이후 드 미르벨)이었으며, 그의 반대 측 독일 과학자는 링크(D. H. F. Link), 스프렝겔(K. Sprengel) 그리고 트레비라누스(L. C. Treviranus)였다. 브리소-미르벨(Charles-Francois Brisseau-Mirbel, 1776~1854)은 1802년 처음 세포 형성에 관한 견해를 내놓았다. 그리고 그는 1808년 『식물 소식 이론에 대한 해설과 변론』을 출판했으며, 1809년 『식물 조직 이론에 대한 해설』이라는 제목으로 제2판을 내놓았다. 1809년 그는 "기본적인 나의 생각은 식물의 모든 구조는 한 개의 세포로부터 만들어진다는 것이다. 그리고 막 조직도 다양한 방법으로 변형되나 만들어지는 기본적인 원리는 똑같다. 이와 같은 사실은 모든 식물체가 만들어지는 기본적인 원리이다.", "나는 식물체가 다양한 모양과 크기로 구획되어진 세포 조직이라는 원리에서 연구를 시작하였다. 이 단순한 생각이 내 학설의 기본이다."라고 말했다. 식물의 도관에 대해서 미

그림 18 미르벨(Charles-Francois Brisseau-Mirbel, 1776~1854)

르벨은 세포들이 단순히 길어진 것이라고 생각했다. "식물체의 관과 도관은 단지 길이가 길어진 세포들이다." 단, 그가 트라키아라고 부르던 커다란 나선형 관은 이 법칙의 예외였다. "이 법칙에 오직 하나의 예외로 트라키아의 코르크 병따개와 같이 나선형으로 꼬인 좁은 엽편의 예가 있다는 것을 알고 있다."

세포 형성의 의문에 대하여 미르벨은 트레비라누스의 의견과 정반대의 의견으로 대립하였다. 트레비라누스는 새로운 세포가 미르벨이 '스페리올'이라 부르는 과립으로부터 만들어진다고 믿고 있었다. 미르벨은 새로운 세포는 세 가지 정확한 경로로 만들어지는데 오래된 세포의 표면에서 새로운 세포가 만들어지는 경로, 오래된 세포의 인접된 벽 사이에서 만들어지는 경로, 오래된 세포들 사이에서 만들어지는 세 가지 경로가 있다고 제안하였다. 마지막 경로의 경우 새로운 세포들은 그들로 연속되는 세포 조직을 형성하여야 하며, 오래된 세포들은 안에서 다시 흡수된다. 그렇지 않으면 새로운 세포들은 연속된 조직을 형성하지 못하고, 모세포의 벽에 부착되어 남는다. 이 과정의 자세한 부분은 현미경에서 보이는 고정된 단편적인 겉모습의 영상을 보고 내린 추측이지만, 미르벨이 주장하는 핵심은 트레비라누스가 주장하는 세포 안이나 세포 밖의 입자들에 의해서가 아니라, 다른 세포로부터 세포가 만들어진다는 것이다.

세포에 포함되어 있는 것이 무엇인가 하는 의문에 대하여 미르벨의 입장은 그루의 생각과 다를 바 없었다. 그루는 세포들이 빵의 구멍이 만들어지는 것과 같은 과정으로 만들어진다고 믿었다. 1808년 미르벨의 글에는 "최종적으로 나는 식물의 전체 몸 구조는 다양한 모양과 부피의 빈 공간을 형성하는 격막 조직과 측부 섬유의 결합으로 이해한다. 식물체는 규칙적이거나 불규칙적인 작은 세포들과 다양한 신장된 관들로 만들어진다."는 내용이 있다. 그러나 미르벨이 사용한 스페리옴이라는 단어는 빈 공간이거나, 원래부터 공기가 차 있거나 바로 수액이나 다른 물질로 채워지는 세포들을 뜻한다고 하였지만, 몇 가지 불분명한 점들이 있다.

미르벨과 그와 반대되는 독일 학자들 사이 논쟁의 핵심 중 하나는 '세포들 사이에 교류를 하는가? 한다면 어떻게 하는가?'였다. 미르벨은 세포들이 공통의 세포벽을 갖고 있으며, 이 세포벽은 한 세포에서 다른 세포로 수액이 자유롭게 통과할 수 있는 수많은 구멍들이 관통하고 있다고 믿었다. 그러나 트레비라누스는 1805년 미르벨이 생각을 발표하기 전에 그렇

그림 19 트레비라누스(Gottfried Reinhold Treviranus, 1776~1837)

지 않다고 이미 제안했다.

그가 피카리아(Ranunculus ficaria)의 얇은 절편을 물속에서 바늘로 펼쳐 기포나 소기낭으로 부숴보니 이들 간에는 어떤 연결도 없었다. 그는 모든 생명체는 기포와 같은 것들이 응집되어 만들어진다고 제안했다. "모든 생물은 서로 연결이 없는 소기낭이 응집되어 구성된다. 이들 소기낭으로부터 모든 생명체의 몸이 만들어지며 결국은 분해된다." 그리고 "씨나 알 안에서 처음 일어나는 일은 보다 단단한 코리온이라는 막과 안쪽의 부드러운 양막으로 이중의 외각을 형성하는 것이다. 이 막들은 씨나 알의 내부가 아직 어떤 가시적인 조직이 형성되지 못하고, 액체 상태일 때에 나타난다." 베이커는 식물이 응집되지 않는 세포들로 분리된다는 트레비라누스의 발견을 믿었으나, 대부분의 독일 작가들은 이 발견에 대해 몰덴하우어의 의견을 따랐다. 트레비라누스는 1805년과 1806년에 논문을 출판하였으나, 몰덴하우어의 연구 결과는 1812년까지 알려지지 않았다. 그러나 몰덴하우어의 책은 18년간의 일을 집대성한 것이었고, 그의 방법은 매우 조직적이며 일반적으로 넓게 쓰이던 방법이었다. 트레비라누스는 그의 책 중 제3권에서 식물의 성장(특히 당면: 박주가리과의 식물)에 관한 피르호의 관찰에 주목하였다. 그러나 그는 식물이 이분법으로 다 세포화된다고는 생각하지 못하였다. 이 생각은 그와 친분이 있는 휴즈가 반대의 주장을 하였음에도 불구하고, 실제로 세포 분열을 관찰하지 않고 내린 피르호의 결론을 따랐다는 점에서 잘못된 것이다.

링크, 루돌피(Karl Asmund Rudolphi, 1771~1832) 그리고 트레비라누스는 괴팅겐의 왕립과학회 주관의 상을 받기 위하여 식물 도관에 대한 논문을 투고하였다. 세 논문은 모두 받아들여져 링크가 수상자로 결정되었으며, 트레비라누스가 그 다음, 그리고 루돌피가 3등을 하였다. 트레비라누스의 논문에 대해 작스는 최고의 평가를 하였으며, 1808년 트레비라누스에게 헌정한 『식물 조직 이론에 대한 해설과 변론』의 저자인 미르벨도 같은 평가를 하였다. 트레비라누스의 「식물의 내부 구조에 대하여」라는 논문은 1806년 출판되었으며, 링크의 「식물 해부와 생리의 기초」와 루돌피의 「식물 해부」라는 논문은 1807년 출판되었다. 루돌피는 스톡홀름에서 태어나 베를린에서 해부와 생리학 교수로 재직하였으며, 가장 소극적이기는 하였으나 미르벨에 반대되는 입장을 취했다. 루돌피는 푸르키녜의 장인으로 후에 논의할 세포학설의 발전에 중요한 역할을 한 사람이다. 링크는 1805년의 베른하르디의 연구를 인용하였으며, 작스도 괴팅겐 수상 논문 중 베른하르디의 논문을 가장 중요시하였다. 베른하르디는 미르벨이 제안한 세포벽에 작은 구멍이 뚫어져 있다는 것을 부정하였다. 링크도 식물 세포는 독립적이며 서로 전달이 없다는 트레비라누스의 견해를 따르는 베른하르디와 트레비라누스의 입장을 지지한다고 스스로 공언하였다. 트레비라누스는 자신의 입장을 밝히는 데 신중하였으나, 논의는 활발하게 하였다. 앞에서 이야기한 바와 같이 그는 세포가 과립으로부터 만들어진다는 견해를 지지하였다. 과립은 세포 내에서 처음 발견되었으며, 새로운 세포는 세포 밖의 과립으로부터 만들어져야만 한다는 점을 고려하지 못하고 그와 같은 견해를 갖고 있었다.

> 나의 견해는 세포 내에서 발견되는 과립(미르벨은 상상에 의한 허상이라 주장하고 있으나) 기원의 소낭들이 세포 조직을 구성한다는 것이다. 링크의 판단은 나와 그의 의문에 대하여 수긍이 가도록 증명하고 있다. 그러나 링크가 제시하는 증거는 결정적이지 못하며, 나도 나의 견해가 진실이라고 확신할 수 없다. 차라리 그 문제들을 둘 다 가능성이 있는 추측으로 남겨 두겠다.

트레비라누스의 모델을 지지하는 핵심적인 증거는 콩과 완두의 떡잎에 관한 그의 관찰들이었다. 그는 콩과 완두의 떡잎은 세포 조직과 살아가는 데 꼭 필요한 다양한 크기의 수많은 세포 간 과립들로 구성된다고 지적하였다. 그러나 식물체가 완성되면, 예를 들면 약 20㎝ 크기의 식물체의 세포들은 특별한 경우를 제외하고는 과립이 전혀 없다. "…그러므로 우리는 어린 식물의 세포들과 도관들이 과립을 만들어낸다고 할 수 없다. 트레비라누스는 이전에 그가 대상으로 하였던 당면(Conferva mutabilis)을 관찰하는 연구를 통해 이와 같은 생각을 갖게 되었다." 만약 이 식물의 가지나 줄기의 생장점을 관찰한다면 과립으로 가득 차 있을 것이다. 그러나 성숙된 식물의 가지나 줄기를 관찰한다면 새로 만들어진 과립들이 들어 있는 세포들로 구성되어 있을 것이다. 트레비라누스는 피르호의 연구에 대해서도 언급하였으나, 그의 이분법에 의한 세포 증식 제안에 대하여, 그 본질을 파악하지는 못하였다.

미르벨은 식물체 내에 보이는 세포간극(lacunae)은 실제로 존재하는 것이 아니라, 실험 조작 과정 중 세포 물질의 파쇄에 의해 생겨나는 가공품이라고 주장하였다. 이와 같은 주장에 대하여 트레비라누스는 독일 학자 중 그 어느 누구도 이러한 간극들의 존재를 의심하지 않으며, 미르벨이 그 의문에 대해 더 주의 깊게 생각해 보면, 아마도 간극들이 존재하지 않는다는 그의 경솔한 주장에 대해 후회하게 될 것이라고 주장하였다. 트레비라누스는 그의 1811년 연구 논문에서 세포가 세포 밖에서 형성된다는 링크의 견해가 세포 안에서 발생한다는 생각보다 가능성이 높다고 피력하였다. 그러나 그는 이 문제를 가장 중요한 문제로는 여기지 않았다. 그는 "전이(과립에서 세포까지)하는 동안에 과립이 일상적인 과립형의 모양을 유지하는지, 또는 균일한 유체 상태로 용해되는지의 여부는 크게 중요하지 않다."고 주장하였다. 미르벨은 이 주장에 맞대응하여 답하기를 트레비라누스의 모델은 상상으로 이루어진 허구이며, 결국 그것의 존재가 밝혀질 것이라고 단언할 수 있다고 하였다.

그러나 시간이 지난 후 트레비라누스의 주장이 다시 검증을 받게 된 두 가지 관찰 결과가 있다. 첫째는 표피가 막이 아니라 세포의 층으로 이루어져 있다는 관찰 증거이며, 둘째는 코르티(Bonaventura Corti)의 앞선 관찰 결과를 알지 못하고, 원형질 유동(cyclosis)을 재발견한 것이다.

트레비라누스는 1803년 Hydrodictyon utriculatum과 Nitella flexilis(그는 차축조(Chara)라고 불렀다.)에서 원형질 유동을 처음 관찰하였다. 이 현상은 1811년에 출판되어 제시되었고, 1817년 발간된 트레비라누스와 트레비라누스의 논문 모음에서 다시 서술되었다. 그러나 1827년 『자연과학 총설(*Annales des Sciences Naturelles*)』에 실린 트레비라누스의 논문에서 1817년 당시에는 그가 코르티의 연구 결과를 알지 못했다고 언급하고 있다. 코르티는 1774년 「Tremella와 수생 식물에 있어서의 유체 순환의 현미경 관찰」이라는 제목의 논문에서 원형질 유동에 대해 훌륭한 기술을 하였으며, 후에 모데나의 산카를로대학교의 학장으로 봉직한 인물이다. 그의 관찰은 식물체에서 처음이었으며, 그는 이와 같은 현상을 'Chara(Chara translucens minor)'라고 명명하였으며, 후일에 수중에서 자라는 식물들 외 식물체 내의 현상에 대해서도 기술하였다. 그러나 세포 내 유체 운동은 앞에서 언급하였던 것과 같이 폰타나가 처음 관찰하였다.

그림 20 코르티(Bonaventura Corti, 1729~1813)

링크 자신이 관찰한 바는 트레비라누스보다 미르벨의 주장에 더 비판적이었다. 즉 미르벨은 세포벽에 뚜렷한 둥근 구멍(공극)이 현저하게 드러나 보인다고 새롭게 주장한 사람이었다. 아무도 이것을 확인 관찰하지 못했다. 링크는 자신의 중요한 연구 업직인 「식물 해부학 및 생리학의 원리」에 관한 논문을 1807년에 발표했으며, 이를 다시 1809년과 1812년에 개정 발표했다. 세포벽의 공극 문제와 관련하여 의심할 여지없이 링크의 견해가 옳았으며, 미르벨의 주장이 잘못된 것이었다. 물론 이러한 사실은 1807년 식물체로부터 하나의 세포를 분리할 수 있게 되면서 알려지게 되었다. 이는 또한 앞서 트레비라누스가 언급했던 것이나, 바우처(Vaucher)가 인주솜풀에서 관찰했던 것과 같은 결과였다. 이러한 결과는 각각의 세포가 독립적으로 실제 크기를 지니고 있음을 의미하며, 또한 결합된 세포들이 미르벨이 예측한 바와 같이 하나의 세포벽이 아닌 두 세포벽에 의해 서로 각각 분리되어 있다는 것을 뜻한다.

링크는 또 다른 증거를 예로써 제시했다. 그가 제시한 바에 따르면 흔히 붉은 반점이나 선이 있는 식물로부터 분리된 세포들은 붉은색의 분비액을 지니고 있는데, 이들은 무색의 세포들로 둘러싸여 있는 것을 볼 수 있다. 만약 식물체의 잔가지가 잘려서 유색의 유동액 속에 잠기게 되었을 때, 이러한 유색의 유동액이 세포와 세포 사이로 이동하는 것을 결코 볼 수 없다는 것이다. 링크는 오래전부터 세포들이 접촉하고 있는 경계면이 각각의 세포벽에 의해 서로 분리되어 세포간극을 이루고 있다는 견해를 가지고 있었다. 이러한 사실은 흰독말풀의 일종인 Datura tatula 중심 부위의 횡단면을 관찰하면서 보다 분명하게 밝혀졌는데, 즉 모서리에서 나타난 진한 덩어리는 세포간극을 나타낸다. 그러나 링크는 실제로 이중막 구조를 관찰한 것은 아니라고 인정했다. 1812년 개정 발표 때, 그는 각각의 세포들이 독립적으로 구분되어 있다는 것을 좀 더 실험적으로 보완, 설명했다. 만약 식물체 일부를 끓일 경우 각각의 세포들이 가끔 분리되는데, 이렇게 분리된다는 사실은 세포들이 각기 독립적인 막구조를 갖고 있다는 충분한 설명이 될 수 있다. 링크는 이러한 실험 방법으로 색깔이 있는 콩이나 정원의 잡초 또는 여타 식물체를 대상으로 가벼운 압력을 가하면서 분리 실험을 시도했다. 그는 유조직 세포뿐만 아니라 신장된 인피 세포들도 분리할 수 있었다. 이러한 결과들을 통하여 링크는 세포벽에 가시적인 공극이 없다고 주장한 베른하르디(Bernhardi), 그리고 자신과의 공동 수상자인 루돌피와 트레비라누스를 지지하게 되었다. 미르벨이 전분립을 공극으로 잘못 인식했을 것이라는 예측이 가능한데, 링크는 이들 전분립을 분리하여 화학적으로 분석, 규명했다. 루돌피는 미르벨이 기공을 공극으로 오해했을 가능성이 높다고 판단했으며, 스프렝겔은 세포 간 과립들이 판단 착오를 일으키는 주요인이라고 했다. 그러나 세포들 간의 물질 이동에 대한 의문은 여전히 그대로 남아 있었는데, 수공에 의해 세포와 세포 사이에 물질 이동이 어떤 방법으로든 이루질 것으로 추측되고 있었다. 링크의 최종 견해는 물질 이동이 눈으로는 볼 수 없는 어떤 공극을 통하여 이루어진다고 했다. 이에 관하여 우리가 놀랄 필요는 없다. 즉 동물체에서도 수분이 눈으로 볼 수 없는 공극을 통하여 이동하는 경우가 흔히 있기 때문이다.

 미르벨은 솔직하게 자신의 잘못을 인정하지 않았으나, 시간이 지나면서 자신의 입장을 조금씩 바꾸어 나갔다. 1815년 출간된 『식물생리학 입문(Elémens de Physiologie Végétale et de Botanique)』에서 그는 여전히 인접한 세포들 간에 서로 같은 세포벽을 공유한다고 기술하고 있으며, 이 세포벽은 수수께끼 같은 어떤 공극 또는 틈새를 지니고 있다고 했다.

 그러나 세포벽에서의 가상적인 공극 문제만이 논쟁의 주된 쟁점은 아니었다. 새로운 세포가 어떻게 생성되는가에 대한 기본적인 의문이 있었다. 링크는 미성숙 식물체를 낭상 조직(vesicular tissue), 섬유상 조직(fibrous tissue), 사상 조직(filamentous tissue) 세 부분으로 구분했다. 그는 『식물 해부학 및 생리학의 원리』 제1장에서 토우네포트(Tournefort)의 견해를 인용했는데, 특히 토우네포트는 식물체의 섬유 조직이 세포들로 구성되어 있다고 믿고 있었으며 이러한 견해를 1692년 파리에 있는 과학학술원과 의견을 교환했던 사람이다. 링크는 비록 1세기가 지난 그 당시까지도 토우네포트의 견해와 의견을 달리하지 않았다. 더욱이 그는 새로운 세포들이 세포간극으로부터 생성된다는 확신을 가지고 있었다. 즉, 분명 새로운 세포 조직들이 기존의 오래된 세포들 사이에서 형성된다고 믿었다.

미르벨은 세포 생성과 관련된 자신의 최종적인 견해를 1835년 선태식물의 일종인 우산이끼(Marchantia polymorpha)를 연구하면서 밝히게 되었다. 그는 자신의 견해가 초기에 강력하게 공격을 받던 때와는 달리 30여 년이 지난 시점에서 다시 주장하기 시작했다. 그러나 자신이 주장한 그 당시의 연구 결과는 다른 사람들로부터 그다지 비판을 받지 않았다. 이는 단지 Marchantia만을 대상으로 연구한 결과였기 때문이며, 그 자신 또한 여러 종을 대상으로 단편적인 연구를 하는 것보다 특정한 한 종을 대상으로 집중적으로 연구를 하는 것이 훨씬 더 많은 정보를 얻을 수 있다고 생각했기 때문이다. 그러나 그 연구에서 새롭게 밝혀진 것은 거의 없었으며, 미르벨 자신이 초기에 식물 해부학 분야에서 기여한 공헌과 논쟁에 따른 발전 과정을 인지하지 못하고 있었던 점은 다소 의외라고 볼 수 있다. Marchantia 연구에서 여전히 그는 한 세포가 낭상(utricules) 집합체가 형성될 때까지 다른 세포를 생성한다고 보았다. 그가 정리한 세포 발생에 관한 최종 결론에 의하면, "분명한 것은 세포 조직이 생성될 때 낭상 결합에 의해 이루어지는 것이 아니며, 이들은 세포 생성과는 무관하다."고 한다.

인용이 많이 되었던 저서의 저자는 크게 두 사람을 들 수 있다. 그 첫 번째 저자인 스프렝겔(Kurt Sprengel)은 『식물 연구 입문(Anleitung zur Kenntnis der Gemwächse)』을 1802년에 출판했는데, 그의 저서는 새로운 세포 조직이 세포간극의 과립체로부터 유도된다는 창시적 가설로서 제시하였기 때문에 많은 관심을 끌었다. 스프렝겔 또한 세포 조직으로 구성된 소낭들이 흔히 수공이나 공기들로 채워져 있다고 생각했다. 세포벽에 대하여 그는 "세포벽은 매우 섬세한 막구조로 되어 있으며, 거의 대부분의 경우 공극을 눈으로 볼 수 없다."고 했다. 그러나 그는 침엽수의 일종인 구과 식물의 경우 공극을 볼 수 있으며, 또한 세포간극도 볼 수 있다고 했다.

스프렝겔은 세포간극의 과립체로부터 세포 조직이 발생한다는 증거를 주로 콩 종자가 발아할 때 생기는 잎 조직 세포를 관찰하면서 얻었다. 이러한 실험 재료에서 그는 세포 조직 내에 미세 과립체와 소낭들이 존재한다는 것을 알았으며, 이들의 존재가 나중에 세포로 분화한다고 예측했다. 스프렝겔이 관찰한 것이 전분립이었는지에 대해서는 분명치 않다. 그러나 이전에 언급한 바와 같이 링크는 마치 미르벨이 전분립을 세포벽의 공극으로 오인한 것처럼, 스프렝겔이 주장한 소낭에 의한 세포 발생에 관한 견해를 전분립일 것으로 판단하여 주장한 바를 믿지 않았다. 그러나 1817년에 출판된 스프렝겔의 두 번째 『입문서(Anleitung)』에서는 더 이상 과립체로부터 세포 조직이 생성된다고 주장하지 않았기 때문에 링크의 비판을 받지 않았다. 한편 세포 조직이 전분립으로부터 생성된다는 가설은 1825년 라스파일에 의해 다시 제기되었다.

인용이 많이 되었던 저서의 두 번째 저자인 키저(Dietrich Georg Kieser)는 다음의 세 가지 이유로 관심을 끌었다. 즉 첫째, 그가 독일 사람이며 예나대학교의 교수로서 확고한 위치에 있음에도 불구하고 『식물의 체제에 관한 연구 보고』란 저서를 프랑스어로 출간한 것을 비롯하여, 둘째, 독일에서 널리 사용되었던 『식물체의 원리』란 저서를 1815년에 출간했으며, 셋째, 세포 내 과립체로부터 세포가 생성된다는 견해를 가진 사람 중에 대표적인 학자이며 이분법을 발견한 사람이기도 한 두모르티어가 그를 자주 언급했기 때문이다. 『식물의 체제에 관한 연구 보고』는 테일러리안 협회에서 주관하는 식물의 미세구조 분야, 특히 도관 연구의 수상 경쟁 후보로 제출되었다. 키저의 저서는 매우 잘 알려져 있었기 때문에 상을 수상하게 되었다. 이 저서는 훅, 말피기, 그루, 레벤후크를 비롯하여 스프렝겔, 트레비라누스, 링크, 루돌피 및 미르벨 등의 업적을 자세하게 논평하는 것으로 시작되어 있는데, 이런 관점에서 19세기 식물학 역사를 이해할 수 있는 요약서로서도 가치가 높다. 식물 체제에 대한 키저 자신의 견해는 "식물체는 여러 종류의 세포들, 즉 조직으로 구성되어 있다."고 했다. 그는 이들 세포가 무수히 많은 소낭, 즉 수공 내에 존재하는 투명한 소낭으로부터 생성된다고 믿었다. 이들 소낭들이 크게 확장되고 외부 압력 등에 의해 결합됨으로써 최종적으로 세포 형태를 갖추게 된다고 생각했다. 『식물체의 원리』에서, 그는 이러한 견해를 달리 표현하여 세포들은 식물체의 기본 단위라는 것을 강조했다. 그는 원래의 타원형 모양을 그대로 유지하고 있는 하등 식물의 세포를 가장 원시 형태로 보았다. 그러나 고등 식물의 경우 세포들은 상호 압력에 의해 12면체의 사방형 구조를 갖게 된다는 것이다. 이들 압력은 엄격히 수학적 원리에 따른다고 말했으나, 압력이 어떤 방법으로 가해지며 그 수학적 원리에 대한 구체적인 설명은 기술하지 않았다. 키저의 연구는 프랑스뿐만 아니라 독일에서도 잘 알려지게 되었는데, 그의 『식물의 체제에 관한 연구 보고』는 프랑스어를 사용하는 과학자들이 쉽게 이해할 수 있었으며, 『식물체의 원리』 또한 독일 과학자들에게 널리 인용되었다. 그러나 두모르티어의 경우는 세포 내 소낭들에 의해 세포가 생성된다는 견해를 곧 버리게 되었다.

세포 생성에 관한 이러한 논쟁에서 프랑스 과학자들은 추상적인 해석을 하기보다 오히려 연구 결과가 다소 신중하지 못했다고 볼 수 있으며, 독일 과학자들은 양자 모두가 내포된 결과라고 생각한다. 의심할 여지없이 식물체의 여러 특이 2차 조식에 관한 독일 과학자들의 생각은 옳았지만, 이들은 세포가 어떻게 생성되는지에 대한 가장 기본적인 문제를 해결하는 데는 크게 기여하지 못했다. 이에 관해서는 두모르티어가 나타나면서 새로운 전기를 마련하게 된다.

제5장

세포에 대한 전형적인 독일 교과서들의 관점

독일 교과서들은 그 당시의 세포학적 지식에 많은 영향을 끼쳤을 뿐만 아니라, 그 당시 이미 잘 알려져 있던 식물 조직의 성분과 조직학자들이 생각하고 있던 동물 조직의 성분은 현저한 차이가 있다는 것을 말해 주고 있다. 예를 들어, 1830년에 출판된 베버의 『일반 인체 해부학』과 같은 해에 출판된 마이엔(Franz J. F. Meyen)의 『식물 해부학(Phytotomie)』을 비교해 보면 흥미로운 내용이 있다. 베버는 그 당시 굴절에 이상이 있는 현미경으로 관찰한 허상을 자세히 분석하고 설명하였다. 그는 이러한 잘못된 관찰에도 불구하고 수많은 사람들이 지적한 관찰의 문제점을 수용하지 않았다. 그 후 베버는 동물 조직이 6종류의 요소들(과립, 반유동성의 비결정 물질, 세포 성분 물질, 섬유, 세관, 소편)로 구성되어 있다는 것을 나름대로 확인한 후에야 자신이 관찰한 것에 문제가 있다는 것을 알게 되었다.

베버가 관찰하고 설명한 것을 살펴보면 다음과 같다.

뼈는 수많은 소편과 섬유로 구성되어 있다. 표피는 자세히 관찰하면 세포로 구성되어 있다. 힘줄 속에 있는 소편은 섬유로 되어 있고, 눈의 수정체의 유동성 물질에 있는 소편도 섬유로 되어 있다. 신경섬유와 근육, 달걀흰자와 혈액에 있는 많은 섬유들은 과립과 소포가 일렬로 배열된 형태로 되어 있다. 비록 베버는 이러한 관찰 결과에 대한 설명들이 확실한 것이 아니라는 전제를 달기는 했지만, 그 당시 현미경의 해상력으로 그렇게 작은 물체들을 관찰한다는 것은 불가능한 일이었다.

따라서 우리는 갈리니(Gallini), 플라트너(Platner) 그리고 아커만(Ackermmann)이 가정했던 것처럼, 가장 작은 섬유와 소편을 포함한 동물 조직의 모든 구성 성분이 다공성 물질로 이루어져 있는지, 또는 가장 작은 과립, 섬유, 소편이 더 작은 단위로 나누어질 수 없는 동질성의 물질로 구성되어 있는지 확실하게 알 수 없다.

베버는 '소포'와 '과립'을 구별하고, 그 후에 유미, 림프, 혈청, 색소, 우유, 고름, 담즙, 침 등 거의 모든 곳에서 이것들을 관찰하였다. 그는 지방 소낭과 혈액의 혈구를 확실하게 설명하기도 하였다. 그는 서로 다른 동물 종들의 적혈구 형태를 연구하면서, 다른 저자들이 말했던 것처럼 사람의 적혈구에서 세포의 중앙 부위나 어둡게 보이는 부위가 세포의 핵일 것이라고 생각했지만, 그것은 아마도 밀도가 높은 부위이거나 단순히 눈에 보이는 가공물이었을 수도 있다. 이것에 관해서는 프레보(Prévost)와 뒤마(Dumas)(1821)가 세포핵의 발견에 관하여 고찰한 부분에 가서 더 자세히 논의할 것이다. 이와 같은 연구를 통하여 베버는 체액에 존재하는 과립에 대하여 더 자세히 설명할 수 있었고, 고형 조직의 과립도 절개하여 관찰하였다. 그러나 그가 관찰하고 설명한 고형 조직의 과립은 응고된 달걀흰자에 있는 입자들로, 그가 실제로 관찰한 것은 그렇게 분명하지 않다. 베버는 세포의 형성에 관해서도 여러 가지 측면에서 연구를 하였지만 확실하게 설명하지는 못하였다.

우리들 역시 사람의 배 발생 중에 나타나는 서로 다른 모양의 작은 구성 성분들이 어떤 과정을 통하여 형성되어 가는지 확실하게 관찰할 수 없다. 단지 많은 해부학자들은 배가 발생하면서 그런 작은 구성 성분들은 배 속에 애초부터 존재하던 소낭과 부정형 물질로부터 만들어진다고 추측하고 있을 뿐이다. 즉 많은 소낭들이 속이 비워지면서 세포로 발달한다. 섬유들은 고체성 소낭들이 일렬로 배열되어 만들어지고, 미세관은 속이 빈 소낭들이 일렬로 배열된 다음 함께 결합하여 만들어진다는 것 등이다. 우리는 이것에 관한 더 많은 다양한 가능성을 추측해 볼 수 있을 것이다.

그러나 베버가 생각한 모든 가능성은 궁극적으로 소낭이나 입자들이 어떤 종류의 비세포성 물질에서부터 형성된다는 것을 전제로 하고 있다. 여기서 우리는 이분법은 말할 것도 없고 세포로부터 세포가 생성되는 것에 관해서도 더 이상 논의하지 않을 것이다.

마이엔은 그의 『식물 해부학』 저서에서 동·식물 세포 간의 현미경적 해부 구조의 한 가지 다른 경향을 설명하고 있다. 이것은 식물 세포가 동물 세포보다 크다는 것만을 말하는 것이 아니다. 앞에서 논의했던 것처럼 동물 조직을 현미경으로 관찰할 때 나타나는 문제점이 현미경의 해상력 때문에 나타나는 것이 아니라, 현미경으로 동물 조직을 관찰하기 위해 조직을 준비할 때, 식물 조직을 관찰할 때 이용하는 방법들을 그대로 이용할 수 없다는 것이다. 실제로 동물 조직을 현미경으로 관찰할 수 있게 된 것은 푸르키녜와 발렌틴(Valentin)이 박편 절단기를 발명하고 레마크(Remak)가 표본 경화 기술을 개발했기 때문에 가능했다. 마이엔은 약사이자 외과 의사였지만 식물 연구에 대한 그의 과학적 업적은 매우 뛰어났다. 그의 저서 『식물 해부학』에는 식물의 단면도를 보여주는 14개의 동판과 함께 도해서가 있다. 이 도해서에 있는 삽화들은 실물을 정확하게 나타내고 있어서 식물의 세포 조직에 관한 어떤 결점도 거의 찾아볼 수 없다. 마이엔은 식물이 세포들로 구성되어 있다고 하는 일반적인 견해에 이의를 제기하지 않았으며, 주로 세포가 구성하는 조직과 세포에 대한 정확한 구조에 관심이 있었다. 『식물 해부학』이라는 책의 제목에서 의미하고 있는 것처럼, 마이엔은 해부학적으로 설명할 수 없는 세포 형성 기작이나 다른 생리학적 문제들에는 전혀 관심이 없었다. 이 책의 세포의 분류 단원에서는 주로 세포의 다양한 크기를 포함한 형태학적 다양성을 다루고 있으며, 좀 더 세분화된 조직은 또 다른 방법의 세포 분화나 세포 신장에 의해 만들어진다고 가정하고 있다.

또한 마이엔은 세포를 형태에 따라 (1) 구형 (2) 타원형 (3) 원통형 (4) 다면적형 (5) 평판형, 그리고 (6) 방사형의 6개 종류로 구분하였다. 그는 일반적인 세포 형태는 엄격한 수학 법칙에 의해 결정된다고 생각했지만, 불규칙한 세포 형태는 어떻게 만들어지는지 전혀 알 수 없었다. 마이엔은 세포들 사이에 끼여 있는 일부 세포들이 정형화된 모양을 하고 있긴 하지만, 어떤 특별한 형태를 갖고 있는 것은 아니라고 주장했다. 그는 섬유가 세포들로부터 만들어진다고 믿었으며, 그런 독특한 세포 집단을 '섬유 세포'라고 하였다. 이 책에서 가장 흥미 있는 것들 중 하나는 마이엔이 단세포성 식물들을 포함한 하등 식물들과 종자식물들 간의 뚜렷한 상동 관계를 이해하고 있었다는 것이다. 마이엔은 하등 식물과 종자식물 모두에서 그것들을 구성하는 기본 단위는 세포이며, 이들 식물들을 구성하고 있는 세포의 크기와 형태는 서로 다르다고 생각했다. 이때 이미 마이엔은 인주솜풀에 대한 연구 보고에 흥미를 가지고 있었으며, 이 식물을 직접 관찰하여 이미 알려져 있던 결과에 자신의 관찰 결과를 추가하였다. 특히 마이엔은 인주솜풀이 쉽게 단세포 단위들로 분해된다는 사실을 통하여 세포들은 구멍이 없는 세포벽을 가진 독립적인 존재라는 것을 확인하였다.

1837년까지 마이엔은 「식물 생리학의 새로운 체계(Neues System der Pflanzenphysiologie)」라는 3편의 논문에서 세포 형성 방식을 중요한 문제로 삼고 있다. 그는 제2편에서 모렌(Morren)이 녹조류의 일종인 Crucigena에서 관찰한 세포 분열에 대하여 언급하였다. 이것은 1830년에 보고되었으며, 원생생물들에 대하여 기술한 다음 장에서 논의될 것이다. 마이엔은 Crucigena을 이용하지 않았지만 이것과 관련된 종인 Scenedesmus에서 하나의 모세포가 2개 또는 4개의 세포로 분열하는 것을 관찰하였다. 그의 이러한 관찰 결과는 세포 분열에 흥미를 가지고 있던 두모르티어가 연구하는 데 중요한 기초 자료가 되었다.

1832년에 두모르티어는 실제로 세포 분열에 의한 세포 증식을 관찰했다. Conferva aurea와 말단 세포들이 인접 세포들보다 더 커지면 세포 내에 분리벽이 형성되고, 그 결과 하나의 세포로부터 2개의 세포가 형성되었다. 그 후 모렌은 Closteria에서, 그리고 몰은 Conferva glomerata에서 세포 분열에 의한 세포 증식을 관찰하였다. 현재, 이와 같은 세포 분열에 의한 세포 증식 과정은 수많은 세포에서 관찰할 수 있다.

마이엔은 세포 증식 과정 연구에 가장 큰 공헌을 한 사람이 두모르티어라고 하였다. 그러나 독일 숭배자인 작스는 다세포 식물의 세포 분열에 대해 처음으로 자세히 설명한 사람은 몰이라고 주장하면서 그의 업적에 아낌없는 찬사를 보냈다. 작스는 그의 저서에서 두모르티어의 이름을 언급하기는 했지만, 두모르티어가 몰의 처음 발표보다 3년 빠른 1832년에 세포 분열을 관찰했다는 내용을 간단하게 언급하고 넘어갔다. 작스는 두모르티어의 최초 논문은 언급도 하지 않고, 두모르티어에 앞서 연구한 마이엔의 저서만을 언급하였다. 유감스럽게도 독일의 거의 모든 책들은 작스의 의견에 따라 몰을 진정한 세포 분열 연구의 선구자라고 생각하고 있었다.

마이엔은 이분법에 의한 세포 증식을 정확히 설명했음에도 불구하고, 세포들은 모세포 내에서 형성된다고 믿었다. 그는 이런 내생적 세포 형성의 좋은 예로 꽃밥을 제시했다. 추론이긴 하지만, 그는 이와 관련된 기작에 관한 분명한 나름대로의 이론을 제시하였다. 반면에 그는 Marchantia에서의 포자 형성은 세포 분열에 의해 일어나는 것으로 설명하였다. 가장 특징적인 설명은 Marchantia 속에서 포자 형성 시 나타나는데, 이 속에서는 세포 증식이 모세포 내에서 일어나지 않고 이끼와 우산이끼에서처럼 세포 분열에 의해 일어난다는 강력한 증거를 제공하고 있다. 결국 마이엔은 이러한 불일치를 극복하기 위하여 타협점을 찾는다. 에렌베르크(Ehrenberg)가 그의 책에서 주장했던 관점인 "이분법이 많은 하등 식물들에서 나타나는 공통적인 특징으로 알려져 있지만, 고등 식물에서도 이러한 이분법에 의한 세포 증식이 일어난다는 것에는 많은 의문점이 있다."라는 것을 지적하였다. 그러면서 마이엔은 이러한 에렌베르크의 관점에 전적으로 동의하지는 않았다. 즉 그는 "에렌베르크의 관점은 최근 직접적인 관찰에 의해 사라지고 있으며, 나는 이분법에 의한 세포 증식이 동물들보다 식물들 사이에서 좀 더 폭넓게 일어남을 설명할 수 있다고 믿는다."라고 하였다. 그 후 그는 우산이끼, Closteria, Oscillatoria와 Confervae에서 관찰한 사실을 포함하여 식물들에서 나타난 증거를 다시 조사하였다. 그리고 마이엔은 새로운 분리벽에 의해 세포가 두 개로 분리되는 분명한 기작을 점진적인 수축과 분할로 자세히 설명하였다. 그러나 이분법이 동물 세포를 포함한 모든 세포 분열의 중요한 기작일 것이라는 가능성에 대해서는 의문을 갖고 있었다.

괴팅겐의 저명한 생리학 교수였던 바그너(Rudolph Wagner)는 『비교해부학 교과서(Lehrbuch der Vergleichenden Anatomie)』를 1834~1835년에 출판하였고, 1839년에는 『도해 생리학(Icones Physiologicae)』을 출판하였다. 널리 읽혀진 그의 저서에서 세포에 대한 그의 생각은 매우 피상적이었다. 그는 생명체의 구성에서 세포의 형성 방식과 세포의 기본적인 역할에 대해서 다음과 같이 설명하고 있다. "이 흥미 있는 분야에 대한 연구가 레벤후크, 말피기와 할러 이후로 이루어지지 않고 있으며, 단지 최근에 와서야 이 분야에 대한 연구가 다시 시작되었다. 현미경의 발달과 젊은 연구자들의 높은 관심이 이 분야를 더욱더 발전시킬 것이다."

또한 바그너는 현미경으로 지금까지 관찰한 것들에 대한 자세한 설명을 유보하고, 쉽게 관찰 가능하고 일반적으로 받아들여지는 것에 대해서만 조직학적인 설명을 하였다. 그는 적혈구에 대해서 폭넓게 설명하였으며, 척추동물의 적혈구에는 핵이 있다고 하였다. 그리고 그 무색의 핵은 불용성이지만, 붉은색을 띠는 수용성막에 의해 둘러싸여 있다고 하였다. 바그너는 림프나 유미에서 발견한 무색의 혈구에 대해 어느 정도 자세하게 설명하였지만, 휴슨(William Hewson)이 그 이전에 했던 연구에 대해서는 언급하지 않았다. 고형 조직들을 완전히 전통적인 방법으로 분류하고 일부 고형 조직에 있는 미립자나 혈구를 관찰하였다. 소편들이 섬유의 결합에 의해서 형성되는 것처럼 각막은 섬유, 소편과 세포들로 구성된 간단한 균질 구조라고 생각했으며 치아도 이와 유사한 구조로 되어 있는 것으로 생각하였다. 즉 그는 "현미경으로 연골을 관찰하면 둥글고 작은 직사각형 모양의 혈구들을 볼 수 있다. 근육은 세포성 연결 조직에 의해 분리된 섬유 조직 다발로 구성되어 있는데, 여기서 근육이란 결합 조직을 의미하는 것이다. 신경은 소포들과 액체 방울들을 분비하는 단순한 관이다."라고 하였다. 이미 발렌틴은 소포와 액체 방울들을 관찰했는데(제9장),

그가 관찰한 구형 물체들은 아마도 작은 미엘린 방울들이었던 것 같다.

슈반의 저서 『현미경적 연구(Mikroscopische Untersuchungen)』가 보급되기 전인 1838년 12월 18일에 출판된 『도해 생리학』은 훨씬 더 많은 내용을 싣고 있는데, 이 책은 라틴어와 독일어로 쓰인 주석이 있는 도해서이다. 또한 책의 소제목들을 읽기만 해도 이 책의 취지를 정확하게 알 수 있다. 비록 여기에 담긴 삽화들이 대개 해부학적인 것일지라도 이것들은 바그너의 과학적 흥미를 유발시키기에 충분했다. 처음 12개 삽화들은 난자의 발생을 다루고 있는데, 푸르키녜가 처음으로 설명한 배아 영역을 확실하게 나타내고 있다(제9장 참고). 13번째 삽화는 사람의 적혈구를 보여주고 있다. Proteus anguineus의 적혈구에서 핵을 관찰하였고, 이 관찰을 통하여 만약 세포에 물을 넣어주어 용혈시키면 좀 더 선명하게 핵을 관찰할 수 있다는 것을 알게 되었다. 또한 Triton cristatus의 적혈구에서도 핵을 관찰했으나 병아리 배아의 적혈구에서는 핵을 볼 수 없었다. 이것은 아마도 병아리 배아의 적혈구들이 매우 작았기 때문인 것 같다. 질의 상피 조직은 핵이 있는 세포들로 덮여 있는 것처럼 보인다. 근육을 보여주는 삽화에서는 근육 다발들이 나타나 있지만 근육 세포들에 대해서는 확실한 설명이 없다.

〈그림 21〉은 푸르키녜가 보여주었던 사람의 뇌 신경절 세포를 재현한 그림이다. 이 삽화는 1837년 9월 19일 프라하에서 열린 독일 자연주의자와 의사협회의 회의에서 발표한 푸르키녜의 강연 내용에서 발췌한 것이다. 다음에 논의하겠지만, 이것은 푸르키녜가 슈반보다 앞선다는 중요한

단서가 된다. 세포와 세포의 구성 요소들을 여러 동물 조직에서 관찰하여 왔고 세포의 기능이 조직학자들의 중요한 관심의 대상이었다고 주장한 슈반의 논문이 1년이나 2년 후에 출판된 것이 분명하다. 그러나 바그너의 도해서에는 그가 세포를 동물의 몸 전체를 이루는 기본 요소로 간주했다는 것을 암시한 흔적이 전혀 없다. 그리고 비록 강연에서 푸르키네가 식물과 동물 세포들 간의 유사성을 끌어냈다는 것을 바그너가 알고 있었더라도, 바그너는 동물과 식물 사이에 일반적인 공통점이 존재한다는 것을 지적하지 못했다.

밀른-에드워즈의 논문이 발표되기 전에 출판된 호이징거의 저서 『조직학의 체계』는 동물 조직들에서의 세포 생성에 관한 경험적인 정보를 제공하지 못하고 있으며, 이런 의문에 관심조차 없는 것 같다. 그래서 우리는 이전의 조직학적 문헌에 대한 재조사를 시작했고, 연골 조직에 대한 호이징거의 논문에서 유일하게 세포 형성에 관한 그의 견해를 알 수 있었다. "세포들은 조형(造形) 림프(형성 조직)의 작은 방울들처럼 발생한다. 만약 주위 환경들이 그것을 수용한다면 세포들은 완전히 둥근 모양을 취할 것이다. 그러나 만약 주위 환경들이 이것을 수용하지 않는다면, 세포들은 원판이나 좀 더 다각형인 모양이 될 것이다. 세포들은 곧 좀 더 딱딱하게 굳어지고 비로소 연골 모양을 띠게 될 것이다. 따라서 나는 그것들을 콘드로이드(chondroid)라고 명명하였다." 이것은 1822년 당시 호이징거가 세포는 비세포성 물질로부터 생성된다고 믿고 있었고, 세포와 작은 구형체들을 제대로 구별하지 못했다는 증거이다.

1836년 출판된 아놀드의 인체 생리에 관한 저서 『인체 생리학 교과서』는 더 이상 수정, 보완되지 않았다. 이미 언급했던 것처럼, 아놀드는 밀른-에드워즈가 제안한 모델을 아무 의심 없이 받아들였고, 그가 제시한 삽화들은 크기는 동일하고 단지 배열만 다른 소낭들로 구성된 동물 조직들을 보여주고 있다. 그러나 1833년에서 1838년 사이에 출판된 뮐러(Miiller)의 저서 『인체 생리학 개론(Handbuch der Physiologie des Menschen)』에서 아주 중대한 변화가 나타난다. 그것은 유기물에 대한 관심을 불러일으켰다. 유기물에 대한 개념은 매우 애매모호하였고, 비록 밀른-에드워즈로부터 단서를 얻어 뮐러는 '미립자'의 크기가 서로 다르다는 것을 잘 알고 있었지만 유기물이 흔히 둥근 현미경적 '미립자'로 구성되어 있다고 말했다. 뮐러가 말한 '미립자'들 중 일부는 현미경으로 볼 수 있을 정도로 충분히 크다. 스투드니치카는 뮐러가 병아리 배의 배엽에서 실제로 세포들을 관찰했을 것으로 생각했다. 왜냐하면 뮐러가 병아리 배엽 조직에서 좀 더 큰 소포의 집합체에 대해 언급했기 때문이다. 그러나 동시에 뮐러는 이러한 소포들은 난황에서 관찰한 소포들과 유사하다고 말했다. 하지만 1835년에 쓴 Myxinidae에 대한 논문에서 뮐러는 동물 세포의 형태와 생리 분야에 열중했다. 첫 번째 장에서 뮐러는 칠성장어류의 골학에 대해 일반적인 척추동물에서부터 창고기류와 무악어류에 이르기까지 폭넓은 논의를 하고 있다.

뮐러는 모든 골격에 대해 비교조직학적으로 고찰하고, 척삭동물에서 보았던 세포들의 모양에 주목하고 있다. "척삭동물의 세포들은 불규칙적이고 이질적이지만, 세포벽의 모든 면이 폐쇄되어 있고, 일반적으로 일직선상에서 서로 인접해 있다는 점에서 식물 세포들과 어느 정도까지는 유사하다." 그러므로 뮐러의 논문 중 이 부분에서 세포들은 불규칙한 다각형으로 나타난다.

이 구절에는 뮐러가 진정한 세포를 관찰했으나 세포 내 어느 곳에도 핵을 볼 수 없었음을 설명하고 있다. 뮐러는 슈반으로 하여금 척삭동물과 식물 세포들 간의 이런 유사성에 주목하게 만들었다. 슈반에게 준 뮐러의 영향은 조직학적 방법뿐만 아니라 아이디어 전달 면에서 과소평가될 수 없다.

그 당시 널리 읽힌 교과서를 검토하면 1838년 이전의 과학계는 살아 있는 개체 내에 세포들이 도처에 있음을 알지 못한 것이 명확하다. 식물은 대개 세포들로 구성되어 있고, 실제로 여러 동물 조직 내에서 세포들이 관찰된다. 그러나 식물과 동물 세포가 서로 일치한다고는 어느 누구도 제안하지 않았다. 또한 세포가 어떻게 생성되는지에 대한 일치된 견해도 없었다. 이분법이 설명되긴 했지만 그것은 식물들 중에서 일부 하등한 형태에서만 나타나는 세포 증식의 예외적인 방법이라고 생각했다. 푸르키녜와 슈반의 업적이 미친 영향을 살펴보면, 이러한 문제에 대한 그 당시의 지식이 얼마나 혼란스러운 상태였는지를 알 수 있다.

제6장

작은 동물들

'작은 동물들'에 관한 레벤후크의 중대한 발견은 많은 책과 논문에 기록되어 있다. 특기할 만한 것으로는 도벨(Dobel)의 빼어난 논문을 들 수 있고, 이보다 최근 문헌으로 셔벡(Shierbeck)의 전기를 들 수 있다. 레벤후크가 현미경으로만 볼 수 있는 작은 생물들을 관찰함으로써 생물학자가 탐구해 나갈 새로운 세상의 문이 열렸으며, 이것이 현대 미생물학의 초석이 되었음은 논의할 여지가 없다. 그러나 100년 이상이 지나서야 레벤후크가 관찰한 미소 동물(animalcules)을 고등 생물의 세포와 연관 짓게 되었다. 레벤후크는 자신이 관찰한 것을 일련의 편지로 써서 영국왕립학회로 보냈다. 이 편지들은 네덜란드어로 쓰였으며, 결코 현학적인 언어를 사용하지도 않았다. 그가 고전적인 언어에 대한 지식을 갖고 있지 않았기 때문이다. 그래서 그의 편지는 일단 라틴어로 번역되고, 요약문이 영어로 다시 번역되어 영국왕립협회 『철학 보고서(*Philosophical Transactions*)』에 게재되었다. 「레벤후크의 편지 모음(*The Collected Letters of Antoni van Leeuwenhoek*)」이란 제목으로 원래의 네덜란드어 문장과 영문 번역판이 모두 실렸으며, 이것은 네덜란드어를 모르는 사람들에게 정보를 제공하는 가장 좋은 문헌으로 남아 있다. 그러나 레벤후크 자신이 쓴 단순하면서 때때로 다양한 색채로 표현한 글에서 해석자들은 그 이상의 의미를 읽어 내곤 한다.

레벤후크가 생물의 접합을 관찰하고 쓴 글은 1681년 12월 10일에 영국왕립학회에 보낸 그의 서신에 포함되어 있다. 이것은 1679년부터 시작된 영국왕립학회에서의 강연들을 모은 자료집으로 편찬되었다. 이것의 영어판 제목은 『액체 속의 구형 입자들과 수컷 곤충 정액 속의 동물들에 관한 레벤후크의 현미경 관찰』이다. 그 중심 내용을 살펴보면 다음과 같다.

> 나는 최근에 후춧가루가 잠긴 물속에서 두 종류의 동물 형태를 관찰했다. 하나는 크기가 큰 것이고, 다른 하나는 크기가 작은 것이었다. 큰 동물이 나이가 든 것이고, 작은 동물은 어린 것으로 여겨졌다. 그리고 큰 동물의 몸 안에 작은 동물이 들어 있는 것을 보았다는 생각이 들었다. 또한 몸이 붙은 상태로 수영하는 두 마리의 동물들을 보면서 그들이 교잡을 하는 중이라고 생각했다.

1694년에 간행된 영국왕립협회『철학 보고서』에는 다른 편지의 요약문이 이보다 더 정교한 제목으로 들어 있다. 「영국왕립협회에 보낸 레벤후크의 편지 발췌문—빗물, 사과, 치즈 등에 살고 있는 곤충에 관한 관찰로부터 엮어낸 곤충 발생사 포함」이란 긴 제목이다. 이 요약문에는 다음의 글이 포함되어 있다. "나는 빗물 속에서 작은 붉은 벌레와 두 종류의 아주 작은 곤충을 보았다. 이 곤충 중에서 큰 것도 그 크기가 매우 작아서 30,000마리가 모여서 굵은 모래알 하나를 채우지 못할 정도이다. 나는 이것을 며칠 동안 관찰하면서 그들이 교잡하는 것을 보았다. 큰 것이 물을 가르며 매우 작은 지느러미로 수영을 하면서 작은 것을 끌고 갔다." 그리고 1703년에 발간된『물에서 사는 녹색 조류와 그 주변에서 발견된 미소

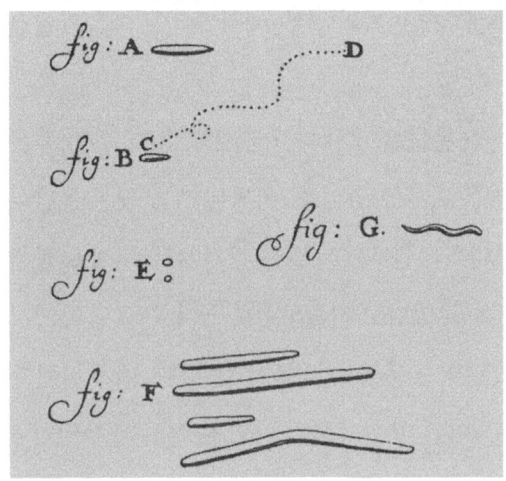

그림 21 입에서 채취한 미소 생물(박테리아)을 나타낸 레벤후크의 그림

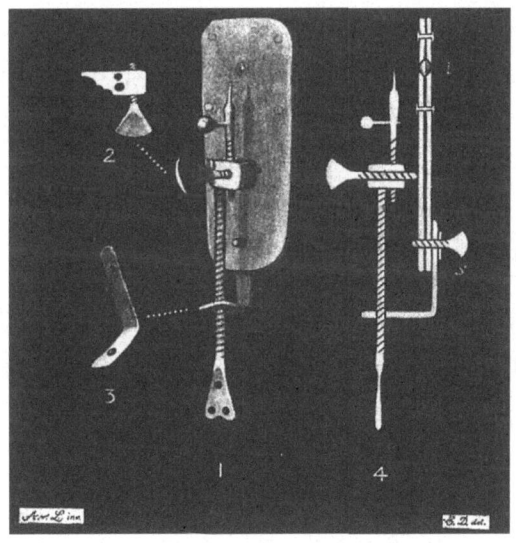

그림 22 설계도에 따라 복원한 레벤후크의 현미경

동물에 관한 레벤후크 편지의 일부』에서 우리는 다음의 글을 찾아냈다.

"나는 이 미소 동물 중에서 다른 것보다 좀 더 큰 것들을 관찰했는데, 이들은 함께 짝을 이루고 있었다. 이들은 짝을 짓는 동안 유리면 위에서 움직이지 않았다." 레벤후크는 같은 편지에서 한 미소 동물이 다른 것을 낳는 것을 확실히 보았다고 진술하기도 했다. "〈그림 9〉에서 몸집이 큰 동물로부터 나오는 미소 동물 b와 h를 볼 수 있다. 내가 이런 현상을 처음 보았을 때만 해도, 어린 미소 동물이 나이 든 동물에 우연히 붙은 것이라고 생각했다. 그러나 점차 자세히 관찰하면서 그것이 새끼임을 알아차렸다. …" 이런 결론은 그다음 쪽에서 더욱 확고해진다. "두 어린 생명체를 낳은 미소 동물은 그 몸에 작은 생명체를 붙이고 있었다. …" 처음에 느낌 정도로 시작된 생각이 20년이란 세월이 지나면서 확고하게 정립된 관찰로 변화한 것이다. 레벤후크는 그 작은 동물들이 교잡할 뿐 아니라 암컷과 수컷으로 구분된다고 믿었으며, 암컷은 어린 생명체를 몸 안에 가지고 있다가 결국 낳게 된다고 생각했다. 니담(John Needam, 1713~1781)은 이런 생각을 받아들였으나, 보넷(Charles Bonnet, 1720~1793)은 이에 의심을 가졌고, 소쉬르(Horace de Saussure, 1740~1799)와 스팔란차니(Lazzaro Spallanzani, 1729~1799)는 결국 이 생각을 부정했다.

제네바에서 연구하던 트렘블리(Abraham Trembley, 1710~1784)는 생물의 이분법에 대해 최초로 기술한 사람이다. 그는 영국왕립협회 의장에게 보낸 1744년 11월 6일자 서신에서 현미경으로 새롭게 발견한 몇 종

그림 23 트렘블리(Abraham Trembley, 1710~1784)

의 담수 폴립의 분열에 관해 기술하였다. 레오뮈르(Réaumur)는 함께 뭉쳐 사는 이 작은 동물들을 '폴립 다발(des polypes en bouquet)'이라 불렀다.

이들은 수영을 할 수는 있지만 결국에는 몸을 고체 표면에 부착한다. 트렘블리는 이들의 번식 방법을 명확하게 설명했다. "아직 한 개체로 지내며 최근에 몸을 부착한 폴립의 자루(pedicle)는 처음에는 길이가 짧지만 얼마 지나지 않아 길쭉해진다. 그 후에 폴립은 길이를 따라 몸을 나누어 두 개체로 분열하는 증식을 한다." 그는 동물이 분열하기 전에 몸을 둥글게 하여 잠시 변화를 멈추었다가 "…점차로 몸의 중심부, 즉 머리의 가운데로부터 나뉘기 시작해서 몸체가 붙어 있는 몸의 뒷부분 끝까지 분리되는" 과정을 상세히 설명했다. 결국에는 새롭게 생긴 폴립들이 몸을 벌리면서 "입술 모양의 입구를 비롯한 독특한 특징을 드러내어 완전히 형성된

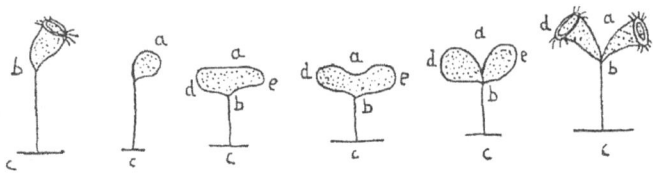

그림 24 종벌레의 이분법을 설명한 트렘블리의 그림

폴립의 생김새를 나타낸다.", "이들은 처음에는 자신을 만든 모체 폴립보다 작지만, 얼마 지나지 않아 같은 크기로 자란다.", "폴립이 분열하는 데는 대체로 한 시간 정도 소요된다." 등 이보다 더 간단하고 정확하게 분열 과정을 묘사하기란 쉽지 않을 것이다.

영국왕립협회의 회원이 된 트렘블리는 1747년에 또 다른 편지를 의장에게 썼다. 그는 이 편지에서 물속의 많은 생물들을 살아 있는 상태로 보존하는 방법과 이런 목적을 위해 그가 고안한 장치에 관해 기술했다. 그는 이 장치 없이도 동물들의 번식 방법을 과연 발견할 수 있었을지 의구심을 보였으며, 동물을 낮은 온도에 두거나 굶겨서 운동성을 떨어뜨림으로써 그들의 행동을 더 잘 관찰할 수 있었다는 부가적 정보를 제공했다. 이분법에 관해 더 상세히 기술한 것을 다음과 같이 요약한다. "그러고 나서 그 동물은 점차로 둥근 형태로 되었으며, 몸이 작은 구형으로 되고 나서 바로 두 개의 비슷한 구형 몸체로 나뉘었다. 이렇게 생긴 구형 몸체는 곧바로 몸을 서서히 벌려서 구형에서 벗어나 종 모양으로 되어간다. 이렇게 해서 모체인 폴립과 완벽하게 같은 자손 폴립이 분열에 의해 완성된다." 트렘블리는 현미경으로 볼 수 있는 많은 작은 생물 종, 즉 군체로 살아가는 종

그림 25 스팔란차니(Lazzaro Spallanzani, 1729~1799)

벌레, Epistylis anastatica, Carchesium, Zoothamnium 등에서 이런 분열 유형을 관찰했다. 베이커의 인용에 의하면 1766년 벤팅크(Count Bentinck)에게 보낸 편지에서도 종벌레의 이분법에 관해 언급한 바 있다. 이분법이 모든 고등한 동물과 식물의 일반적인 세포 증식 방법으로 알려진 이상, 트렘블리의 발견을 레벤후크에 이어 두 번째로 중요한 사건으로 삼아도 무방할 것이다.

스팔란차니는 동물과 식물에서 관찰한 것에 대한 기록을 1776년에 『모데나(*Modena*)』에 발표했고, 1780년에는 더 상세한 설명을 두 권의 책으로 출간했다. 스팔란차니의 업적은 1786년 세네비에(Jean Senebier)에 의해 『혼합액 속의 미소 동물에 관한 관찰과 실험(*Observations et Expériences Faites sur les Animalcules des Infusions*)』이라는 제목의 프랑스어판 논문으로 번역되었다. 이 책의 9장에 적충류(infusoria)의 번식 방법이 제시되어 있다. 스팔란차니는 미소 동물들이 함께 짝을 이루는 모습을 자주 볼 수 있고, 레벤후크 이후에 많은 사람들이 이런 모습을 교잡 과정으로 여긴다고 언급하였다. 이 현상에 대해 스팔란차니에게 편지를 썼던 베카리아(Beccaria)는 이런 관점을 더욱 발전시켰지만, 트렘블리의 영향을 받은 스팔란차니는 이 생각이 고등 생물의 행동에 비추어 자료를 해석한 결과로 나타난 것이 아니냐는 의문을 나타냈다. 그리고 그는 1770년 1월 27일에 받은 보넷의 편지 내용을 상세히 언급했다. 보넷은 한데 합친 형태의 미소 동물들은 교잡을 하는 것이 아니고 트렘블리가 폴립 다발에 관해 언급한 대로 분열을 하는 중이라고 이 편지에서 썼다. 그러고 나서 스팔란차니는 소쉬르로부터 이미 받은 바 있는, 미소 동물이 가로로 분열하여 두 개체로 되는 방법을 상세히 묘사한 편지를 출간했다. 소쉬르는 덤벨 모양의 잘록한 허리가 점점 가늘어져 두 미소 동물은 더 이상 가는 줄로 연결되지 않게 된다고 하고, 이 단계에서 자손 미소 동물들은 서로 떨어지기 위해 격렬한 움직임을 보이기 때문에 교잡을 하는 것으로 오해를 받는다고 썼다. 자손 미소 동물은 처음에는 모체보다 작은 크기이지만 곧 정상 크기로 자라며, 또다시 분열을 하게 된다. 이처럼 반복되는 분열에 의해 개체수가 늘어난다는 것이다. 또한 소쉬르는 두 종의 분열 방법을 언급했다. 그 중의 하나는 앞쪽에 갈고리 구조를 갖는데, 분열 전에 몸을 둥글게 하면서 갈고리를 움츠린다고 하였다. 또한 폴립 다발의 경우처럼 몸을 둥글게 하는 동물은 회전 운동을 한다고 하였다. 스팔란차니는 트렘블리처럼 매우 세심한 관찰을 하는 소쉬르의 의견에 동의하였다. 스팔란차니는 이들을 모두 종합하여 14종의 적충류에서 이분법을 관찰함과 아울러 두 방향의 분열인 횡분열과 종분열을 모두 관찰하였다고 주장했다. 엘리스(John Ellis, FRS, ?1710~1776)는 이분법에 반대하는 입장에서 미소 동물들이 합쳐지는 '교잡 운동'을 보인다고 주장했지만, 스팔란차니는 엘리스의 주장을 수용하지 않았다. 이런 움직임은 교잡 행위의 일부가 아니라 미소 동물이 둘로 나뉘는 과정에서 나타난 현상이라는 생각을 받아들인 것이다. 사람과 유사한 생식 과정으로 설명하던 단순한 생각은 소쉬르와 스팔란차니의 관찰로 종말의 조짐을 보이게 되었지만, 이 생각은 좀처럼 없어지지 않고 끈질기게 맥을 이었다.

1756년 뮐러는 강과 바다에 사는 적충류에 관한 그의 유명한 책에서 현미경으로 관찰할 수 있는 Vibrio lunula와 같은 녹조류와 담수에 사는 편모충류의 이분법에 관해 기술했다. 그러나 1830년에 이르러서야 모렌이 적어도 몇몇 적충류들이 단세포 생물이고 그들의 분열이 바로 세포 분열임을 깨달았다. 당시 프랑스어를 사용하는 겐트대학교에 재직 중이던 모렌은 프랑스어로 쓴 그의 논문을 『자연과학 연보(Annales des Sciences Naturelles)』에 실었다. 1830년에 쓴 그의 논문에는 Crucigénie(Crucigenia)라고 그가 이름 붙인 현미경으로 관찰할 수 있는 크기의 새로운 식물 종을 소개하고 있고, 이런 생물을 살아 있는 상태로 관찰할 수 있게 그가 고안한 미세 분류기라는 장치도 소개되어 있다. 그는 처음으로 4개체가 모여 그룹을 이루는 생물인 Crucigenia를 보았다. "내가 그 작은 식물을 처음 보았을 때 그것은 몰타 십자가 형태로 매우 규칙적인 모습이었다." 그러나 모렌은 한 생물이 몰타 십자가 형태를 보이는 것이 아니고 서로 인접한 4개의 세포가 뚜렷한 선으로 구분되어 몰타 십자가를 구성함을 알았다. "…집합체가 한 생물체인 것이 아니고, 집합체를 구성하는 세포가 각각 생물체인 것이다." 그는 조각난 몰타 십자가의 팔 하나에서 차례로 팔 4개가 갖춰져서 완전한 십자가 형태를 보이는 경우에 주목하고, 십자가의 팔 4개는 두 차례의 연속 분열에 의해 형성된다고 결론지었다.

모렌은 그 이전에 이루어진 트렘블리의 폴립 연구에 관해 이미 알고 있었고, 트렘블리의 관찰과 자신의 관찰이 서로 연관됨을 인정했다. 그는 몰타 십자가의 각 구성 요소를 틀림없이 세포로 보았고, 또 그렇게 부르는 데 전혀 주저함이 없었다. 그의 논문에 제시된 그림들 중의 하나를 설명하는 글을 보자. "초기 세포들은 4개로 분열되고, 감지하기 어려운 점차적 변화를 거쳐 여러 단계의 어린 Crucigenias로 된다."

모렌은 1836년에 또다시 『자연과학 연보』에 클로스테리움(Closterium)에 관한 논문을 게재했다. 그는 Conferva aurea에 관한 두모르티어의 연구를 언급하고, 두모르티어처럼 클로스테리움을 둘로 나누는 중앙의 분획선을 관찰했다고 보고했다. 처음에 극성을 보인 세포의 계속된 변화를 다음과 같이 말한다.

> …투명한 격막처럼 보이는 원반 구조가 클로스테리움의 직경이 가장 작은 중앙부의 가장자리 전체로부터 중심 쪽으로 넓혀지면서 극성을

띠는 유색 입자 덩이를 둘로 분리한다. … 이렇게 해서 세포의 분획이 생겨나는데, 이 과정은 Confervae를 가지고 수행한 두모르티어의 훌륭한 관찰과 같은 결과라 할 수 있다.

분획 형성은 세포 분열의 시작을 나타낸다. "중앙부의 분획이 이루어진 후에 외부와 만나는 지점에 뚜렷한 검은색 선이 둥글게 나타나 클로스테리움을 이루는 두 개의 원추 모양의 기저부에 경계를 긋는다. 이 선은 후에 식물에서 갈라지는 열 개 부위가 된다. …"

에렌베르크가 쓴 『완전한 생물인 적충류(*Die Infusionsthierchen als Vollkommene Organismen*)』는 심미적·역사적 관점에서 상당히 훌륭한 학술서라 할 수 있다. 에렌베르크는 이 책을 출간할 당시에 베를린에서 임시 교수로 있었지만, 1년 후에는 그곳의 의과대학에서 정교수가 되었고, 그는 일생 동안 베를린대학교에 남아서 연구했다. 비교적 초기인 1830년에는 Actinophrys의 이분법에 관해 보고했고, 1832년에는 Euglena acus의 종분열에 관해 보고했다. 그러나 그는 그 후에 박테리아로부터 짚신벌레와 Polytoma에 이르는 120여 과의 적충류에 대한 형태적 묘사를 『*Infusionsthierchen*』(1838)에 모두 모아 놓았다. 훌륭하게 채색된 그림들이 그려진 도감을 별책으로 갖는 이 책은 수십 년 동안 생물의 분류와 형태를 연구하는 데 지침서가 되었다. 그러나 현대적 시각으로 보면 여기에는 세심한 관찰에 의한 것과 상상으로 만들어낸 것이 뒤섞여 있다. 프러시아의 황태자인 빌헬름(Wilhelm)에게 헌정한 이 책은 광범위한 역사적 개관으로 시작하고 있다. 그리고는 적충류를 채집하고 유지하는 방법에 관한 내용이 그 뒤에 제시되는데, 나쁜 냄새가 나는 웅덩이에서 적충류를 발견할 수 없다는 점을 여기서 강조한다.

이 책의 나머지 부분에는 에렌베르크가 관찰한 현미경으로 관찰할 수 있는 크기의 수중 생물들을 총망라하여 싣고 있다. 여러 과에 속한 다양한 생물들에 대한 에렌베르크의 분류는 현재 인정받지 못하고 있다. 예를 들어 그가 모나드(Monad)로 분류한 첫 번째 과에는 박테리아(비브리오), Uvella, Polytoma, Pandorina, Gonium, Chlamidomonas 등이 포함되어 있다. 그러나 현대 생물학이 관심을 보이는 곳은 적충류에 대한 그의 분류에 있지 않고, 분열 방식에 대한 그의 관점에 있다. 그는 그때까지 그 존재에 대해 의심을 품지 않을 정도로 충분히 이분법을 관찰해 왔다. 그러나 그는 '이분법'을 특별한 경우로 간주했을 뿐 보편적인 기작이라고 생각하지 않았다. 사실 그는 이분법을 매우 예외적 방법으로 생각하여 이런 방법으로 증식하는 생물들을 따로 한 과로 분리하고 '분열하는 모나드(Theilmonade)'라는 이름을 붙였다. 군체를 이루는 모나드(Thaubenmonaden)와는 불완전한 분할을 보인다는 점에서 이들을 확연히 구분 지었다. "분열하는 모나드가 속해 있는 속(genus)은 분열하면서 개체의 분리가 완전히 일어나지 않는다는 점에서 모여 사는 모나드와는 구분할 수 있다." 또한 에렌베르크는 종분열과 횡분열이 모두 뚜렷하게 일어났다고 인정했다. "임의로 일어나는 종분열과 횡분열은 매우 눈에 띄었다." 그러나 그는 적충류가 분열하면서 수컷과 암컷으로 갈라지고, 각 개체는 생식 기관에 해당하는 요소를 갖고 있다고 믿었다. 따라서, "모나드의 생식 기관은 … 몸 전체에 흩어져 있는 매우 많은 연쇄상 알갱이들과 개체 분열 시에 같이 나뉘게 되는 비교적 큰 구형의 선체(glandular body)로 구성된다. 이 선상 구조는 … 분명히 남성의 정소와 매우 비슷하고, 알갱이들은 난자와 밀접하게 닮아 있다." 분열을 하는 모나드조차도 Trematode에서 볼 수 있는 생식 기관에 상응하는 구조를 가지고 있다고 생각한 것이다. "생식계의 수컷 요소라고 추정되는 것은 그 생김새가 독특하여 확인하는 데 문제가 없다. 사실 많은 종에서 매우 뚜렷하게 나타난다." 에렌베르크는 엽록체를 보면서 녹색 난자라고 생각했고, 갈색 입자를 보면서 그것 역시 난자라고 생각했다. 그는 적충류를 한 생물체 안에 암컷과 수컷 특성을 모두 갖고 있는 자웅 동체로 생각한 것이다. "암컷 요소인 난자는 색이 있고 일정한 모양을 갖춘 여러 개의 알갱이로 존재하며, 수컷 요소는 1~2개의 둥글면서 두드러진 모양의 선체와 분리된 수축포로 구성된다." 이런 모든 것이 허구적인 것으로 나타났지만, 이분법이 예외적으로 나타난다고 믿었던 그 시절에는 이런 생각이 틀림없이 널리 인정받았을 것이다.

이쯤해서 하등한 동물과 고등한 동물 사이를 처음으로 연계 짓는 대단히 예언적인 연구에 대해 관심을 가져볼 수 있다. 1805년에 오켄(Lorenz Oken, 1779~1851)은 「생식(*Die Zeugung*)」이란 제목으로 오켄푸스(Okenfuss)과에 속하는 동물의 성에 대한 논문을 썼고, 그 과의 동물은 모두 '적충류'로 구성된다는 관점을 제시했다. 오켄 자신이 말한 것처럼 1805년에는 동물과 식물의 혼합액 속에서 살아가는 모든 생물이 '적충

그림 26 오켄(Lorenz Oken, 1779~1851)

류'에 포함되었다. 이 혼합액은 공기에 노출되거나 뚜껑으로 덮였을 수도 있고, 차갑거나 따뜻할 수도 있다. 이 생물에는 박테리아로부터 복잡한 원생생물까지 포함되며, 오켄이 당시에 알려진 가장 단순하고 원시적인 생물을 뜻하는 데 이 용어를 사용했음에는 의문의 여지가 없다. 적충류에 대해 좀 더 많은 사실이 알려지고 주머니나 공 모양의 구조가 동물 조직에 해당된다고 했을 때, 오켄은 그 후의 연구에서 '적충류'라는 말을 쓰지 않고 '원시 소낭(Urbläschen)'이란 말로 대체하였다. 그의 원래 논문에서 모든 다세포 원생생물은 단지 '적충류'가 모여 있는 형태로서 적충류 각 개체의 특성은 그대로 남아 있으며, 이들은 서로 협동하여 동물과 식물의 형태를 구성한다고 했다. 그는 유기물이 뭉쳐서 생물이 된다는 자연발생설을 부정했다. 그는 식물과 동물의 혼합액에서 나타나는 생물의 생장이란 단순히 다세포 생물이 그 기본 구성 요소로 분해되는 현상으로 믿었다.

  오켄은 트렘블리의 관찰에 상당히 의존해서 고등 식물의 생장에 관해 생각했다. 그는 현미경으로 관찰되는 크기의 폴립이 이분법에 의해 증식하는 현상을 언급하면서 복잡한 조직의 생장도 단순히 '적충류'의 증식에 의해 나타난 것임에 틀림없다고 주장했다. 물론 '적충류'란 말은 후에 '원시 소낭'으로 바뀌었다. 그의 관점에서 본다면 생장된 조직은 분화되어 특수한 기관이 되는 것이다. 고등한 식물의 경우에는 분화 과정에서 극성에 의해 '원시 소낭'의 신장이 결정되며, '원시 소낭' 사이의 공간에 도관이 형성되어 수액이 이동한다고 주장했다. 오켄은 이처럼 고등 동물과 고등 식물의 구성 방식에 대해 독특한 선견지명을 가지고 있었으며, 단세포 생물과 다세포 생물 사이의 기본적인 상동성을 분명하게 깨닫고 있었다. 베이커와 같은 사람은 오켄이 그의 아이디어를 입증할 만한 아무런 실험적 증거도 제시하지 못했기 때문에 근본적으로 별 영향을 미치지 못했다고 생각했다. 나는 이 점에 관한 한 베이커의 판단이 잘못되었다고 생각한다. 오켄은 그 당시에 엄청난 영향력을 지닌 사람이었다. 그는 알라만족 농부의 아들로 태어나 예나에서 교수가 되었으며, 후에는 새로 만들어진 취리히대학교(University of Zürich) 교수가 되었다. 그는 해부학자로 높은 명성을 지녔고, 배의 일부에는 아직도 그의 이름이 붙여져 있다. 원시 신장을 가리키는 오켄체(Oken's body), 배에서 정소의 배 출관이 될 전구체를 지칭하는 오켄관(Oken's canal) 등을 그 예로 들 수 있다. 또한 그는 생물 형태에 대한 목적론적 설명을 완강히 거부한 사실로 잘 알려져 있고, 두개

골이 단순히 척추가 변화된 것이라고 지적한 그의 해부학적 논문으로 유명하기도 하다. 그는 자신의 논문에서 "인간 몸 전체는 단지 척추로 이루어진 것이다."라고 적은 바 있다. 또한 그는 초록집 『이시스(Isis)』의 편집자였고, 앞에서 언급한 바와 같이 독일 자연과학·의학협회(Gesellschaft Deutscher Naturforscher und Ärtzte)의 설립자로서 아직도 그 이름을 붙인 로렌츠-오켄 메달이 수여되고 있다. 오켄은 자연철학자로서 유럽에서 명성이 높았다. 1809년에 첫판을 낸 그의 책 『자연철학서(Lehrbuch der Naturphilosoph)』는 1843년에 마지막 판인 3판까지 출간되었다. 이 책은 영어로 번역되어 세계에서 널리 읽혔다. 1835년에는 유명한 자연사 해설서인 『모든 수준의 독자를 위한 교양 자연사(Allgemeine Naturgeschichte für alle Stände)』를 썼다. 슈반과 오켄 중 누가 먼저 동물과 식물 조직이 세포로 구성됨을 밝혔는지에 관해서는 논란의 여지가 있다. 그 당시 사람들이 『생식』에서 제시한 오켄의 생각에 무관심을 보인 이유가 실험적 증거 부족에 있다고 보지는 않는다. 그보다는 당시에 과학 논문을 읽는 사람들이 수용하기에 그의 생각이 너무 앞서간 탓이라 생각된다. 만약 『생식』이 25년 정도 후에 쓰였더라면, 이 책은 틀림없이 상당한 영향을 미쳤을 것이다.

제7장

두모르티어와 몰

두모르티어는 심각한 역사적 편견에 따른 희생자 중 한 사람이다. 독일의 과학 잡지들은 작스의 식물학사가 나오기 전이나 그 후 모두 다세포 생물에서 세포 분열의 발견을 이제는 가히 전설적 인물이라고 할 수 있는 튀빙겐대학교의 식물학 교수인 몰의 업적으로 기술하였다. 몰이 세포 분열을 관찰하고 정밀하게 기술하였다는 데에는 의심의 여지가 없다. 그러나 그가 세포 분열을 처음으로 관찰한 것은 아니며, 현재로서는 그가 독자적으로 관찰하였는지도 의심의 여지가 있다.

1845년 몰은 그의 부친에게 증정한 회고 논문집 『일반 식물학 저널 (*Allgemeine Botanische Zeitung*)』에서 주로 Conferva glomerata를 대상으로 한 다세포 식물의 세포 분열 내용의 그 유명한 1837년 논문을 재판하여 수록하였다. 그는 그 논문이 1835년에 제출한 박사학위 논문의 수정본이라는 토를 달았다. 그 자료는 1837년 학술지 『*Flora*』에 실렸던 것이며, '분열에 의한 식물 세포의 증식에 대하여'라는 제목을 달고 있었다. 몰의 관찰은 1835년 이전에는 어디에도 나타난 적이 없으며, 1837년 이전에 출판된 기록도 없다. 그럼에도 불구하고, 그 논문에는 Conferva aurea에 대한 세포 분열은 두모르티어가 1832년에 출간하였으며, 1829년 퀴비에(Cuvier)를 통해 파리의 『과학 아카데미(*Académie des Science*)』에 제출하였다고 기술하고 있다. 두모르티어는 세포 분열의 발견에 대한 우선권이 자신에게 있음을 알고 1837년(몰이 그의 발견을 처음으로 발표한 해임)에 출간된 한 논문에 이를 언급하였다. 두모르티어가 도외시되고, 발견에 대한 업적이 몰에게 가는 일이 어떻게 발생하였는지 조사해 보는 것은 흥미

그림 27 두모르티어(Barthélemy Dumortier, 1797~1878)

로울 것이다.

1860년으로 끝을 맺는 작스의 역사는 두모르티어에 대하여 언급은 하였지만 너무나 불만족스러운 수준이다. 이에 비해 몰은 식물 해부학자로서 격찬 받고 있었으며, 그의 다양한 식물학적 업적에 대하여 여러 쪽을 할애하고 있다. 세포 분열에 대한 그의 1837년도 논문은 최초로 세포 분열의 전 과정을 세부적으로 정밀하게 묘사하고 있는 것으로 특별한 찬사를 받았다. 1832년 두모르티어의 Conferva aurea에 대한 논문은 모렌의 클로스테리움에 대한 1836년 논문과 함께 인용되어 있으며, 두 논문은 모두 세포 분열의 세부적인 내용이 결여된 것으로 되어 있다. 이것에는 모렌의 Crucigenia에 대한 1830년 논문에 대한 언급도, 두모르티어가 다세포 생물에 대하여 관찰한 데 비하여 모렌은 원생생물에 대하여 관찰했다는 언급도 없다. 앞에서 설명한 바와 같이 작스는 두모르티어의 원전은 인용하지 않고, 마이엔의 『식물생리학의 신체계(Nues System)』에 기재된 두모르티어에 대한 참고 문헌만을 인용하고 있다. 그러나 마이엔은 두모르티어 연구의 우선권에 대하여 명확히 하고 있으며, 특히 모렌의 Closteria와 몰의 Conferva glomerata의 관찰은 모두 그 후에 이루어진 것임을 강조하여 기술하고 있다.

왜 작스는 두모르티어의 원전을 인용하지 않고 그에 대한 마이엔의 초록만을 인용하였는지, 또 그는 왜 두모르티어의 연구에는 세부적인 내용이 결여되어 있다고 폄하하였는지 참으로 이해하기가 어렵다. 다시 설명하겠지만 두모르티어의 논문은 극히 세부적인 내용까지 포함하고 있으며, 작스가 이를 모를 리 없었다. 어떤 경우에도 몰이 그 사실을 모를 가능성은 거의 없다. 그렇지 않고서는 그가 Conferva를 실험 대상으로 선택하였다는 것을 우연의 일치라고 볼 수밖에 없으며, 인주솜풀이 보편적인 연구 대상 생물이라는 것도 1830년대 이전의 문헌에는 나타나 있지 않기 때문이다. 어쨌든 몰은 그의 1837년 논문에서 두모르티어에 대해서는 언급도 하지 않았으며, 1845년에 재판된 연구 논문집에서도 1844년에 발표된 네겔리(Nägeli)의 Conferva glomerata에 대해서는 언급하면서도 두모르티어에 대해서는 논의하지 않았다. 간혹 이름과 연도가 들어간 경우를 제외하고 문헌상에 두모르티어를 삭제한 것은 독일의 몰과 작스의 추종자들뿐만이 아니다. 프랑스어로 출간되었으며 많은 부분에서 갈릭(Gallic)의 견해를 대변하였다는 『세포 이론의 기원(Genese de la Théorie Cellulaire)』(1987)에서 뒤셰노(François Duchesneau)까지도 두모르티어의 후반부 연구 내용은 연체동물의 발생에 대해서만 언급하고 있다. Conferva aurea의 세포 분열에 대한 그의 1832년 논문에 대한 언급은 본문뿐만 아니라 참고 문헌에도 수록되지 않았다.

두모르티어는 벨기에 사람이며 중년에는 활동적으로 정치에 참여하였으며, 마침내 장관 서열에 올랐다. 당시 대부분의 벨기에 학자들이 그러하였듯이 그의 이분법에 의한 세포 분열에 대한 연구는 독일뿐만 아니라 전 유럽에서 널리 읽혀지던 학술지인 『Transactions of the Imperial Leopoldino-Caroline Academy』에 실렸다. 나는 이와 같은 이유로 몰과 작스가 두모르티어의 업적을 까맣게 모르고 있었을 것이라고 생각하지 않는다. 그 논문은 「동물과 식물의 구조 및 발생에 대한 비교 연구」라는 포괄적인 제목을 달고 있다. 저자는 자신이 학술원 회원임을 기재하고 있는 것으로 보아 다른 유럽의 과학자들에게 전혀 알려지지 않았을 수가 없다. 여기에 그 논문의 요약 일부를 기재하여, 두모르티어가 묘사한 세포 분열에 대한 설명에는 세부적인 내용이 결여되어 있다고 한 작스의 주장에 대한 진실 여부를 독자들이 판단할 수 있게 하였다.

> Conferva의 발생은 그 구조만큼이나 단순하다. 발생은 늙은 세포에 새로운 세포를 추가하는 식으로 이루어지며, 새로운 세포들은 항상 필라멘트의 선단 부위에 추가된다. 제일 끝의 세포는 그 아래쪽에 있는 세포에 비하여 상당히 길쭉해지며(도판 10, 그림 15a), 세포의

가운데 부분에서 내부 용액으로부터 내세포벽의 연장이 이루어지면서 세포가 둘로 나누어진다. 이렇게 되면 아래 세포는 그대로 남아 있는데 비하여(도판 10, 그림 15b), 그 끝에 해당하는 위쪽의 세포는 또다시 새로운 내부 구획 형성을 반복한다. 가운데 부분에 있는 이 구획이 원천적으로 단일 구획인지 이중 구획인지는 알 수가 없다. 그러나 나중에 접합하는 필라멘트에서 보거나(도판 11, 그림 34e), 두 세포가 저절로 분리된 다음에 두 세포 각각의 바깥쪽이 닫혀 있는 것을 보면 이중 구획인 것이 분명하다. 이는 Conferva가 성숙하거나 세포 조직이 얼었을 때 잘 나타난다. 이런 조건에서 각각의 세포들은 아직도 그 전과 마찬가지 액체들을 그대로 담고 있는데, 이는 액체들이 막에 의하여 봉해지지 않고서는 불가능하다.

Conferva에서 중간 분획의 생성에 대한 관찰은 우리에게 지금까지 설명되지 못하였던 세포의 기원과 발생에 대하여 완벽하고 명확한 설명을 제공하고 있는 것으로 보인다. …

두모르티어의 요점은 3가지이다. 첫째로, 길쭉하게 늘어난 다음에 세포가 둘로 나누어지는 중간 구획을 형성하는 것은 필라멘트의 맨 끝에 있는 세포이다. 둘째로, 이 분열벽은 각각의 세포들이 필라멘트에서 분리되었을 때 그 내용물을 함유하고 있는 것으로 보아 이중벽일 것으로 추정된다. 이 벽이 두 겹인 것은 나중에 접합하는 Conferva에서 직접 관찰할 수 있다. 셋째로, 세포가 둘로 나누어진다는 것은 세포의 기원과 발생에 대한 논리적인 설명을 제공한다. 두모르티어가 제시한 세포 분열에 대한 기본적인 특징에 대하여 이보다 더 명확하고 간명한 설명을 하기란 어렵다.

베이커는 두모르티어가 필라멘트의 끝부분 세포에서만 세포 분열이 일어난다고 가정한 것은 잘못이라고 하였다. Conferva glomerata의 세포 분열에 대한 몰의 그림에는 필라멘트의 선단이 아닌 세포가 나와 있다. 그러나 1844년 네겔리는 이 종에서 가지를 치는 경우를 제외하고, 세포 분열은 선단 세포에서만 일어나는 것을 확인하였다. 분열 과정은 그 다음에 가지를 치는 위치에서도 관찰되었다. 몰은 새로운 가지의 형성에서 세포 분열의 역할을 강조한 것으로 보아 몰의 그림은 분지점의 세포를 나타낸 것일 가능성이 있다. 몰은 Conferva glomerata에서 대부분의 관찰을 하였으며, 이에 추가하여 6종을 조사하였지만 두모르티어가 연구한 Conferva aurea는 관찰하지 않았다.

이는 두모르티어에게 있어서 매우 중요하다. 식물의 생장에 대한 그의 모든 관심은 Conferva aurea에서 관찰한 사실의 연장선상에 있었다.

> 단순한 생물의 생장을 통하여 우리는 고등 생물의 해부학적 구조를 알 수 있으며, 내부에 감추어져서 보이지 않는 복잡한 구조도 명확하게 관찰할 수 있다. 우리는 Conferva에서 세포의 형성이 중심 부위의 구획 형성을 통하여 이루어짐을 보았으며, 이는 엄격하게 직선적으로 일어난다. 세포들은 횡적으로 덩어리를 만든다거나 결합하거나 또는 그 중심에 배열하지 않는다. 새로이 형성된 세포는 선상 배열을 하며,

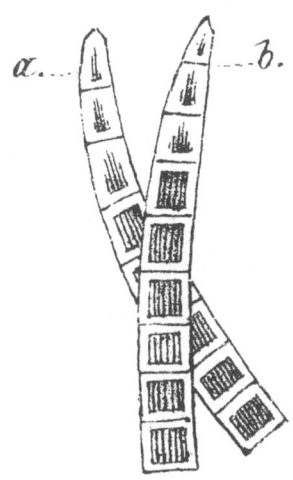

그림 28 Conferva aurea의 이분법에 의한 세포 분열을 설명한 두모르티어의 그림

그들은 항상 필라멘트의 선단에만 생기기 때문에 무한적으로 길이가 늘어나는 규칙성을 따른다. 이 또한 Conferva가 고등한 식물체가 그 속에 감추고 있는 생장의 원리를 나타내는 것이라고 할 수 있다. 관상 구조나 섬유상 구조 등 모든 세포로 된 구조물의 생성은 같은 법칙을 따르며, 이 법칙은 식물계 전체에 적용되는 것으로 생각된다. 조류나 곰팡이의 엽상체, 이끼의 줄기 등도 똑같은 특징을 보인다. 이들 생물에서는 Conferva에서와 같은 일직선상의 배열 대신에, 세포들은 선상 배열들 간에 상당한 상호 작용을 나타내는 경우도 있다.

두모르티어는 세포가 과립 또는 다른 어떤 세포의 미립자로부터 생성될 수 있다고 가정하는 모든 세포 생성 모델들을 조목조목 반박하였다. 앞에서 언급한 바와 같이 그는 이와 같은 모델의 제안자로 트레비라누스와 키저를 꼽았다.

> 키저의 견해는 그래서 지지할 수가 없다. 더욱이 앞서 트레비라누스가 제안한 견해와 마찬가지로 이 견해는 과립이나 과립성 입자들이 변형되어 세포를 형성한다는, 아직까지 증명되지 않은 가설에 기초하고 있다. 우리는 관찰 결과로 볼 때 이 같은 전환이 결코 이루어지지 않으며, 전분립이나 구상 입자들은 세포와는 전혀 별개의 실체라는 것을 확신한다. 한편 세포 내의 중앙선을 구획으로 세포가 생성된다는 것은 식물체의 나머지 부분의 구성과도 너무나 잘 어울려 이를 부정할 수가 없다

주로 동물 세포에 대한 이 논문의 두 번째 부분은 별개의 장으로 되어 있다. 커다란 인주솜풀 세포들은 직접 관찰이 가능한 데 비하여, 1828년 당시 두모르티어가 구사한 기술로는 동물의 조직 세포를 관찰하는 것이 불가능하였을 것이다. 그래서 그가 동물 세포를 기술한 것을 보면 대부분이 추상적이고 자연철학적인 느낌이 있다. 인주솜풀 필라멘트의 선단 세포의 세포 분열을 관찰한 것에 감동되어, 두모르티어는 식물에서 모든 생장은 '원심적'이라는 제안을 하였다. 이는 식물의 말단인 줄기, 뿌리, 가지의 끝부분에서만 생장이 이루어진다는 것이다. 이에 비하여 동물의 생장은 '구심적'이라고 생각하였다. 두모르티어의 이 말은 새로운 세포의 생

성은 신체의 내부에서 이루어지며, 바깥쪽으로 이동한 다음에는 정체된다는 것을 의미한다. 그러나 1832년 논문에 동물 세포에 대해서는 현미경적 관찰이나 분석 같은 실험적 증거가 전혀 없다.

  몰에 비하여 두모르티어가 다세포 식물에서 세포 분열을 발견한 데 대한 우선권을 가지고 있다는 데는 의심의 여지가 없으며, 분열하는 세포벽의 이중성을 제시한 것도 마찬가지다. 이와 관련하여 몰은 이보다 훨씬 뒤에 나온 휴즈(Hughes)의 『세포학사(History of Cytolegy)』에서 인주솜풀에서의 세포 분열은 바우처(Vaucher)가 훨씬 더 먼저 관찰하였다고 주장하였다. 나는 이를 믿지 않는다. 바우처의 저서 『담수 인주솜풀에 대한 역사(Histoire des Conferves déau Dauce)』는 1803년 제네바에서 출간되었다. 아름다운 그림을 담고 있는 이 책은 주로 이들 식물의 분류와 접합, 수정, 포자 형성, 발아와 같은 유성 생식의 양식에 관한 것이고, 무성 생식은 피상적으로 다루고 있다. 그러나 발아한 포자에서 필라멘트의 생장과 균사가 길어지면서 격막이 증가하는 것을 바우처기 관찰한 것은 사실이다. 다음은 이와 관련된 서술 내용이다.

> 같은 날 또는 최소한 같은 주일 거의 같은 순간에 Conferva iugalis의 모든 종자들(수천 개)이 마치 어린 싹이 나올 때 떡잎이 열리듯이 한쪽 끝에서부터 활짝 열렸다. 그리고 그 열린 개구의 바닥에서부터 하나의 녹색 주머니가 올라왔다. 처음에는 매우 작았지만 순식간에 원래 덩치의 몇 배가 될 만큼 길어졌다. 주머니의 내부에는 곧이어서

나선들이 생겨났다. 나선들에는 다 자란 식물체에서 보이는 것과 같은 밝은 점들이 있었다. 그 관 자체에 처음에는 하나, 다음에는 둘, 그 다음에는 더욱 많은 구획들이 나타났으며, 이윽고 그 자손들은 종자로부터 나와 낱개로 물위에 떠 있었다. 그리고 난 다음 크기는 말할 것도 없지만, 양끝이 뾰족한 것이 그 어미 식물을 완전히 닮았다.

그러나 바우처는 그 어디에도 분열하는 세포벽을 묘사하지 않았으며, 세포벽이 세포를 둘로 나눈다고도 언급하지 않았다. 그는 식물이 생장함에 따라서 구획의 수가 증가한다고만 기재하였다. 그가 세포 분열을 관찰하였다면 두모르티어가 Conferva aurea에서 주장하는 것과 같이, 필라멘트의 선단 또는 그 어디가 세포 분열이 관찰되는 장소라고 하는 것을 기재하지 않았을 리가 없다. 따라서 다세포 생물에서 세포 분열에 대한 발견의 우선권이 두모르티어에게 있다는 결론은 불가피하다.

그러나 인주솜풀의 필라멘트에서 구획이 근본적으로 두 겹일 것이라는 다음과 같은 관찰은 바우처가 두모르티어를 앞섰다.

식물을 둘로 나누는 내부 구획에 있어서 그 구획은 관 모양으로 매우 얇은 투명한 막으로 형성되어 있다. 그 구획이 하나처럼 보이기는 하지만 나는 그것이 두 겹이라고 믿는 이유가 있다. 왜냐하면 나는 관 모양의 구조들 자체가 가지고 있던 부분 부분으로 관 구조가 둘로, 때에 따라서는 셋 또는 그 이상 많은 조각으로 나누어지는 것을 가끔씩

관찰하였기 때문이다. 이렇게 분리된 부분 부분들이 그 내용물들을
잃지 않고 원래부터 가지고 있던 녹색의 물질이나 나선 구조를 그대로
함유하고 있었으므로 그 각각은 완전히 막힌 구조라고 추정할 수밖에
없다. 그렇지 않고서는 내가 관찰한 현상은 관찰 자체가 불가능하였을
것이다. 그러므로 여기서 이야기하고자 하는 인주솜풀의 관상 구조는
하나의 식물 개체라고 하기보다는 많은 수의 식물 개체들이 모인
집합체라고 생각된다. 이렇게 생각하고 보면 관상 구조물의 각 부분
부분은 그 자체가 하나의 식물로서 동일한 관상 구조 내에서 상호 간에
교통이 없다. 각 부분 부분은 다른 부분에 맞대어 있거나 떨어져 분리될
수 있다. 그리고 그 각각은 막, 나선 구조물, 세포질 과립 등 한마디로
말해서 식물을 구성하는 모든 것들을 함유하고 있으며, 곧 이어서
설명되겠지만 그 스스로 생식을 할 수 있다.

바우치는 식물이 밀폐된 네모 상자와 같은 단위로 분리되어 있는 것은
이들 단위가 독립적이고, 복제된 세포를 분리시키는 구획을 나타낸 것으
로 생각하였다. 이것은 트레비라누스, 몰덴하우어, 링크와 뒤트로셰가 좀
더 고등한 식물에서의 세포 분리 절차를 관찰한 후 끌어냈던 유사한 결론
보다 확실히 앞선 것이었다. 트레비라누스는 그의 책에서 이러한 사실을
인정하였다.

두모르티어는 동물과 식물 조직은 하나의 동일한 구조로 되어 있을 것
이라고 믿고 있었지만 동식물 세포의 복제 방법이 반드시 같다고는 생각

하지 않았다. 그는 어떤 동물 세포는 사상체 조류 중의 하나인 Conferva aurea에서처럼 이분법에 의해 분열하지만 다른 동물 세포에서는 다른 기작이 관여한다고 믿었다. 두모르티어는 세포가 세포 소단위의 구성 성분으로부터 만들어진다는 것에 대하여 반대 의견을 견지하였지만 밀른-에드워즈, 튀르팽과 미르벨이 자세히 설명한 당시의 세포 형성 이론에 영향을 받았던 것 같다. 그는 특히 카트르파지(Armand de Quatrefages)의 관찰에 영향을 받았던 것처럼 보인다.

1834년 카트르파지는 planorbe와 다른 담수 동물의 배 발생에 관한 논문을 발표하였다. 특히 그가 관심을 가졌던 Limnaeus ovalis는 연체동물 중 복족류로 두모르티어가 처음 이용하였으며, 배 발생에 관하여 1837년에 발표한 논문의 대부분이 이 동물의 연구로부터 나왔다. 초기 발생을 서술한 카트르파지 논문의 핵심은 다음과 같다.

> 발생 1일: 알의 끝 주변에 크기가 1/97mm인 3개에서 4개의 타원형의 구형체가 생긴다. 이들은 처음에는 분리되어 있지만 몇 시간 후에는 불규칙한 그룹을 형성한다. 자세히 관찰해 보면 큰 구형체의 것에 작은 구형체가 붙어 있는 것이 발견된다.
>
> 발생 2일: 구형체의 숫자가 증가하지만 달라 보이지는 않는다. 이들은 불규칙한 가리비 모양의 케이크 형태를 띠고 있으며 바깥쪽이 중앙보다 더 투명하게 보인다. 구형체들은 서로서로 쌓여 있으며, 꼭대기에서는 단순히 함께 붙어 있는 상태이다.

최종적으로 우리가 인식한 것은 배아 시기의 세포들은 다른 세포가 태어나기 위한 모체로 구실을 한다는 것이다.

두모르티어는 카트르파지보다 Limnaeus ovalis에 대하여 좀 더 정확하게 관찰하였다. 그는 알이 산란된 6시간 후에 점액성의 투명한 핵을 보았으며, 이튿날에는 세포 분열로 해석할 수 있는 하나의 모습을 관찰했지만 그렇게 서술하지는 않았고 대신에 다음과 같이 말했다. "배아의 구형체는 상당히 자라서 원래의 크기의 두 배가 되었다. 핵은 길어지고 2개의 투명한 구형이 되며 곧이어 분리되고 서로로부터 떨어졌다." 3일째에는 포배기의 분열한 배아를 보고 생각하기를 이것은 단지 구형의 표면에 일련의 홈이 표면에서 안으로 들어간 것으로 생각하면서 다음과 같이 기술하였다. "배아에 상당한 변화가 일어나 전날과는 아주 다른 형태를 나타내었다. 주변은 5개의 엷은 엽으로 나누어지며 중앙은 주변보다 더 투명한 구형이고 표면은 불규칙하게 들어간 면을 보여주었다."

이 시기의 Limnaeus ovalis 배아는 프레보와 뒤마가 설명한 개구리 배아의 모습을 닮았다고 하였다. 그러나 두모르티어는 체절 형성 같은 것을 관찰한 것은 아니었다. 그의 관찰을 종합하면 세포는 세포로부터 나오지 않는다는 것으로, 다음 설명을 보면 알 수 있다. "그리고 하나의 중요한 현상이 일어난다. 1차 세포 안에서 2차 세포가 보이기 시작하고 매일 그 수가 증가하며 결국에는 1차 세포를 죽인다. 오직 이들의 벽만 남고, 후에 작은 관으로 된 네트워크로 전환된다." 논문의 결론에서 위험천만하게도

Conferva aurea에서는 단호하게 부정했던 세포가 비세포성 물질로부터 만들어진다는 결론에 거의 도달하였다. "배아의 첫 번째의 일반적인 조직을 형성하는 것은 구형의 표면으로서 이는 마치 바로 세포 내부 조직이 될 세포 내 축적된 물질의 표면과 같다. 용액이 고체화되면서 용액이 조직으로의 전환이 시작된다."고 하였다.

결국 두모르티어는 사상체 조류에서 보았던 세포 분열과 그때까지 보지 못했던 동물 세포의 분열에 대하여 잘 알려진 모델 사이에서 오락가락하고 있었다는 것을 다음의 글을 보면 알 수 있다.

> 우리들은 배아 발생 과정에서 두 가지 형태의 조직 발달을 보았는데 하나는 간에서 발견된 것으로 세포의 조직이 본인이 식물에서 처음 설명했던 것처럼 중앙선이 나오면서 자라는 것이고, 다른 하나는 표피 근육 조직에서 관찰되는 것으로 물이 솜의 안쪽으로 스며들듯이 안으로 향하면서 분열이 진행되는 것이다. 이것은 보르도(Bordeaux), 멕켈(Meckel) 그리고 다른 사람이 주장한 동물 조직은 단지 한 방법으로만 형성된다는 것을 뒤엎는 것이었으며, 사람들로 하여금 비샤와 그 그룹이 제기하였던 동물 조직은 한 가지 이상의 기작에 의해 형성된다는 것을 인식하도록 만들었다.

두모르티어는 다세포 생물에서 이분법이라는 획기적인 세포 분열 방법을 발견한 것뿐만 아니라 당시에 일했던 어떤 과학자들보다, 식물 세포에서 이루어진 관찰과 동물 세포를 가지고 연구한 사람들의 마음을 사로 잡았던 환상 사이의 큰 차이를 많이 설명하였기 때문에 중요한 위치를 차지한다. 앞에서 지적하였던 것처럼 이것은 현미경의 해상력 차이에 기인하는 것은 아니었다. 결국 두모르티어가 1837년 논문을 발표한 지 1~2년 내에 푸르키녜와 슈반은 진짜 동물 세포를 관찰하고 있었다. 두 사람이 이용한 현미경은 두모르티어가 사용한 것보다 더 좋았을지라도 이제 동물 세포도 현미경 관찰을 위한 적절한 실험 재료로 쓸 수 있게 된 것이 큰 발전이었으며, 이러한 기술은 후에 동물 세포들을 관찰하는 데 널리 적용되었다.

두모르티어의 예상은 실험식물학자인 몰의 훌륭한 업적으로부터 벗어나지 않았다. 몰의 선구자적인 연구가 사람들로 하여금 이해하는 데 어려움을 주었고, 심지어는 현학적이기도 하였지만 식물학에 대한 그의 기여는 대단한 것이었다. 세포 분열에 대한 1837년도의 그의 유명한 논문은 이전의 논문에 대한 비판으로부터 시작되었다. 두모르티어처럼 그는 세포가 녹말 과립, 엽록체 혹은 다른 과립으로부터 형성될 수 있다는 것과는 다른 견해를 가지면서, 이러한 주장은 완전히 근거 없는 추측에 불과하다고 생각하였다. 그가 주 비판 대상으로 삼았던 것은 미르벨의 연구였다. 몰은 미르벨이 주장한 세포 형성에 대한 모델을 부정하였으며, 그가 Conferva glomerata에서 스스로 관찰한 기작을 이용하였다. 일찍이 언급했던 것처럼 그가 관찰한 이분법은 주로 나누어지는 시점이었으며, 이것은 새로운 분열 가지를 형성하는 데 필수적인 역할을 한다고 하였다. 줄기의 가지는 항상 세포의 정단 부분에서 일어나 세포로부터 분리된다. 줄기와 붙어 있는 지점에서 분열 가지를 형성할 세포는 내부로 진행되어가는 원형의 좁아지는 링을 형성한다. 이러한 지점에서 세포의 녹색 내용물이 나누어지고 중앙을 관통하는 원형으로 분열하는 세포벽을 만들게 된다는 것이다.

이분법에 대한 논문들이 1837년에 나온 1년 후에, 언급은 하지 않았지만 몰은 분열하는 세포벽의 이중적인 성질에 대하여 바우처와 두모르티어의 관찰을 재확인하였다. 아마도 그는 두 개의 층으로 나누어지는 것에 대하여 처음으로 가장 정확하게 설명하였다고 생각된다. 또한 1839년 Anthoceros에서 포자 모세포의 분열에 대하여 기술하였지만, 1827년에 Cobaea scandens에서 꽃가루 과립의 형성을 정확하게 설명한 브로니아르(Adolphe Brogniart)의 연구나 1835년에 미르벨이 Marchantia에서 보인 유사한 관찰에 대해서는 언급하지 않았다. 당시에 몰은 Conferva glomerata뿐만 아니라 여러 다른 사상체 조류에서 세포 분열을 관찰하여 1845년에 그의 연구의 일부를 정리하여 발표하였다. 그는 또한 Callithamnion, Ectocarpus, Draparnaldia, Chaetophora 그리고 Zygnema와 같은 다른 종에서도 세포 분열을 관찰하였다.

몰이 결론에 도달한 것은 격리에 의한 세포 분열은 사상체 조류에서 드물게 나타나는 것이 아니라는 것이었다. 베이커는 이러한 결론을 매력적이지만 소심한 것으로 생각하였다. 그러나 필자가 생각하기로, 이것은 그 사람의 일과 특징을 잘못 해석한 것이다. 사실상 몰의 논문은 전혀 소심함

그림 29 몰(Hugo von Mohl, 1805~1872)

을 나타낸 것도 없으며, 슐라이덴이 1838년에 대단한 논문을 발표한 후에 몰은 세포 분열에 대하여 대체로 슐라이덴의 견해를 받아들였으며 1845년 후까지도 조건부이긴 하였지만 이러한 믿음을 견지하였다. 그는 포자 혹은 꽃가루 과립의 형성과 많은 하등한 식물에서 보았던 이분법 사이의 유사성에 대해서는 언급하지 않았다. 그는 여러 해 동안 고등 식물에서 세포 증식의 과정은 비세포성 물질로부터 새로운 세포가 만들어지는 것으로 믿었으며, 그가 오랫동안 사상체 조류와 그 밖의 다른 것에서 보았던 것이 하등한 생물에서 자주 나타나는 변이로 생각하였다.

몰은 식물학자들에게 특별히 관심 있는 여러 가지의 관찰을 많이 하였다. 그는 처음으로 닫힌 세포의 줄로부터 도관의 형성을 설명하였고, 식물의 세포벽을 세포막이 두꺼워지는 것으로부터 유도하였으며, 식물 섬유

그림 30 뒤자르댕(Félix Dujardin, 1801~1860)

소가 세포에서 나온다는 증거를 보여주었다. 하지만 그의 가장 중요한 업적은 식물의 즙과 세포 내용물은 다르다는 것이다. 이것은 초기의 논문에서는 혼동된 경향이 있었지만 1844년과 1846년의 논문이 발표된 후에는 명확히 정리되었다. 어떤 역사가들은 몰이 원형질을 처음 발견하였다고 공을 돌렸지만, 그가 원형질의 물질에 대하여 언급하지 않는 것은 실수라고 생각하였다.

1835년에 마침내 렌(Rennes)대학교의 동·식물학과의 교수가 된 뒤자르댕(Félix Dujardin)은 세포 내용물에 대하여 원형질을 프로토플라즘(protoplasm) 대신 사코드(sacorde)라는 용어를 사용하여 논문에 발표하였다. 뒤자르댕은 에렌베르크가 주장했던 원생동물의 일종인 적충류의 세포 내 소화 기관을 찾고자 했지만 실패하였다. 하지만 그는 이러한 생물들의 행동은 사코드의 성질로 설명할 수 있다고 하였다. 그는 다른 사람들에게 구형의 덩어리로 수축하고, 해부침에 묻어 점액처럼 붙어 나오는 살아 있는 젤리 같은 끈적끈적하고 투명한 물질로 물에 녹지 않는 이러한 것들을 사코드라고 이름 붙이자고 하였으며, 이것은 구조가 다른 모든 하등한 동물에서도 발견할 수 있다고 하였다.

뒤자르댕은 이러한 물질을 처음으로 자신이 발견하였다고 주장하지 않았으며, 단지 이 물질을 정의하고 이름을 붙였다. 몰은 이러한 사실을 참조하지 않았으며, 발렌틴이 같은 물질을 유조직으로 이름을 붙였다는 것도 언급하지 않았다. 발렌틴의 논문은 신경의 구성 성분을 다루고 있었는데, 신경 세포에서 그는 거친 과립의 원형 물질을 끊임없이 발견했다. 그는 "신경의 내용물은 항상 과립의 유조직으로 구성되어 있으며, 그 안에는 회적색의 작은 과립이 부드럽고, 거칠며, 투명한 응집력이 있는 세포 물질에 의해 둘러싸여 있다. 중앙 부분에는 원형 혹은 타원형의 핵이 있어 막으로 둘러싸여 있고 매우 밝은 내부를 가지고 있다."라고 하였다. 그러나 몰은 현재 거의 알려지지 않은 하티그(Hartig)라는 사람과 후에 세포 내용물을 설명하기 위해 만들어진 좀 덜 알려진 용어인 티코드(ptychode)를 언급하였다. 세포막을 설명한 후에 몰이 쓰기를 "나는 세포 내부 구조를 발견하였으며, 인동과의 Sambucus ebulus, 무화과(Ficus carica), 구주소나무(Pinus sylvestris)와 같은 쌍자엽 식물의 범주에서 이것을 원시낭(primitive sac, utriculus primordialsis)으로 이름 부르기를 제안한다. 내가 말했던 것은 하티그가 이러한 원시낭에 대하여 알고 있었으며 그것을 티코드라고 설명했다는 것을 인정하는 것이다."라고 하였다.

    그러나 1846년 수액의 이동에 관하여 쓴 논문에서 몰은 좀 더 특이적으로 원시낭에 대하여 명확한 이름을 부여하였다.

> 내가 이미 언급하였던 것처럼, 세포가 어디에서 만들어지든 이러한 끈적한 액체는 미래의 세포가 나타나는 것을 알리는 첫 고체 구조에 앞서 나타난다. 더구나 이러한 물질들은 핵과 원시낭을 형성하는 물질들로 구성되어 있다고 생각해야 하는데, 왜냐하면 핵과 원시낭은 매우 가까이 있고, 같은 방법으로 요오드에 반응하기 때문이다. 이러한 물질들의 조직화는 새로운 세포를 형성하기 시작하는 과정으로 생각하여야 한다. 따라서 본인이 생리적인 기능을 의미하는 이름을 정의하는 것이 정당하다고 생각하며, 본인은 프로토플라즘(protoplasm)이라는 용어를 제창하고자 한다.

    이와 같이 주장한 몰은 확실히 슐라이덴의 영향을 받았던 것으로 보인다. 몰은 당시에 자신이 원형질이라고 한 물질에 대하여 슐라이덴은 점액(Schleim)이라는 용어를 사용하였다고 분명하게 말하였다. 실제로 세포의 기본 상태를 설명하기 위한 원형질이라는 용어는 처음에는 푸르키녜가 1839년 강의에서 처음 사용한 것으로 보이는데, 1840년에야 인쇄되어 실레시아 국립문화학회(Silesian Society for National Culture)에 보내졌기 때문에 몰이 이것을 몰랐다고 하는 것이 옳을 것이다. 뒤자르댕처럼 몰도 원형질을 자신이 발견하였다고 주장하지 않았다. 뒤자르댕뿐만 아니라 존(Jones)과 쿠칭(Kützing)을 포함하는 여러 사람들이 이미 원형질에 대하여 설명하였는데, 존은 히드라에서 원형질을 반액체 상태의 알부민과 같은 물질로 기술하였고, 쿠칭은 원형질에 대한 이름으로 발렌틴이 주장한 유조직을 사용하였다. 하지만 쿠칭은 유조직은 단지 조류의 일부에서만 나타나며, 유조직을 세포벽의 내부 표면을 둘러싸고 있는 특성화된 층으로 생각하였다. 쿠칭은 유조직을 또 다른 이름인 아밀리드젤레(Amylidzelle)라고 불렀고, 네겔리는 세포벽의 내부 표면에 붙어 있는 점액층을 발견한 사람으로 쿠칭의 용어에 강하게 반발하였지만 큰 반응을 얻지 못했다. 하지만 푸르키녜가 처음으로 제시하였고, 몰이 재창조한 원형질을 뜻하는 프로토플라즘의 이름은 곧 독일 과학자들 사이에서 원형질을 뜻하는 것으로 받아들여졌으며, 오래 되지 않아 거의 모든 사람들이 사용한 반면, 뒤자르댕이 붙인 원형질 이름인 사코드는 곧 어둠 속으로 사라져 버렸다.

제8장

세포핵의 발견

핵의 구조와 기능의 이해 없이는 유전 형질의 전달 기작을 설명할 수 없기 때문에 세포핵의 발견은 세포 자체의 발견에 버금간다고 할 수 있다. 대부분의 교과서에서 핵을 레벤후크가 발견했다고 설명하고 있으나, 이는 추정일 뿐 확실치 않다. 레벤후크가 훅에게 1682년 3월 3일에 보냈으며, 왕립학회의 공문서에 원본이 보관되어 있는 또 다른 서한에서 타당성 있는 구절을 찾을 수 있다. 이 내용을 살펴보면 다음과 같다.

> 따라서 나는 대구와 연어의 혈액을 관찰하게 되었고, 역시 구형 구조물 외에는 다른 어떤 것도 발견할 수 없었다. 자세히 관찰하여 보았지만, 일부 구형 구조물은 작은 공간에 둘러싸여 있는 것처럼 보였고, 약간 떨어져 투명한 고리가 이를 둘러싸고 있었으며, 이 고리는 다시 천천히 그림자를 드리우는 모양체에 둘러싸여 있었다. 최선을 다해 〈그림 5〉에 표현하였지만, 이러한 구형 입자의 구조는 어디가 어디인지 구분할 수 없있다. 한편 다른 혈구로부터 크기는 처음 이것보다는 훨씬 작지만 3, 4, 5, 6, 심지어는 8개까지 존재하는 구형 구조물을 확인할 수 있었다. 위에서 언급한 어류의 혈액을 가지고 2분 이상 지체하지 않은 상태에서 이와 같은 현상을 관찰하였다. 가오리를 제외한 나머지 어류는 온전히 살아 있는 상태로 유지할 수 있지만, 현재는 날씨가 추운 겨울이기 때문에 여름의 포근한 때에 관찰을 재개하려 한다.

레벤후크의 설명은 확실치 않지만, 그의 모든 서신을 편집한 편집자들은 서신의 귀퉁이에 '세포핵의 발견'이라고 단언하고 있다. 의심할 여지 없이 레벤후크가 언급한 〈그림 5〉는 물고기 적혈구 세포의 그림이며, 누구나 핵이라 말할 수 있는 중앙 구조물을 지니고 있다. 그러나 레벤후크는 적혈구 세포에서 다른 종류의 작은 구형 구조물도 발견하였는데, 이것은 혈액을 섭씨 43~45도에서 가열할 때 핵 주위에 형성된 액포라고 그의 서신 편집자들은 간주하고 있다. 그러나 레벤후크는 그의 관찰이 겨울에 이루어졌고 추웠다고 언급하므로, 어떻게 섭씨 43~45도라는 온도에 이르렀는지 분명하지 않다. 단순한 렌즈를 통과한 사각의 빛에 의해 발생한 열로 인해 표본의 온도가 이 정도까지 오를 수는 없을 것이다. 더군다나 동일한 서신에서 레벤후크는 간세포의 '구형 구조물'에 관해서도 기술하였지만, 편집자들은 이것이 무엇인지 모른다고 말하고 있다. 사실 이미 언급했지만 레벤후크는 모든 세포에서 이러한 구형 구조물을 관찰하였다. 어쨌든 최신의 광학 현미경 하에서 고정하지 않고 염색하지 않은 물고기 적혈구에서도 핵을 관찰할 수 있지만, 혈액 색소가 많은 세포에서 핵을 관찰하였다는 사실은 믿기 어렵다. 물론 레벤후크가 관찰한 혈액 속에 미성숙 세포나 색소를 약간 잃어버린 세포가 포함되어 있을 수 있다. 그러나 물고기의 적혈구보다 훨씬 큰 개구리의 적혈구를 관찰했을 때, 그는 세포 내부에서 구형 구조물을 관찰할 수 없었고 단지 중앙부의 투영만을 기술하였다.

약 150년 뒤에 프레보와 뒤마가 기술한 다른 종의 적혈구 세포를 분석한 결과에 의하면 레벤후크의 관찰은 더욱더 의심스럽다. 적혈구 세포를

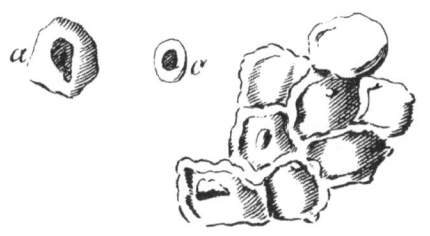

그림 31 폰타나가 그린 뱀장어 피부의 상피세포(a: 고배율, c: 적혈구).

보여주는 훌륭한 사진에 의하면, 중앙 구조물이나 투영은 핵이 존재하지 않는 사람의 적혈구 세포를 포함하여 모든 적혈구에서 나타난다. 단지 가장 작게 도해한 염소의 적혈구에서만 중앙 구조물이 없을 뿐이다. 중앙 구조물 혹은 투영은 도롱뇽과 개구리의 큰 구형 적혈구에서는 확실하지만, 핵이 소실된 사람 적혈구 세포에도 존재한다는 사실로 보아 초기 관찰은 광학적 착시를 본 것일 수도 있다.

폰타나의 관찰에서도 유사한 의문이 제기된다. 폰타나는 뱀장어 껍질의 피질을 형성하는 다량의 구형 구조물에 대한 산학를 보여주고 있다. 이들은 매우 작은 입자로 채워진 것처럼 보인다. 약간 건조된 표본으로부터 얻은 구형 구조물을 보여주는 그림에서, 작은 입자는 각각의 구형 구조물 내의 여기저기에서 나타난다. 이러한 구형 구조물의 하나를 확대할 경우 중앙 구조물이 보이며, 그들의 크기를 대략적으로 비교하기 위하여 적혈구 소체를 나란히 배열하였다. 그러나 적혈구 소체 역시 중앙 구조물을 지니고 있으며 불행하게도 이것이 어디에서 유래하였는지는 알 수 없다. 타원형이 아닌 것으로 보아 뱀장어에서 유래된 것은 아닌 것 같다. 만약 폰타나가 사람의 적혈구 세포를 이용하였다면 이 세포에서 보이는 중앙 구조물은 허상일 것이다. 이렇듯 뱀장어 피부에서 얻은 표피세포의 도해는 확실하다. 표피세포는 특히 약간 건조되면 납작하게 되었을 것이고, 이에 따라 사람의 적혈구 세포에서 자주 나타나는 광학적 착시 현상은 일어나지 않는다. 어쨌든 현대적 관점에서 볼 때 그 그림은 전형적인 표피세포임에 틀림없다. 이러한 논점이 받아들여진다면, 폰타나는 혈액의 적혈구가 아닌 다른 세포에서 핵을 처음 기술한 사람이다.

프란츠 바우어(Franz Bauer) 또는 프란시스 바우어(Francis Bauer Esq. FRS)는, 그 당시 오스트리아령이었으나 후에 체코의 발티체(Valtice)가 된 펠츠베르크(Feldsberg)에서 태어났다. 그와 그의 동생 페르디난드(Ferdinand)는 식물학의 창시자로 상당한 평판을 받았으며 둘 모두 영국의 식물학자들과 긴밀한 관계를 맺고 있었다. 바우어는 1791년 유럽의 식물에 대한 도해를 시작하여 1798년에 완성하였다. 이러한 도해들은 그 당시 왕립학회 회원들에게 잘 알려졌고, 이는 현재 이러한 수장품 중 가장 유명한 종류의 하나이다. 그러나 수장품의 서문에 1837년 12월로 쓰여 있는 것으로 보아 1830~1838년도까지 출판되지 못한 것 같다. 브라운(Robert Brown)이 처음으로 핵을 현대적으로 명명한 그의 유명한 논문에서 바우어의 초기 관찰을 인용한 것으로 보아, 바우어는 핵에 대해서 이미 알고 있었음에 틀림없다.

바우어가 세포핵에 관심을 나타낸 도해는 1802년에 그린 스케치에서 볼 수 있다. 이것은 Bletia Tankervilliase(난초과 식물)의 기공과 기공 표면의 해부학적 모습을 나타낸 것이다. 도해에 곁들여진 본문에는 다음과 같은 문장이 포함되어 있다.

> 기공은 내부에 지니고 있는 물질을 방출하며, 기공의 구멍을 둘러싸는 망상 조직은 서로 분리할 수 있는 느슨한 장방형의 몸통에 말단이 위로 향해 있는 세포 집단으로 되어 있다.
> 일부 동일한 몸통을 200배 확대하였다. 이들은 매우 투명하며, 느슨한 망상 구조를 이루는 종피의 중간에 위치한 난초의 어린 종자처럼 보이는 불투명한 녹황색의 하나, 둘, 혹은 세 개의 작은 구형 알맹이를 지닌 장방형 혹은 방추상의 소세포 모양으로 되어 있다.

바우어는 그가 관찰한 '녹황색 작은 알맹이'가 무엇인지 설명하지는 못하지만, 그의 도해에 나타난 8개의 세포 중 6개는 확실히 하나의 핵을, 1개는 2개의 핵을, 그리고 나머지 하나는 3개의 핵을 지니고 있다. 핵을 지니고 있지 않은 세포는 하나도 없다. 또한 바우어는 기공 구멍 위쪽 표면을 경선 절단함은 물론, 구멍의 밀집 점액질 표면을 횡절단함으로써 세포 내의 핵을 보여주고 있다. 100배와 200배 확대한 세포와 수중에서 관찰한 세포에서 분명하게 핵이 보인다. 바우어는 그의 도해에 근거하는 한 세포의 일상적인 특징으로 핵을 다루고 있으며, 하나 이상의 조직에서 핵의 존재를 기록하였다. 그러나 도해에 곁들여진 본문은 부실하다.

브라운의 논문은 1833년에 출간되었지만 1831년 11월 1일과 15일에

그림 32 브라운(Robm Brown, 1773~1858)

린네학회에서 발표된 바 있다. 그 당시 그는 영국 박물관의 식물 수장품 관리인이었으며 후에 린네학회의 회장이 되었다. 브라운은 바우어가 한 것보다 훨씬 더 많이 핵에 관한 연구를 하였지만, 베이커와 많은 후임 역사가들의 단언과는 달리 그는 핵이 모든 세포에 존재한다고 주장하지 않고 있다. 상반되는 내용을 인용하면 다음과 같다.

> 이와 같은 세포핵은 난초과(Orchidae)에 국한되는 것이 아니라 수많은 다른 단자엽 식물에서도 동일하게 나타나며, 몇 건에 불과하지만 심지어 쌍자엽 식물의 표피에서도 관찰되었다. 1차 분열이긴 하지만 화분의 초기 발생 단계에도 존재한다고 말할 수 있다. 단자엽 식물 중에서도 나리과(Liliaceae), 원추리과(Hemerocallidae),

수선화과(Asphodeleae), 붓꽃과(Iridase) 및 닭의장풀과(Commelinease)에서 좀 더 명확하게 보인다.

그러나 브라운은 바우어가 도해한 Bletia Tankervilliase의 세포는 그가 관찰한 것 중 유일하게 하나 이상의 핵을 지녔다는 점을 강조한다. 브라운은 핵이 중요한 기능을 할 것이라 확신하였지만 보편적이며 필수 불가결한 기능을 가질 것이라 예측하지는 못한 것 같다. 물론 그는 이러한 것을 발견했다고 주장하지도 않았다. 바우어의 업적을 제외한 채 그는 핵에 대한 마이엔, 푸르키녜 및 브로니아르의 이전 업적을 인용하고 있다. 따라서 우리는 그가 선택한 '핵(nucleus)'이란 이름을 지금도 쓰고 있다.

명명에 관한 역사는 항상 합리적이지는 않다. 브라운은 다음의 문장에서 'areola' 대신에 처음으로 '핵'이란 용어를 제시한다. "아마도 핵이라 명명하여야겠지만, 이러한 areola 혹은 핵은 표피에 국한되지 않으며, 특히 큰개불알꽃(cypripedium)에서와 같이 마디로 된 겉 표면의 연모에서뿐만 아니라, 특히 구형 구조 물질의 축적이 없는 유조직이나 조직의 내부 세포에서도 종종 관찰할 수 있다." 그는 그의 논문 전반에 걸쳐 'areola'와 '핵'이란 용어를 혼용하고 있다. 왜 '핵'은 살아남고 'areola'는 사장되었는지 설명하기는 어렵다. 아마 라틴어 어원으로 '핵'은 어떤 단단함을 내포하는 것과 관련 있는 반면, 'areola'는 텅 빈 공간을 의미하기 때문이 아닌가 싶다. 그러나 브라운이 논문을 쓸 당시 핵이 단단한지 소포 모양인지 알지 못했다. 그럼에도 불구하고 '핵'이란 용어는 영국과 프랑스 저술에 빠르

그림 33 바그너(Rudolf Wagner, 1805~1864)

게 파급되었고, 독일에서는 다른 용어인 'Kern(인, 씨알맹이)'이 자주 사용되었다. 달걀에서의 배아 소포(vesicular gemination)에 관한 푸르키녜의 발견은 바우어보다는 뒤이지만 브라운보다는 앞선 1825년에 이루어졌다. 이 발견과 세포핵 이론과의 연관성은 다음 장에서 좀 더 자세히 논의한다.

이제 세포핵 내의 인(nucleolus)의 발견에 대해 알아보자. 비록 1830년대에 핵을 관찰한 일부 현미경학자들은 인의 존재를 이미 알고 있었을지도 모르지만, 이 세포 내 소기관에 대한 최초의 정확한 기술은 제5장에서 논의한 바와 같이 1835년 바그너에 의해 이루진 것 같다. 바그너는 양의 그래피언 여포(Graafian follicle)를 관찰하면서 알의 배아 소포 내부에 노란색으로 굴절하는 어두운 반점을 감지하고 "한때 나는 한 개가 아닌 두

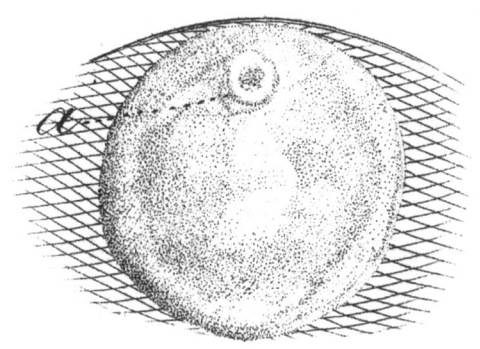

그림 34 바그너가 그린, 세포핵 안 인의 삽화

개의 서로 가까이 놓여 있는 작은 반점을 본 적이 있다."라고 기술하였다. "나는 이 반점을 다른 동물에서도 관찰하였으므로 이 반점에 주의를 기울였다. 나는 아직도 이것이 모든 척추동물에 항상 존재하는 것인지 확신할 수 없지만 누군가가 주머니쥐(Phalangium opilio)에서도 관찰했다면 명백해질 것이다." 실제 인은 이 논문에 곁들여진 도해의 여러 그림에 명확하게 제시되어 있다.

바그너는 '반점'이 항상 존재하는지에 대해서는 자신 없었지만 이에 대한 이름을 제시한다. "이 반점은 적어도 포유류에서 항상 존재한다고 믿고 있으며, 이를 배아 반점(macula germinativa)이라 명명한다." 그는 부록에서 그때까지 인이 발견된 여러 동물들의 이름을 열거하고 있다. 인의 기능에 관한 한 바그너는 인은 배아 소포 발생의 기원이나 첫 단계에 해당되며 종국적으로 배엽이 된다고 요약하였다. "배아의 첫 번째 징후는 배아 반점이다. ⋯ 나는 분명히 배아 반점으로부터 형성되는 배엽을 관찰하였다." 인을 세포 형성의 중심으로 간주한 점으로 볼 때, 바그너는 슈반이 제시했던 틀린 모델의 주체 중 하나가 인이기를 열망한 것 같다.

그 당시에 이용할 수 있었던 현미경은 핵과 인의 발견과 함께 광학적 한계를 나타내었다. 더 이상의 자세한 구조 분석이 불가능하였으며, 이따금씩 모호한 추측을 제외하고는 기능 분석 면에서 한 치의 진전도 이루어지지 않았으며 염색체가 발견될 때까지 기다려야만 했다.

제9장

조직학의 요람

푸르키녜는 그의 명성이 업적에 비하여 과소평가된 과학자들 중의 한 사람이다. 그 이유는 과학적인 면보다는 정치적인 면 때문이었다. 이와 같은 사실을 고려할 때, 나는 그의 이름을 독일어보다는 체코슬로바키아어로 사용한다. 이는 세포설의 전통적인 역사 서술에서, 그의 개인적인 업적과 제자들의 공헌을 고려할 때 그가 중요한 인물임을 반드시 주목해야 하는 이유를 설명하기 위함이다. 푸르키녜의 업적이 상대적으로 소홀하게 다루어졌던 이유는 매우 복잡하다. 19세기에 독일어가 지배한 문화적 환경에서 체코슬로바키아의 민족주의자들은 불편한 위치에 놓여 있었다. 그때 베를린에서 뮐러와 그의 학파, 그리고 브레슬라우에서 푸르키녜와 그의 제자들 사이의 개인적인 대립으로 인하여 베를린과 브레슬라우 간에 대립이 있었다. 이것은 뮐러와 그의 제자들이 과학 업적을 지나치게 선택적으로 인용하였기 때문이다. 뮐러는 독일 생리학 분야에서 우위적 위치를 점유하게 되었고, 바로 다음에 이어지는 독일 과학자들의 대부분은 그가 주장했던 것들을 추종하였다. 그에 내린 가장 결정적인 요인들 중의 하나는 뮐러가 자신의 출판물에서 푸르키녜의 업적은 소홀하게 다루면서도 슈반의 학설에 대해서는 대단히 중요하고도 열정적으로 다루고 있다는 것이다.

1620년 화이트 산(White Mountain) 전투에서 패배한 이래 보헤미아(Bohemia) 사람들은 날로 증가하는 독일화 조류에 휩싸이게 되었다. 그 후 2세기 동안 체코어를 사용하는 사람들은 점진적으로 하류로 전락하게 되었고, 상류 계급과 하류 계급은 기본적으로 독일어를 사용하느냐, 체코

그림 35 푸르키녜(Jan Evangelista Purkyně, 1787~1869)

어를 사용하느냐에 따라 구분되었다. 1348년 찰스 4세에 의하여 체코, 독일 그리고 폴란드에 설립된 프라하대학교는 1787년까지 전적으로 독일어만을 사용하였다. 그러나 18세기 말 체코의 민족주의 운동이 일어났고, 19세기의 문화 투쟁을 통하여 체코어를 사용하는 지식인층이 생겼다.

독일 문학에 매료되어 있던 푸르키녜는 이 문화 투쟁이 낳은 한 인물이었다. 그는 에델 지방에 있는 리보코비체에서 태어나 모라비아의 니콜스버그에 있는 피아리스트 재단의 소년 성가대원으로 초기 교육을 받았다. 그는 리도미슬에서 교육자로서 생활하다가, 오델을 떠나 프라하대학교에서 의학과 철학을 수학한 후, 1819년 의학박사 학위를 받았다. 1819년 이후부터 그는 그 대학의 해부학 연구기관에서 조교와 검시 해부자로 근무하였고, 1823년에 브레슬라우대학교(University of Breslau)에서 생리학과 병리학의 주임교수가 되었다.

　브레슬라우는 실레시아(Silesia)에서 독일 지배의 전초지였다. 비록 이 도시는 정치적으로나 문화적으로 독일의 한 도시였지만, 이 도시에는 폴란드 사람이 많았고, 동서를 잇는 경제적 중심지로서 다른 많은 소수인종들이 정착하여 살고 있었다. 브레슬라우대학교는 베를린대학교 개교 1년 후 설립되었고, 과학 및 인문 분야에서 우수한 교수 요원을 확보하고 있었다. 그리고 이 도시는 새로 설립된 대학에서의 지적 성취에 대한 긍지와 강한 지방적 자부심으로 문화적 측면에서 괄목할 만한 성장이 이루어졌다. 폴란드에 근접한 곳과 폴란드 하류 계층이 사는 곳에서 독일어를 사용하는 집단 내에 강한 튜틴족(Teutones, 게르만 민족의 한 부족)의 특유한 애국심이 생기게 되었다. 그러나 이것이 브레슬라우대학교와 베를린대학교의 경쟁에 영향을 주지는 않았다. 따라서 푸르키녜는 브레슬라우에서는 주임교수로서, 독일에서는 생리학 연구 기관의 창시자로서 그 자신을 깨닫게 되었다. 1850년 그는 해부학과 생리학 교수로서 프라하에 돌아와 체코의 국가 부흥에 적극적으로 참여하였고, 체코어로 그의 연구 업적을 저술하였다. 체코인들은 그의 이와 같은 업적을 높이 평가하였지만, 그의 구체적인 연구 내용을 알지는 못했다.

　여러 해 동안 푸르키녜가 독일인들에게 체코인으로 보였다는 사실은 그가 독일에서 과학적 명성을 유지하는 데 도움이 될 수가 없었다. 그러나 그는 19세기 미세해부학 분야의 주된 공헌자로서, 그리고 세포설에 대한 선구자의 한 사람으로서 그의 위치를 회복하기 위하여 진지하게 노력하지 않았다. 1927년에 스투드니치카는 브르노대학교(University of Brno)에서 조직학에 대한 푸르키녜와 그의 학파의 공헌, 특히 동물 세포의 발견에 대한 그의 자세한 연구를 발표하였다. 이것은 자연과학 연구 모라비아 협회의 회보에 실렸으며, 그의 사망 100주년을 맞아 1969년 프라하에서 개최된 학술대회에서 푸르키녜에 관한 가치 있는 정보의 원천으로 이용되었다. 이 학술대회는 크루타(Kruta)가 주관하였고, 체코슬로바키아 과학원이 후원하였다.

비록 한 숙련된 미시학자였던 마이엔이 복합 현미경의 정확성에 대하여 1836년에 예견했었지만, 1830년대 특히 1830년대 후반기 동안 광학기기 분야는 기기의 개량과 사용 기술의 향상으로 질적으로 현저한 변화를 가져왔다. 푸르키녜는 단지 확대경만을 사용하여 계란을 관찰하고도 배낭(germinal vesicle)을 발견하였다. 푸르키녜는 이것을 1825년 브레슬라우 의학협회가, 괴팅겐대학교 교수이자 당대 최고의 자연주의자였던 브루멘바흐(Johann Friedrich Blumenbach)의 졸업 15주년을 기념해 발간한 문집에 기고하였다. 「배낭의 발생에 관하여」라는 주제로 기고한 논문에는 다음과 같은 내용이 있었다. "그리고 안쪽 표면에 반투명한 소포가 보이는데, 이는 약간 돌출되었으며, 성숙란에서 능구를 형성할 흰둥근 물질인 얇은 테두리에 의하여 에워싸여진다. … 그 소포의 견고성은 참으로 매우 섬세해서 더 작은 난들에서 이것은 약간만 건드려도 마치 물방울과 같이 터진다." 푸르키녜는 배낭역의 존재를 인지하였을 뿐만 아니라 그 섬세한 소포 구조를 밝혔다. 그러나 그는 이 소포가 난이 성숙할 때 사라진다고 믿었다. 「배낭의 이행성에 대하여」라는 제목에서 그는 다음과 같이 기술하였다. "첫 번째 장소에서 만일 난황을 지지하는 것을 제거하면 전에 기술되었던 소포를 어디서도 발견할 수 없을 것이다." 푸르키네의 배낭은 후에 논의할 폰 베어와 코스테의 견해에서 발견할 수 있다.

폰 베어는 1829년 출판한 그의 저서 『동물들의 발생에 대하여(*Über Entwickelungsgeschichte der Thiere*)』의 서론에서 푸르키네가 그 주제를 대부분 철저히 규명했다고 극찬하였다. 푸르키네와 그의 제자들은 배낭을 1개의 전세포로 생각했으며, 1개의 세포핵으로는 생각하지 않았다. 그는 다른 많은 동물 세포들에서 보았던 이 소포와 핵 사이의 유사성을 한 번도 찾아내지 못했다. 푸르키네가 배낭을 발견한 후 거의 10년이 지난 1834년 베른하르트(Adolph Bernhardt)라는 그의 폴란드 학생은 포유류 난자에서 푸르키네 소포와 유사한 구조물을 기술하는 박사학위 논문을 제출하였다. 그 소포는 그 세포의 핵에 상응할 수 있을지도 모른다는 생각을 갖게 하였다.

1832년 푸르키네는 비엔나의 플뢰슬(Simon Plössl)이 제작한 새로운 복합 현미경을 이용하여 동물 조직에 대한 체계적인 연구를 시작하였다. 거의 같은 때에 베를린에서 뮐러는 플뢰슬 현미경으로 유사한 문제를 해결하는 데 전력을 다하였다. 푸르키네 제자들 중 가장 뛰어난 발렌틴은 1836년에 베를린의 피스톨(Pistor)과 쉬크(Shiek)가 제작한 새로운 현미경으로 더욱더 정밀하게 관찰하게 되었다. 푸르키네는 출판에 크게 신경을 쓰지 않았다. 반면 뮐러의 제자들인 슈반, 헨레(Henle) 그리고 피르호

(Virchow)들은 많은 관심을 끄는 책들과 연구 논문들을 출간했고, 개관 논문집들을 선전하기도 하였다. 반면 푸르키녜 그룹은 이전의 관찰 결과들을 주로 학위 논문, 혹은 강연과 단신으로 실었다. 일부 경우 푸르키녜는 그의 이름을 넣는 것이 필요한 학위 논문 출간 시에 자신의 이름을 넣지 않기도 하였다. 푸르키녜는 저자가 자신이 양성한 브레슬라우 학파의 일원이라고 알려진 것으로 충분하다고 생각했기 때문이다.

스투드니치카는 푸르키녜 제자들의 학위 논문들을 연구하였고, 세포설에 대하여 그들이 공헌했던 중요한 사항들 중 다음 것들을 열거하였다. 1833년 벤트(Alphons Wendt)는 사람 피부에 관한 박사학위 논문을 제출하면서, 피부는 과립 구조를 갖는다고 보고하였고, 그 심층에 독특한 과립들이 존재한다고 설명하였다. 이 과립들 내에는 더 작은 과립들이 있었고, 그가 핵을 갖고 있는 세포들을 관찰하고 있었다는 것은 분명한 것 같다. 벤트는 후에 전부는 아니지만 많은 동물 조직들에서 그와 같은 과립들을 기술하였다. 이때 도이치(Carolus Deutsch)는 푸르키녜와 함께 경골에서, 푸르키녜가 전에 연골에서 발견한 구조물과 같은 경골 소체(Knochen-Körperchen)를 발견하고 기술하였다. 이 연구에서는 탈회한 경골로부터 절편들을 만드는 새로운 기술을 사용하였다. 헨레는 1841년 그의 저서에서 "경골에 대한 연구의 새로운 기원이 푸르키녜가 지도한 도이치의 학위 논문에서 기술되었고, 푸르키녜가 고안한 탈회 기술이 소개되기 시작하였다."고 언급하였다. 따라서 베를린 학파는 브레슬라우 학파의 공헌을 잘 알고 있었다. 도이치가 관찰한 경골의 소체는 그에게 식물 세포들을 생각하게 한 것이 아니라 오히려 적충류를 생각하게 하였다. 이것은 도이치가 매우 잘 알고 있던 오켄의 관점을 모방한 것이다. 그러나 라슈코프(Isacus Raschkow)는 동물과 식물 세포들의 특징을 비교했다. 라슈코프는 1835년 브레슬라우에 있는 의학협회에 제출한 논문인「포유류 치아의 발생에 관한 연구」에서 처음으로 치아에서 치질, 에나멜질, 시멘트질의 발생을, 그리고 치아 유두의 상피에서 식물 세포의 유조직에 있는 세포들과 매우 닮은 낭알(Körnchen)이 있다는 것을 기술하였다.

라슈코프의 관찰에는 2가지 중요한 점이 있다. 첫째, 푸르키녜는 조직학자로서 초기부터 동물과 식물 세포 사이에 유사성이 있다는 견해를 갖고 있었다. 그리고 그의 견해를 발렌틴과 논의하였고, 발렌틴은 그 내용을 1834년 프랑스의 연구 기관에 제출하여 상을 받았다. 1836년 발렌틴이 작성한 보고서의 첫 권에 이 내용이 요약되었다. 제2의 관점은 과립(Körnchen)이라는 낱말을 사용한 것이다. 푸르키녜와 그의 제자들은 일반적으로 세포를 과립으로 기술하였다. 그러나 푸르키녜는 이 용어에 아주 충실하게 집착했던 반면, 그의 제자들의 논문에서는 특히 '소체(Körperchen)', '작은 공(Kügelchen)' 그리고 '세포(Zelle)'의 용어를 혼용하였다. 스투드니치카는 푸르키녜가 '과립'이라는 용어를 우선적으로 선택하여 사용한 반면, 슈반은 '세포'라는 용어를 사용하였다. 스투드니치카에 따르면 '세포'라는 용어는 기본적으로 내부가 비어 있는 것을 의미하기 때문에 세포벽에 주의를 끌게 하는 것인 반면 '과립'이라는 말은 세포 내부에 주의를 끌게 하는 것이다.

19세기 초반 과학자들에게는 '세포'와 '과립'이 함축하는 정확한 의미를 설정하는 것이 어려웠다. 그러나 스투드니치카가 구분했던 것은 상당히 왜곡된 것처럼 보인다. 뒤자르댕은 이미 1835년에 세포 내에 반고형성 내용물에 대하여 '육질'이라고 이름을 붙였다. 그러나 슈반은 결국 세포 발생에서 없어서는 안 될 중요한 역할을 하는 것을 핵이라고 하였다. 더욱이 발렌틴은 유미 양서류의 한 종류(Proteus anguineus)와 표피세포를 예로, 완전한 반고형의 '과립'을 기술하기 위하여 '세포'라는 말을 사용하였다. 그리고 그는 '과립'은 '세포' 내에 핵을 기술하기 위하여 '핵(Kern)'이라는 말을 사용하였다. 더욱이 라슈코프는 만일 과립(라틴어에서 그가 cellulae라고 부름)에 압력을 가한다면, 그것은 터져서 림프와 닮은 액을 방출한다고 언급하였다. 물론 고전적인 라틴어에서 세포(cellula)라는 말은 어떤 것을 넣을 수 있는 내부가 비어 있는 것을 의미하며, 종자(Korn)라는 말은 생명이 소생할 수 있는 고형체를 의미한다. 그러나 19세기 과학에서 이 어원학적 미묘한 차이들이 있었는지 여부는 의심스럽다. 어떤 경우 슈반은 라슈코프와 푸르키녜가 기술했던 '과립'이 그가 관심을 가졌던 '세포'라고 하였다. 1836년에서야 또 다른 논문이 브레슬라우에 있는 학술원에 제출되었다. 이 시기가 맥카우어(Mauritius Meckauer) 시대이다. 이 논문은 「연골의 내부 구조에 대하여」라는 제목이었다. 맥카우어는 그가 소핵과(acini)라고 불렀던 연골세포들의 대하여, 그리고 그가 중앙 소핵과(acini centrales)라고 불렀던 것들이 함유하고 있는 핵에 대하여 정확히 기술하였다. 연골세포는 앞서서 기술하였으나 그들의 핵을 표현하는 것은 처음이었다. 맥카우어는 역시 세포 내 연골 기질을 서술하기 위하여 기질(substantia fundmentalis)이라는 말을 도입하였다.

발렌틴(1810~1883)의 연구는 푸르키녜의 다른 제자들의 연구와는 다른 범주에 속한다. 발렌틴은 다방면에 걸쳐 연구했으며 그는 푸르키녜의 제자이긴 했으나 브레슬라우에 있는 동안 어느 정도의 독립적인 지위를 얻었고, 대부분의 그의 저서에서 언급되었듯이 제자로서보다는 오히려 공동 연구자로 분류되기 때문이다. 그의 저서 『발생학(*Handbuch der Entwickelungsgeschte*』(1835)에서 발렌틴은 많은 조직, 예를 들어 난소, 비장, 뼈, 망막의 색소층 등에서 '곡식 낱알' 혹은 '작은 공'과 같은 것이 있으며, 그것들이 조류나 포유류보다 양서류와 어류에서 더 크다는 것을 기술하고 있다. 그는 종종 푸르키녜에 대해 언급은 하나 보통은 '푸르키녜와 나'에 의하여 이루어졌다는 식으로 기술하고 있다. 그는 또한 내이 미로의 연골 조직이 "세포성 식물 조직과 거의 유사한 아름다운 육면체의 기둥으로 되어 있고, 거기에는 작은 구형의 입자들이 존재한다."고 언급하였다. 식물과 동물 조직 간의 유사성을 누가 먼저 발견했는가에 대하여 발렌틴은 슈반과 경쟁 관계에 있으나, 이 우선권 논쟁에서 발렌틴이 자신을 대변하기 위하여 인용한 것 중에는 파리 수상 논문이 포함되어 있지 않았다. 이 논문의 첫 필사본은 4절지로 1,000여 쪽이나 된다. 프랑스 학술원은 출판을 위해서 양을 줄일 것을 요구했고, 두 번째의 필사본이 완성되는 데 3년 이상이 소요되었으며, 300여 쪽에 달하는 필사본은 1838년 1월에 만들어졌다. 그럼에도 불구하고 이것은 출판되지 않았다. 푸르키녜 자신

그림 36 발렌틴(Gabriel Gustav Valentin, 1810~1883)

과 발렌틴이 슈반보다도 세포설을 먼저 발견했다는 증거로서 이를 인용했던 푸르키녜는 1840년에는 이 논문이 출판될 것으로 예상했으나, 1963년 힌체(Erich Hintzsche)가 요약본과 비평을 『베른 의학·생물학 역사학회 회보(Bernese Transactions of the Society for the History of Medicine and Biology)』에 실을 때까지 출판되지 않았다. 이 논문 제목은 「식물과 동물에서 조직 발생의 비교 연구」이다. 슈반은 한 논저에서 발렌틴의 『발생학』을 인용하면서 동물과 식물 세포는 형태학적인 점에서만 유사하다는 발렌틴의 관점에 혹평을 가했으나, 파리 수상 논문에 대해서는 언급하지 않았다. 슈반의 비평이 나올 때까지도 이 논문은 출판되지 않았지만, 출판을 위해 학술원을 설득하려고 애썼던 훔볼트의 명성을 기대한 것을 감안하면, 슈반이 이 논문에 관하여 알지 못한 것으로 보이지는 않는다. 힌체는 발렌틴이 자신이 먼저라는 주장을 뒷받침하기 위하여 파리 수상 논문을 언급하지 않은 이유는, 그가 이 논문의 2판을 쓸 때까지도 슈반이 주장했던 동물과 식물 세포의 유사점에 대한 보편성을 받아들이지 않았다는 증거라고 말한다. 또한 아마도 아직 출판되지 않았고, 첫판이 출판되지 않을 것을 알았기 때문에 인용하지 않았을 수도 있다. 어쨌든 몇몇 식물과 동물 세포 사이에 유사점이 있다는 발렌틴의 생각은 슈반의 미세구조론보다 시간적으로 많이 앞선다는 것은 명백하지만, 발렌틴이 슈반과 같이 극적인 일반화의 형태로 그의 연구 결과를 펼치지는 않았다. 그러나 그의 우선권에 대한 주장이 어느 정도는 정당하다는 결론을 피하기는 어렵다.

  발렌틴의 말초 신경, 중추 신경계, 그리고 맥락막의 망상 조직에 대한 관찰 결과는 특히 흥미롭다. 그는 무척추동물의 신경계를 포함한 다양한 신경계에서 '커다란 구형의 물체'를 관찰했다. 이것은 다음 문구에서 지적하는 것처럼 명백히 신경 세포들이었다. "각각의 구형의 물체들은 실질 조직, 독립적인 핵 또는 중핵, 그리고 중핵 내에 존재하는 구형의 투명한 제2의 핵 등을 포함하는 어느 정도 확실한 세포 내에 들어 있는 상태이다." 그는 눈의 결막에 대하여도 같은 것을 말하였다.

> 그것은 빽빽이 압축되어 있거나 둥글거나, 장방형 또는 사각형인 세포들로 구성되어 있으며(그가 '세포'라는 단어를 사용하였다는 것을 기억하라), 그 세포들이 가지고 있는 경계는 실과 같은 선들로 이루어져 있다. 모든 세포에는 예외 없이 둥글거나 길쭉한 어두운색의 무언가와

더 압축된 핵들이 존재한다. 그것은 보통 세포의 중앙에서 발견되며, 미세한 입자들로 구성되어 있다. 세포 안의 핵 내에는 뚜렷하게 동그란 물체가 존재한다.

'핵(nucleus)'이라는 단어는 동물 세포생물학에서 가장 먼저 사용된 것이며, 이미 식물에서도 핵 구조는 받아들여진 용어였기 때문에 발렌틴은 사실 그대로 식물 세포와의 유사점을 표현한 것이다. 또한 그가 오늘날 우리가 인(nucleolus)이라고 알고 있는 것을 묘사하고 있는 것이 명백하였다. 그리고 1839년에 발간한 용어집에서 그는 이 단어를 소개하였다. 물론 '인'은 바그너가 처음으로 발견한 'Keimfleck'나 macula geminativa에 대한 표준 용어로 남아 있다.

중추 신경계의 커다란 세포에 대한 논의에서, 발렌틴은 소뇌에 푸르키녜 세포들이 존재한다는 푸르키녜의 앞선 발견에 대해서 언급하는 것을 빠뜨리지 않았다. 발렌틴은 안구의 맥락막 망상 조직에 존재하는 세포들에 대한 언급에서 다시 식물과 동물 세포의 유사성을 강조하였다. 그는 각각의 세포가 "그것의 중심 부분에 식물계에서 발견되는 일종의 핵을 연상시키는 형태인 어둡고 둥그런 중핵을 포함하고 있다."고 명쾌하게 말하였다. 핵의 형성과 기능을 고려해 볼 때 발렌틴의 견해는 흔들렸고, 어쨌든 그 당시에는 옳을 수가 없었다. 1835년에 발간한 『발생학』에서 그는 슈반이 제안한 것보다 시간적으로 앞서는 견해, 즉 눈의 맥락막에 존재하는 세포핵이 침전에 의하여 생겨난다는 견해를 발전시켰다. 발렌틴은 처음에

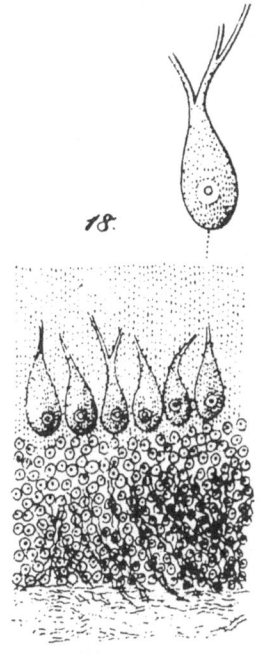

그림 37 푸르키녜가 그린 소뇌에 있는 거대세포(푸르키녜 세포)

핵에서 구멍이 발생하고, 이 구멍이 확장됨에 따라 세포가 생겨난다고 생각하였다. 슈반은 이러한 견해를 반박하며 세포들은 결코 속이 비어 있는 핵이 아니라고 언급하였다. 발렌틴은 1842년에 발간된 바그너의 『생리학 용어집(Handwörterbuch der Physiologie)』 기고문에서, 혈액 세포와 자유롭게 떠다니는 다른 종류의 세포들은 이분법으로 늘어날 수 있다고 주장하였다. 그는 이러한 분열이 또한 핵을 포함하여 일어난다고 주장하였는데, 즉 핵은 둘로 그 이상의 딸핵을 만들 수 있다고 하였다. 한편 그는 대부분의 고정된 세포들에 대해 연골세포를 예로 들어, 모세포 안에서 딸세포의 발생은 세포 증식을 위한 일반적인 기작이라고 믿었다. 그러나 그는 핵을 세포가 반드시 필요로 하는 한 요소로 간주하지는 않았고, 상피 조직을 핵이 있는 세포와 없는 세포로 구분하였다.

슈반의 논문이 널리 알려진 이후 발렌틴은 동요하기 시작했고 세포 형성에 대한 슈반의 관점을 상당 부분 받아들였다. 이것은 그가 때때로 고집스럽고, 늘 과민한 편이지만 새로운 흐름에는 저항하지 않았다는 것을 의미한다. 사람들은 그가 영리하고 아주 생산적인 동료라는 인상을 가지고 있었지만, 푸르키녜와 같이 확고부동한 안정감은 결여되어 있다고 생각했다. 1835년에 두 사람 사이의 관계가 갑자기 악화되었다. 직접적인 원인은 밝혀지지 않았으나, 원인이 무엇이었든 간에 아마도 발렌틴이 브레슬라우에서 그 자신의 과학적 정체성을 확립하는 데에 어려움이 있었거나, 아니면 뛰어난 동료 연구자들과의 마찰이 문제의 일부였을 것으로 보인다. 이러한 외견상의 불편함은 그가 폴란드에서 이주한 유대인의 아들이었고, 따라서 독일에서는 학문적 명성이 없었다는 사실 때문에 더욱 복잡해졌다. 그는 돌파트대학교의 학과장직 제의를 거절하였는데, 그 이유는 그가 세례식을 받아야 한다는 조건이 있었기 때문이었다. 1836년 그는 종교가 장애물이 되지 않는 베른대학교의 생리학 교수 자리를 받아들였는데, 그는 독일어로 강의하는 대학에서 정교수직을 보장받은 최초의 유대인이 되었다.

푸르키녜 자신의 경우에 그의 업적은 한 단원 내외 정도의 분량이 될 수 있을 정도이다. 여전히 그의 이름이 포함된 용어의 수가 그의 생산적인 연구 활동의 충분한 증거가 된다. 푸르키녜 소포, 소뇌의 커다란 푸르키녜 세포, 골수의 푸르키녜 혈구, 심장의 내피하층의 근육섬유인 푸르키녜 섬유, 푸르키녜 입자층, 어떤 상태의 조명 하에서 망막의 혈관에 의하여 만들어지는 어두운 푸르키녜 상, 그리고 동공에서 보이는 세 쌍의 푸르키녜 상 등이 있다. 푸르키녜는 미세해부학 분야에서는 물론 프라하로 돌아온 후 시각생리학 분야에서도 평생에 걸쳐 새로운 것을 발견하고 명명하였다. 그가 브레슬라우대학교에서 미세해부학에서 거둔 성공은 단지 좋은 현미경을 이용했기 때문만은 아니었다. 푸르키녜의 기술적인 재능은 이전에 접근할 수 없었던 조직을 관찰가능하게 하는 현미 기술을 도입한 것이며, 그는 동물 조직을 이전보다 훨씬 더 얇은 절편으로 만드는 방법을 고안하였다. 또한 뼈와 이의 연구를 위해서 우선적으로 칼슘을 제거하는 방법을 사용했으며, 현미경의 해상도를 향상시키기 위하여 그는 조직을 인위적으로 연화시키고, 표본을 고정, 염색, 봉입하는 새로운 방법을 사용하였다. 관찰 결과를 기록하기 위해서 은판사진술을 이용하였다. 비록 발렌틴 자신은 자기가 고안한 것이라고 주장하였지만 그의 감독 아래 오샤츠(Oschatz) 조수는 박편절단기를 최초로 제작하였다. 하이덴하인(Richard Heidenhain)은 『푸르키녜의 회고록』에서 브레슬라우에 있는 푸르키녜 연구소를 '조직학의 발생지' 혹은 '조직학의 촛불'이라 명명하였다.

푸르키녜가 이룬 미세해부학적 발견 중에 유럽인들의 가장 큰 주목을 받은 것은 발렌틴이 발견한 포유동물 세포의 섬모 운동이었다. 푸르키녜는 1857년에 쓴 회고록에서 개구리 배아를 가지고 일했던 1833년, 봄에

파동을 일으키는 섬모가 모든 배아의 초기에 존재하며 동물이 발생함에 따라 머리 부분으로 국한되지만, 결국에는 아가미에만 남게 된다고 기록했다. 발렌틴은 그 당시 대학원 학생이었던 베른하르트와 함께 포유동물 난자의 수정에 대하여 연구를 했다. 이는 베른하르트의 논문 주제였는데, 이 일을 수행하는 동안 발렌틴은 다람쥐의 난관팽대부 점막에 인접한 미소체의 움직임을 발견했다. 발렌틴은 이러한 현상을 해석할 수는 없었지만, 무척추동물과 하등 척추동물에서의 섬모 운동에 매우 익숙해 있던 푸르키녜는 즉각 정확한 판단을 내렸던 것이다.

만약 푸르키녜의 기억이 정확했다면 이는 발렌틴과 푸르키녜가 공동으로 이룬 또 다른 발견, 즉 발렌틴이 관찰하고 푸르키녜가 정확히 해석한 것이다. 두 사람은 계속해서 섬모 운동에 관하여 더 깊은 연구를 수행했고, 고등 동물에서도 소화 기관, 호흡 기관과 생식 기관에서도 발견할 수 있다고 확신했다. 그 이후 푸르키녜는 섬모 운동이 중추 신경계의 강(canal)에서도 존재한다는 것을 증명했다. 1835년 푸르키녜와 발렌틴은 섬모의 움직임이 신경계에 의존적이지 않고, 동물이 죽은 후에도 계속해서 움직인다는 것을 관찰했다. 이러한 관점은 뮐러의 입장에 반하는 것으로, 푸르키녜는 자신의 뜻을 고수했고, 결국에는 그가 옳다는 것을 입증했다. 독일의 저명한 생리학자 로트슈흐(K. E. Rothschuh)는 푸르키녜의 업적, 특히 섬모 운동에 대한 그의 연구는 조직형태학과 조직생리학에 일대 전환을 야기했다는 견해를 표명했다. 그러나 이는 분명히 해부학적이기보다는 세포의 생리학적 측면에서의 뒤트로셰의 앞선 공헌을 무시한 것이다.

슈반이 논문을 발표하기 이전에도, 푸르키녜와 그의 학파는 다양한 동물 조직에서 세포가 존재한다는 사실을 분명히 알고 있었으며, 어떤 출판물에서는 동물과 식물 세포 사이의 유사성을 암시한 경우도 있다. 스투드니치카와 그의 추종자들은 푸르키녜의 우선권을 주장하는 증거로 1837년 9월에 프라하 소재 독일 자연주의자 및 박사 협회에서 행한 푸르키녜의 강연을 들고 있다. 푸르키녜는 9월 13일 첫 강연에서 중앙에 핵이 있는 과립이 존재하는 조직들에 대해서 개괄적으로 설명하였다. 침샘, 이자, 귀의 기름샘, 신장과 정소 등을 그 예로 들었으며, 이러한 분비 조직의 세포들이 표피세포나 막에 존재하는 융모 및 섬모들과 비슷하다고 언급하였다. 비장이나 흉선, 갑상선, 림프선 등은 이런 알맹이들로 구성되어 있다고 말하였다. 그는 동물 조직이 점액, 세포, 섬유질의 세 가지 요소로 구분될 수 있으며, 이러한 세포 구성은 과립 조직과 세포들로 이루어진 식물과 비슷하다고 주장하였다(푸르키녜가 '과립'과 '세포'라는 단어를 구별하지 않고 있는 것에 주목하라).

 푸르키녜는 식물을 재료로 실험을 했었기 때문에 식물의 미세구조에 대해서도 능통하였다. 그는 특히 부드러운 섬유 조직이 화분을 방출하는 역할에 주목하였다. 따라서 그가 처음부터 구조뿐만 아니라 기능에도 관심을 가지고 있었다는 사실은 근거 있는 이야기이다. 슈반이 단순히 형태상의 유사점만을 보지 않고, 슐라이덴과 함께 제안한 모델에서 식물과 동물의 유사성과 기능적 중요성을 강조한 것을 감안할 때 이러한 사실은 중요하다. 그러나 이러한 슈반의 관점은 강의에서 발표한 푸르키녜의 관찰에 거의 적용할 수 없었다. 왜냐하면 그는 동물과 식물에서 발견되는 세포의 생물학적 의미에만 주목하고 있었고, 23일 강의에서는 신경 세포와 그 구조에 대해서만 언급하였기 때문이다. 이 강의는 맥락막의 시세포와 뇌의 다양한 부분에서 발견되는 신경절 세포를 다루고 있다. 그는 신경절 세포에 대해서 다음과 같이 말하였다.

> 신경절 세포는 뇌와 신경 세포의 관계가 마치 발전소와 송전선인 것처럼 중요한 구조이다. 이들의 삼층 구조 역시 이러한 관점을 뒷받침하고 있다. 따라서 신경절은 신경절의 신경 세포에 전기를 전달하며, 소뇌에서 다시 이 전기를 척수와 소뇌 신경으로 전달한다. 이것들이 신경 충격을 모으고, 만들고 분배하는 기관일 것이다.

이 강의에서 제시한 몇 가지 실례는 위선 세포를 예로 들어 식물 세포와 신경계의 푸르키녜 세포를 비교하여 설명한 것이다.

푸르키녜가 식물과 동물 세포를 비교하면서 겉모습뿐만 아니라 기본적인 생물학적 성질까지도 언급했다는 것은 거의 의심의 여지가 없다. 그러나 그의 강연에서 그는 이 세포들이 어떻게 생성되는지에 대해서는 어떤 언급도 하지 않았다. 슈반은 개척자로서 칭송받는 반면, 모든 동물 조직이 본질적으로 세포와 섬유로 구성되어 있다고 주장하고, 동물과 식물 세포의 유사성에 대하여 특별하게 언급한 푸르키녜는 왜 정당한 인정을 받지 못했는가? 이는 흥미로운 질문이며, 이제부터 이 의문을 풀어보도록 하자.

제10장

뮐러, 슐라이덴과 슈반

그림 38 뮐러(Johannes Müller, 1801~1858)

1832년 11월 말 베를린대학교의 해부생리학 교수인 루돌피가 사망하자, 인사위원회는 공석이 된 교수직을 채울 준비를 시작했다. 뮐러는 그 자리를 얻고 싶어 평소보다 쾌활한 모습을 보여주었다. 본에서 대우부교수로서 그리고 후에 대우교수로서 일하면서 그는 엄청난 노력을 하였고, 그러한 노력은 너무도 맹렬하여 그는 정신병에 이를 정도로까지 건강이 나빠졌고, 이로부터 회복하기 위해 긴 휴식 기간이 필요할 정도였다. 본의 교수 자리는 너무 제한되어 있었기 때문에 뮐러는 다른 분야나 다른 곳으로 옮기기 위해 노력하였다. 그럼에도 불구하고 그는 프라이부르크의 교수가 되기를 거절하였는데, 이러한 사실은 그가 루돌피의 말년의 질병을 알고 있었고, 베를린대학교의 교수직에 대한 미련이 있었다는 것을 설명한다. 그는 베를린대학교에서 소식이 오기를 기다렸다. 관행적으로 초빙을 기다리는 대신에 뮐러는 직접 폰 알텐스타인(von Altenstein) 장관에게 편지를 썼고, 후임자로서 그 자신이 가장 적합하다고 주장하였다. 뒤 부아-레이몬드는 이러한 자기 과시에 대해 약간의 놀라움과 함께 신속히 답변을 하였다. "이러한 자기 과시가 우리의 정상적인 관례와 얼마나 동떨어져 있는지⋯."

이러한 불리한 반응에도 불구하고, 뮐러의 능력과 힘은 그 교수직을 얻기에 충분하다고 인정받게 되었고, 그는 1833년에 드디어 교수직에 취임하였다. 그러나 그가 수년에 걸쳐 원했던 베를린의 가장 우수한 학교임에도 불구하고 해부학 연구소에는 실험실이 없었기 때문에 대학 본관 건물 내의 좁은 공간에서 실험을 할 수밖에 없었다. 뮐러는 본에서 성공적인 학자, 정치인이었지만 베를린의 새로운 연구소에서는 결코 성공하지 못했다.

동물 조직의 미세구조에 대한 뮐러의 개념은 처음에는 다소 형식적이었다. 초기에 언급했듯이, 그는 저서 『생리학』의 초판에서 밀른-에드워즈가 주창하고 뒤트로셰가 수정하여 받아들여진 것과는 약간 다른 견해를 발표하였다. 그러나 1835년에 발표한 붕장어류의 비교해부에 대한 논문에서 그는 추측에 의한 것보다 직접적인 관찰에 기초한 조직 구조의 체계적인 분석을 제안하였다.

뮐러가 척삭동물과 식물 세포에서 세포간의 유사성을 설명한 과정은 이미 언급하였다. 이러한 관찰의 결과는 슈반이 실질적으로 세포설을 이끌어내는 일련의 생각들의 시발점이 된 것으로 간주되고 있다. 스투드니

그림 39 헨레(Jacob Henle, 1809~1885)

치카는 척삭동물의 세포들은 발렌틴이 관찰하였다는 증거를 제시하였다. 하지만 발렌틴에 의해서가 아니라 뮐러의 관찰 결과가 비교조직학의 역사를 시작하게 만들었는데, 이로 인해 그의 학교는 유명해졌다. 뮐러는 초기 제자의 선택에 있어서 운이 좋았다. 뮐러가 고향인 쿠블렌츠를 방문했을 때 처음 만난 그의 제자 헨레(Jacob Henle)는 단지 15살이었다. 그러나 헨레는 베를린을 좋아하지 않아서 1840년에 그곳을 떠나서 취리히에서 교수가 되었다. 베를린대학교의 해부학 박물관의 조수로 있던 헨레의 자리는 슈반이 대신하게 되었다. 헨레와 슈반은 둘 다 뮐러에게 오랜 기간 충성을 다하였고, 그들은 이에 대한 보답을 받을 수 있었다. 해마다 발표하는 보고서에서 그는 1837년의 『해부생리학의 진보』에 대해서 썼고, 이것은 1838년에 발간한 뮐러의 논문에서 찾아볼 수 있다. 뮐러는 푸르키녜의 '과립설'에 대해서는 놀라울 정도로 간략히 정리한 반면, 아직까지 발표하지 않은 상피세포의 구조에 대한 헨레의 연구와 1839년까지 발표하지 않았던 슈반의 업적에 대해서는 자세히 언급했다. 뮐러는 푸르키녜가 정리한 용어집과 베를린 학파가 정리한 것 사이의 차이점을 강조하는 것을 빠뜨리지 않았다. 푸르키녜는 상피층을 설명하기 위해 고전적인 개념인 'Enchym'을 사용하여, '낱알'이 가득 찬 것이라고 언급하였다. 그러나 헨레는 간단히 이것을 다세포라고 설명하였다. 슈반의 논문이 나오자마자 뮐러는 그의 논문에 여덟 장을 할애하였고, 『Frorieps Neue Notizen』이라고 하는 요약 논문집에 이를 자세히 기술하였다. 1838년 발표한 악성종양에 대한 논문에서 뮐러는 다핵 세포에 대해 최초로 설명하고, 많은 조직에서 '세포'가 존재한다는 것을 밝혔다. 그러나 그는 전부는 아니지만 대부분의 동물 조직들은 유동체와 섬유 조직, '과립'으로 구성되었다는 푸르키녜의 관점에 대해서는 언급하지 않았다. 푸르키녜의 프라하 강연에 참석한 베를린 학파 사람은 없었는데, 뮐러의 논문은 1837에서 1838년 사이에 이루어진 연구에 기반을 둔 것이기 때문에, 이것으로 그가 푸르키녜의 위치를 무시하고 있다고 보기는 어렵다.

슈반이 다른 사람들(특히 발렌틴)의 우선권 주장에 대해 그의 업적을 방어하기 위해 쓴 기고문의 핵심적 내용은, 그는 식물과 동물 세포의 외형에서 표면상의 유사성의 중요성을 본질적으로 부정한다는 것이다. "이러한 비교는 더 이상 중요하지 않다. 왜냐하면 그들은 대부분이 다른 형태를 보이는 구조들 중에서 단순히 유사성을 보이는 것들이기 때문이다." 그리고 그는 발생의 원리가 그의 모든 연구 결과를 바탕에 둔 개념을 단일화한다고 강조했다. 이러한 개념은 슐라이덴이 처음에 수행하였던 연구에 대한 고려 없이는 논의하기 어렵고, 사실상 이러한 관점은 대부분의 교과서에서 슐라이덴과 슈반의 세포 이론에서 여전히 반영되고 있다. 슈반은 리에주의 교수로 임명된 50주년 축하 행사에서 행한 연설에서, 슐라이덴과 저녁 식사를 하면서 나눈 대화에 자극받아, 그를 그의 베를린 실험실에 데려가서 아가미 연골과 개구리 배아의 척색에 있는 핵을 보여주었다는 이야기를 다시 언급하였다. 그 순간부터 그는 힘주어 말했다. "나는, 모든 나의 정력을 세포의 형성 단계에서 핵이 먼저 존재해야 함을 증명하는 데 쏟아부었다."

슐라이덴의 『식물 발생 소고(Beiträge zur Phytogenesis)』는 쉽게 읽을 수 있는 책은 아니다. 대신 그 당시 폭넓게 통용되었던 논문들과 슈반과 같은 대가들이 중시하였던 19세기 과학 분야 저술에 포함되었던 것이 무엇인지를 알려주고 있다. 이 책은 지금은 우리기 우습게 생각하는 조직학에 대한 서문으로 시작한다. 라스파일에 대한 슐라이덴의 모욕적인 발언과, 그루가 말피기보다 출판 우선권을 얻기 위해 왕립학회를 조작했다는 터무니없는 비난이 이미 언급되었다. 슐라이덴은 브라운을 칭찬했지만, 이름을 거명하지 않은 채 다른 사람들이 그에 앞서 핵을 관찰했다고 덧붙였다. 그는 또한 식물 세포의 핵에 대한 마이엔의 업적을 언급했다. 이 업적은 충분히 가치가 있었고 독일의 식물학자들 사이에선 잘 알려져 있었으나 우선권을 주장할 수는 없었다. 아마도 슐라이덴이 식물 세포에서는

그림 40 슐라이덴(Matthias Schleiden, 1804~1881)

핵의 중요성에 대해 제일 먼저 주의를 기울였겠지만, 동물 세포에서는 바로 그녀가 3년 전에 발견하였다.

슐라이덴이 주창한 가설이 슈반에 의해 채택된 이후에 슐라이덴 논문의 주요 문장은 그대로 인용할 만한 가치가 있다. 그는 세포핵을 '사이토블라스트(cytoblast)'라 다시 이름 붙임으로써 그것에 대한 논의를 개시하였다. 물론 이것은 논점을 교묘히 회피한 것인데, '사이토블라스트'란 단어는 동시에 핵이 세포를 만드는 구조라는 것을 의미하고, 이 점이 바로 그가 논문에서 증명하기 위해 설명하였던 것이다. 그의 설명은 계속된다.

> 위에서 언급한 두 곳에서 작은 점액성 과립들이 순식간에 점성체를 형성하고 이렇게 형성된 균질한 점성체의 용액은 탁하게 되거나 이들

과립이 많을 경우에는 불투명하게 된다. 그러면 이 덩어리 안에서 크고 경계가 분명한 독립된 인이 나타난다. 그 뒤 곧 인 주변으로 과립의 응고물처럼 보이는 사이토블라스트가 나타난다. 이 자유 상태의 사이토블라스트는 현저하게 계속 커진다. ⋯

그는 세포가 핵에서부터 발생한다고 다음과 같은 식으로 주장하였다. "사이토블라스트가 완전히 커지면 그 표면으로 정교하고 투명한 소포가 형성된다. 초기의 세포는 마치 구를 평평한 평면으로 자른 모양과 같은데 평평한 면은 사이토블라스트로 구성되고 볼록한 면은 시계의 유리처럼 그 위에 겹쳐진 초기 세포로 구성된다.", "전체 세포는 점점 사이토블라스트의 경계보다 더 크게 자라게 되어 결국 사이토블라스트는 벽으로 싸인 소체에 지나지 않게 된다." 점액질로부터 나중에 슈반이 '사이토블라스템'이라 이름 붙인 세포가 생겨난다.

핵의 궁극적인 운명에 관해서 슐라이덴은 다음과 같은 주장을 계속했다. 사이토블라스트는 세포벽으로 둘러싸인 상태로 발견되는데, 그곳에서 세포로부터 발생한 사이토블라스트가 세포의 전체 주기에 걸쳐 관여하게 된다. 발생 중 상위 단계에서 작용하게 될 세포들에서는 사이토블라스트를 제 위치에서 발견할 수도 있지만 불필요한 요소가 되어 세포의 빈 공간에 녹아 재흡수될 수도 있다. 그래서 핵을 일단 세포 발생에서 기능을 다하면 불필요한 구조로 인식하였던 것이다.

슐라이덴이 제시한 개요는 어느 부분도 정확하지 않다고 말하는 게 공

그림 41 슈반(Theodor Schwann, 1810~1882)

그림 42 슈반의 논문집 표지

정할 것 같다. 베이커가 다음과 같은 정황을 제시했다. 슐라이덴이 주로 배젖으로 연구를 수행키로 한 선택에는 잘못이 없었지만, 배젖에서 다핵체가 형성되고 그것이 세포로 분열하는 과정은 완전히 잘못된 인상을 줄 수 있기 때문이다. 그럼에도 불구하고 슐라이덴의 역사적인 논문에서 이용한 모델은 완전히 잘못된 성찰에 근거하고 있거나, 기껏해야 그 구조로부터 세포 소기관의 기능을 유추하려는 신중하지 못한 관찰에서 유래된 쓸데없는 시도였다는 사실만은 틀림이 없다. 그 뒤 이미 조금씩 슐라이덴의 논문에 대한 비평이 제기되었던 1842년에 수행한 연구에서 슐라이덴은 덜 독단적인 자세를 취했다. 그는 이미 존재하고 있던 세포의 중앙에서 분할이 일어나 새로운 세포가 만들어진다고 설명한 몰과 마이엔의 관찰에 의문을 가졌지만 일부 선인장의 연조직 세포에서 이러한 과정을 관찰했다고 인정했다. 그러나 분할된 양쪽에서 사이토블라스트를 관찰했기 때문에 그는 여전히 새로운 세포가 그가 이전에 설명했던 방식으로 형성된다는 견해를 고수했다.

슈반의 50여 년 간의 연구 경력에서 오직 1834년에서 1839년까지 5년 동안 이루어진 세포설을 다룬 책들에만 타당성이 있는데, 슐라이덴이 이 기간 동안만 동물 조직의 미세구조를 연구했기 때문이다. 그는 1834년에 뮐러의 조수가 되어 루벤에서 교수직을 얻게 된 1839년까지 그곳에서 머물렀다. 비록 베를린에서의 연구 중 가장 중요한 부분이 그의 유명한 논문집에 실렸지만 이 기간 동안 그가 오로지 미세해부학의 연구에만 전념한 것은 아니다. 1836년에 뮐러는 『기록(*Archiv*)』에 소화에 관한 논문을 썼고, 1837년에는 포도주의 발효와 자연적인 발생에 대한 의문과 관련한 것에 대해 『*Poggendorffs Annalen*』에 또 다른 논문을 발표했다. 소화에 대한 연구를 통해 결국 그는 펩신을 발견하기에 이르렀고, 자연발생에 대한 연구를 통해 조직 형성에 대한 유물론적인 견해를 갖게 되었다. 이러한 유물론적인 견해는 그 당시 뮐러가 제안하였던 활력론의 이론과 차이가 날 뿐 아니라 슈반 자신의 가톨릭에 대한 독실한 믿음에도 의문을 불러일으켰다. 슈반이 유능한 실험가라는 사실에는 반론의 여지가 없다. 그는 벨기에로 자리를 옮긴 후 비록 조직의 미세구조에 대한 연구는 하지 않았으나, 그를 생리학의 역사에 존경할 만한 위치에 놓이게 한 일련의 발견들을 하게 된다. 그는 담즙관의 형성에 담즙이 꼭 필요하다는 사실을 보였고 원시적인 자동 온도 조절 장치를 부착한 부화기를 제조했다. 또 붙박이 램프가 있는 두 종류의 호흡 기계를 개발하는 데 20년을 보냈고, 광물에서 수분을 제거하는 펌프를 발명했다. 마치 그의 위대한 명성의 근간이었던 세포 이론에 대한 업적은 플로레이(Florey)의 인생에서 페니실린에 대한 업적이 그랬던 것처럼 그의 실험 인생에 있어서 하나의 삽화에 불과한 것처럼 보인다.

 자연발생에 대한 슈반의 연구는 세포 형성에 대한 슈반 모형과도 직접적인 관계가 있기 때문에 현대적 의미에서도 특별한 관심을 모은다. 니담과 뷔퐁(Buffon)의 생각을 반박하기 위해 70여 년 전에 스팔란차니가 수행하였던 결정적인 실험 이후, 자연발생설의 신봉자들은 스팔란차니의 실험 과정에 의혹을 갖게 되었는데, 외부로부터의 오염을 막기 위해 만든 장

치들이 실제로 외부 공기 속에 들어 있는 생명체를 완전히 제거했는지에 대해 의문을 제기한 것이다. 스팔란차니는 실험 장치에 주입하는 공기와 그 속에 있는 생명체를 열처리하였는데, 열 자체가 어떤 필수적인 생명력을 파괴할 수 있는가에 대한 논쟁이 자연스럽게 전개되었다. 슐츠(Franz Schulze)는 공기를 황산이나 수산화칼륨에 통과시켜서 스팔란차니의 실험 방법을 개선해 보았다. 그러나 '생명의 불씨'에 관한 논쟁은 그치지 않았다. 스팔란차니와 슐츠의 업적을 한층 더 발전시키는 데 공헌한 것은 슈반이었다. 슈반은 미리 공기를 가열하여 가열된 주입물과 혼합하였고, 심지어는 가열된 공기를 수 주 동안 주입물에 통과시켜 부패하거나 적충류가 발생하지 않는 것을 보여주었다. 더 나아가서 슈반은 가열한 공기의 산소량을 측정하여 산소 함량이 19.4%라는 사실을 밝혀내었고, 이것으로 산소가 '생명 원리'라는 게이뤼삭(Gay-Lussac)의 제안이 옳지 않다는 것을 입증하게 되었다. 또 가열한 공기 속에서는 개구리가 숨쉬기를 할 수도 없고 생존이 불가능하다는 사실도 보여주었다. 따라서 발효는 열에 의해 죽은 몇몇 미생물들에 의해 일어나는 것으로 추정하였다. 슈반은 적충류만을 죽이는 어떤 것에 의해서는 발효가 억제되지 않지만, 적충류와 곰팡이를 동시에 죽이는 비산칼륨에 의해서는 억제된다는 사실을 발견하였다. 발효 물질을 실험하는 데 있어서 슈반은 양조효모와 동일하지는 않지만 그와 비슷한 '과립'이 존재한다는 것에 주의하였고, 그 사실은 마이엔이 확인하였다.

슈반은 자연발생은 결코 있을 수 없다는 것을 의심하지는 않았지만 결론을 내리는 데는 신중하였다. 그의 신중한 태도는 『*Poggendorffs Annalen*』지에 게재된 논문에서뿐만 아니라 1836년 예나에서 열린 자연과학자 모임에서 슈반 자신이 구두로 발표한 보고와 1837년 베를린의 자연과학동호회에서 발표한 뮐러의 보고 등에 잘 나타나 있다. 따라서 단숨에 생명이 발생하였다고 주장하는 슐라이덴의 생성 모형을 슈반이 받아들인 것은 의아스럽다. 왜냐하면 실제로 슐라이덴의 생성 모형은 자연발생을 받아들이는 입장의 한 형태로, 자연발생을 부정하는 데 대해 처음부터 반대 입장을 고수한 레마크와 악마의 짓이라고 맹공격을 했던 피르호의 지지를 받고 있었기 때문이다. 그러나 논문집을 출판하기 전에 원고를 벨기에의 말린느(Malines) 대주교에게 제출하여 가톨릭교회의 교리에 어긋나지 않는다는 승인을 받아야 하는 형편이었기 때문에, 어떤 의미에서 슈반은 그가 지지를 받는다는 사실에 관해 심각한 회의를 가지고 있었다. 당시 대주교는 자연발생을 부정하는 일련의 작업에 관해 전혀 간섭을 하지 않았다.

    그 유명한 논문집의 내용은 1838년 한 잡지의 1월, 2월, 4월호에 예비 보고의 형식으로 간략하게 소개되어서 우선권을 확보하는 데 의심의 여지가 없었다. 그리고 그 책의 첫 부분의 두 절은 같은 해 파리의 학술원에 보관되었다. 완성된 전체 논문집은 1839년에 출판되었는데, 세 부분으로 구성되어 있고 '난핵'의 의미성에 관한 논의를 덧붙였으며, 발렌틴의 우선권 주장에 대한 답변을 게재하였다. 그 책의 첫 부분에서 척색과 연골의 세포 구조와 생장에 관해 다루었다. 슈반이 상기 조직들을 재료로 설명을 시작한 것은 우선 세포 구조가 식물과 비슷하고, 또 그의 관점으로는 세포의 형성을 잘 볼 수 있는 좋은 재료라고 생각했기 때문이었다. 특히 슈반은 연골에서 핵을 발견한 것으로 알려져 있다. 두 번째 부분에는 '동물체에서 조직의 기초로서의 세포'라는 거창한 제목이 붙여졌다. 푸르키녜는 물론 여러 조직에서 세포를 관찰하였고 대부분의 조직에서 기본적인 단위일 것이라는 의심을 가졌지만 슈반의 논문집 두 번째 부분에 붙여진 제목처럼 확실하게 범주를 정하지는 못했다. 논문집의 나머지 부분에서 슈반은 자신의 학설을 뒷받침해 줄 역사적 증거들을 광범위하게 정리하였다. 슈반은 계란의 발생, 림프구와 적혈구 같은 자유 세포, 점액 세포, 고름을 만들어내는 세포, 서로 부착하는 세포(상피 조직, 색소 조직, 손톱, 발톱, 깃, 수정체), 세포 간격 물질로 벽이 융합된 세포(연골, 뼈, 치아), 섬유가 되는 세포(결체 조직, 건, 탄력성 조직), 그리고 벽과 강이 융합된 세포(근육, 신경, 모세 혈관) 등에 관해 논의하였다. 그런데 푸르키녜와 그의 제자들의 특별한 연구 과제였던 신 조직에 관해서는 전혀 언급하지 않은 점이 특이하다.

그의 저서 세 번째 부분에서는 세포의 기원과 발생에 대한 학설들에 관해 역사적으로 정리하였다. 특별히 슈반의 조직학적 업적에 관해 연구했던 스투드니치카는 슈반이 기록한 26가지 관찰 중 7가지만이 새로운 관찰이라고 결론을 내렸다. 더구나 제9장에서 논의한 것처럼, 동물 세포와 식물 세포의 공통점에 관해서는 이미 이전의 과학자들이 지적했던 사항들이었다. 그리고 몇몇 곳에서는 슈반의 해석상의 오류도 나타난다. 예를 들면 근육, 신경, 모세 혈관은 단일 세포가 늘어나고 세포 가운데 공간이 생겨서 이루어진다거나, 또는 세포들이 융합하여서 생성된다고 생각했고, 또 섬유들이 세포 분해 물질의 최종 산물이라고 생각한 것 등이다. 그러나 그러한 사실들을 그의 전공 논문집에 서술한 것으로 보아 확실한 사실은 슈반이 조직학적 관찰의 정확성이나 신비성에 기초하여 그런 입장을 취한 것이 아니라는 것이다. 그것은 식물 조직에서와 마찬가지로 동물 조직에서도 모든 세포 발생의 일반적인 원칙을 정립한 것이다. 그는 책 서문에서 다음과 같이 쓰고 있다.

> 이 논문의 목적은 동물과 식물의 기본 단위의 발생을 지배하는 법칙의 실체를 보여줌으로써 두 생물계 사이의 본질적인 관계를 정립하는 데 있다. 이 연구의 중요한 성과는 일반적인 원리가 모든 생물의 기본 단위의 발생에 기초가 된다는 것이다. 그것은 마치 모양이 달라도 수정(크리스탈)을 형성하는 데 같은 법칙이 적용되는 것과 같다.

앞에서 언급한 것처럼 슐라이덴이 제안했던 이 법칙들은 물론 전적으로 오류이다. 자연주의자들은 수정이 만들어지는 것과 비슷한 과정을 거쳐 유기 물질로부터 생물학적 형태가 형성된다고 하는 개념에 익숙해 있었다. 일찍이 1810년에 프로차스카(Georg Prochaska)는 다음과 같이 서술하고 있다. "동물의 구성 물질이 액체로부터 고체 상태로 변환할 때에 서로 융합하여 섬유와 얇은 막 구조를 만든다. 그러한 변환은 내부의 구심

력과 응집력이 외부 조건에 의해 변형됨으로 일어난다. 그래서 아마도 그러한 과정이 동물성 결정화로 이해되었을 것이다." 프로차스카는 은퇴할 때까지 라틴어로 강의를 했던 전형적인 18세기적 인물이었다. 역사에서는 프로차스카를 저명한 안과 의사로, 또 신경초, 수의근의 횡문과 근섬유초를 처음으로 정확하게 기술한 인물로 기록하고 있다. 동물 조직의 구성과 형성에 대한 그의 일반적인 관점은 당시에 널리 알려져 있었다.

슈반이 일반 원리를 발표한 것까지는 좋았으나 특수한 상황에 직면하여 어려움을 겪기도 하였다. 동물과 식물 사이의 중요한 차이점에 관한 논쟁점은 식물의 세포 형성 시에는 관이 없는 형태이나 동물은 혈관이 존재한다는 점이다. 그러나 슈반은 동물 난자의 발생에서 세포 생성은 혈관 없이 이루어지고, 다세포 상피 조직에서 세포 형성은 관이 만들어지지 않는다는 헨레의 보고를 간략하게 인용하여 내키지 않았지만 인정할 수밖에 없었다. 그의 '사이토블라스템(cytoblastem)'을 보면 동물과 식물의 세포 형성에 중요한 또 다른 차이섬을 발견하였다. 슈반은 동물 세포에서만 세포 내 세포 형성이 일어난다고 주장했고, 슐라이덴이 식물 세포에서 그런 현상을 결코 관찰한 적이 없다는 보고를 인용하였다. 아직도 연골과 상피 조직에서 새로운 세포는 세포 간 '사이토블라스템'에서 발생한다고 말하고 있다. 즉 세포 외부로부터라는 의미이다. 슈반은 어떤 경우에는 늙은 세포가 분리하여 새로운 세포가 생겨날 수 있다는 생각을 받아들이긴 했지만, 그런 현상에 대한 관찰 보고를 한 적이 없다. 또 밝히려는 노력을 하지도 않았다. 따라서 슈반의 일반 원리에 관계없이 그의 전공 논문집은 실제로 세포가 여러 가지 방법으로 생성될 수 있다는 생각을 허용한 셈이 된다.

슈반은 역사적 정리편과 부록에서 발렌틴의 우선권 공격에 대해서 방어하였다. 새로운 조직학적 실험 방법으로 골조직 표본을 만드는 기술을 가진 푸르키녜와 라슈코프의 업적에 대해 언급을 피하기 쉽지는 않았지만, 어쨌든 모든 동물 조직이 작은 단위로 구성되어 있다는 푸르키녜의 일반적 학설에 관해 언급하지 않았다. 부록에서 슈반은 발렌틴의 1835년 『발생학사』를 길게 인용하였다. 그러나 어느 곳에도 발렌틴의 관찰을 참조하지 않았다. 동물 세포와 식물 세포의 우연한 형태적 유사성을 비교한 발렌틴의 생각이 일반적인 법칙으로 연결되지 않았기 때문에 슈반은 그것을 덮어두었다. 슈반의 전공 논문집이 실패로 끝났고 결국은 주제가 전적으로 오류라고 증명되었어도 다른 책에서 집중적으로 조직학적 관찰들을 모아서 편집하지 않았고 단일 주제로 다루지도 않았다.

발렌틴은 슈반의 저서에 새로운 것이 없다는 반응을 보였다. 이것은 명백하게 부정확한 것이었지만, 그전에 수행했던 대부분의 슈반의 피상적인 작업에 비추어 보면 이해할 만한 것이었다. 발렌틴은 그 자신의 우선권 주장을 뒷받침하기 위해 일찍이 1835년에 연골과 척색을 포함한 여러 조직에 세포가 존재한다는 것을 강하게 주장하였다. 전에 언급한 대로 발렌틴은 출판되지 않은 파리 수상 논문을 인용하지 않았지만, 1839년 바그너의 교과서는 참고하였던 것이다. 3년이 지날 때까지 출판이 되지 않았기 때문에 슈반은 그 사실을 모르고 있었다. 그것은 『동물 조직의 발생 원리」라는 제목이었는데, 발렌틴이 단순히 우연한 형태적 유사성에만 관심이 있는 것이 아니라 일반 원리에 관심을 가지고 있다는 사실을 전혀 의심하지 않았던 것이다. 물론 슈반이 변호한 발렌틴 자신의 관찰에서 유추하지 않고, 또 그 후의 사건들에 비추어 발렌틴이 호의적으로 말했던 것은 사실이다.

1840년 푸르키녜는「동물과 식물의 구조적 요소 사이의 유사성에 관하여」라는 논문을 실레지안 국립문화학회에서 발표하였다. 그 논문에서 푸르키녜는 동물과 식물의 진피에 관한 벤트(Wendt)와 크로커(Kroker)의 연구 이후에 동·식물간의 유사성이 명백해졌고, 고무나무의 상피 조직에 대한 프랭켈(Fränkel)의 업적을 재조명하게 되었다고 말하였다. 발렌틴의 수상 논문에서 명확한 어조로 말하기를 동일한 주제를 가지고 파리상 수상이 제기한 이 의문은 동물과 식물의 구조를 완벽하게 비교하도록 촉진제 역할을 하였다. 푸르키녜는 실레지안 학회에 제출했던 논문에서 '과립'과 '세포'의 함축적인 차이점에 관해 세밀하게 설명하였다. 즉 식물 세포는 액성의 내부 구조를 가지고 있고 고형 부분은 세포벽에 부착되어 있는 반면 동물 세포는 전체가 고형이라고 지적하였다. 그래서 식물의 경우는 세포라는 단어가 적절하고 동물 세포의 경우는 '과립'이 더 적절한 단어라고 주장하였다. 그리고 결코 그 생각을 바꾸지 않았다.

푸르키녜는 슈반을 세포학 분야의 초보자쯤으로 생각하는 정도였다. 푸르키녜는 1840년에 슈반의 책을 검토하기 시작하였고 동물 세포와 식물 세포의 유사성에 관해서는 당시와 그 이전의 학자들이 이미 완성하였다고 지적하였다. 푸르키녜는 그 자신이 이미 1834년에 일찍이 그런 생각을 가지고 있었다고 이의를 제기하였고, 그의 제자들에게도 언급을 하였다. 그 후에 제자들의 저술, 특히 발렌틴의 파리상 수상 논문에서도 그 사실을 술회하고 있다. 푸르키녜는 슈반의 저술에 대해 특히 두 가지를 비판하였다. 첫 번째는 아주 독특한 것이다. 슈반은 근육, 모세 혈관, 신경섬유를 포함하여 모든 구조를 세포의 변형으로 간주하였다. 반면에 푸르키녜는 생명체를 액체, 섬유, 그리고 세포의 세 가지 서로 다른 범주로 나누었다. 그러나 형성 모형을 마음에 두고 있었다. "세포설을 올바른 방향으로 유도하기 위해서는 근육과 신경섬유의 형성 모형에 관해 현재 있는 결과보다 더 실험적인 결과를 아직 더 기다려야 한다."고 서술하였다. 두 번째 비판은 비교적 일반적인 것이고 어쩌면 말을 위한 말일 수 있다. 푸르키녜는 슈반이 슐라이덴의 영향을 너무 많이 받았다는 것이다. "식물 조직의 기원에 관한 슐라이덴의 멋진 관찰에 매료되어 식물계와 동물계의 유사성을 너무 과대평가한 것으로 보인다."고 비판하였다.

그로서는 동물 조직에 대한 슐라이덴 모형의 응용을 쉽게 받아들일 수 없음에도 불구하고 푸르키녜가 슐라이덴의 연구를 멋지고 적절하다고 평한 점과 식물계의 현상을 많이 응용한 점을 비난하지 않은 것은 퍽 흥미로운 일이다. 그러나 푸르키녜 스스로 대안적 모형을 제시하지는 못했다. 사실 푸르키녜는 동물 세포 형성 기작에 대해서는 그리 많이 언급하지 않았고, 또 아직 별로 연구를 수행하지 못했다는 인상을 준다. 그럼에도 불구하고 푸르키녜는 "슈반의 책 대부분은 천재적인 과학적 탐구라는 인상을 우리에게 남겼다."고 그의 탐구 정신에 찬사를 보냈다. 그러나 어디까지나 '대부분'이지 전체는 아니라는 말이다. 푸르키녜의 분석은 외교적이라고 말하기는 어려운 매우 균형 잡힌 판단으로 끝을 맺었다.

> 더구나 세포와 핵 과립 사이의 일치를 명확하게 하고 슈반 자신이 주목을 하였던 일정한 이론적 원리는 일반적으로 타당성을 유지하고 있다. 사고방식 자체와 예상할 수 있고 생산적인 양상으로 그것을 지지하는 실험 물질을 모으고 발전시키는 장점 모두가 반론을 제기하기 어려운 저자의 성취로 남아 있다.

슈반은 푸르키녜의 비판에 대해 반응을 보이지 않았다. 자리를 만들어 보겠다는 알텐스타인 사제의 약속이 지켜지기 어렵다는 것을 판단한 슈반은 베를린의 비좁고 갑갑한 실험을 뒤로 하고 루벤의 교수직을 수락하였다. 루벤에서 거의 10년을 살았고, 1852년 프랑스 퀘제11대학교(No11 Quai de l'Université)로 자리를 옮기면서 리에주에 최종적으로 정착하여 그 집에서 일생을 마쳤는데, 제2차 세계대전 중 파괴되고 말았다. 그의 일생에서 긴 독신 생활 동안 연구에 몰두할 수도 있고 또 시간적 여유가 있었음에도 불구하고, 미세해부학 분야에 관한 출판이 거의 없었다. 몇몇 역사가들은 세포 발생설이 가톨릭교회의 교리를 거스를지 모른다는 거리낌 때문에 그렇게 침묵했을 것이라고 추정하고 있다. 필자가 생각하기로는 슈반이 왕립학회의 코플리 메달(Copley Medal)을 포함하여 많은 영예를 차지하였지만, 슈반이 침묵으로 일관한 것은 아마도 그 자신의 오류를 알고 있었기 때문일 것이다.

제11장

슈반에 대한 견해

과거나 현재나 사실이 아닌 가설이 유행하는 동안에는 편견 때문에 여러 가지 비평이나 예리한 지적들을 받아들이지 못한다. 현재의 우리들은 그와 같은 현상에 대해서 그렇게 친숙하지 못하기 때문에 슈반의 연구 결과에 대한 견해에 놀라게 된다. 오늘날에도 우리는 자기 과시가 심하고 대중 매체에 대한 갈망이나 잘 알지도 못하는 그룹들에 대한 행동에 갈채를 보낸다. 즉 슈반의 경우를 보면 처음에는 뮐러가 그 자신과 문헌을 통해서 적극적인 지지를 보냈고, 후에는 독일의 교과서마저도 무조건 지지를 하여 슈반의 자기 과시가 더욱 능숙해지고 강화됨을 볼 수 있다. 뮐러의 제자인 라이헤르트(Karl Bogislaus Reichert)는 1839년과 1840년 동안에 해부학에서 현미경적인 구조에 대해 기술한 뮐러의 『기록(*Archiv*)』에 대해서 보고서를 작성했다. 그 보고서에서 라이헤르트는 푸르키녜의 '과립'에 대해 언급했으나 세포의 핵에 대하여 푸르키녜가 묘사한 과립을 잘못 인식하였다. 그리고 라이헤르트는 푸르키녜가 한 번도 지지하지 않았던 가설인 세포 외액에 있는 과립으로부터 세포가 생성한다고 주장하였다. 즉, 라이헤르트는 실험적인 증거가 없기 때문에 과립설을 버리고 세포설을 선호하게 되었다. 결국 라이헤르트가 과립과 세포가 같은 구조에 대한 다른 이름이라는 사실을 인식하지 못했기 때문이다. 라이헤르트는 1840년에 출판한 척추동물의 발생에 관한 책에서도 슈반에 대하여 과도한 칭찬을 하였다. 그리고 라이헤르트는 무척추동물의 발생에 대해 다음과 같이 언급하였다. "그러나 고등 생물을 구성하는 세포의 생명 현상에 대한 보편적인 양식과 관련된 슐라이덴과 슈반의 획기적인 발견 이후에야 비로소 세포의 생리학적인 원리와 세포에 대한 우리의 관념이 분명하게 되었다."고 하였다. 라이헤르트는 슈반에 대해서 시도 때도 없이 과도하게 칭찬했다. "슈반은 그의 가치 있는 연구인 '생식원 세포에서의 세포'라는 주제에서 우리에게 매우 중요한 정보를 준다."고 하였다. 그리고 1841년에 재출판된 뮐러의 『기록』에서 라이헤르트는 슈반이 '세포설의 창시자'라고 했고, 푸르키녜를 전적으로 무시했다. 그 이후로 교과서에서도 라이헤르트가 주장한 내용을 그대로 따랐다. 따라서 푸르키녜와 그의 학파에 대한 언급이 거의 없게 되었다.

슈반에 대해서는 모두가 이구동성으로 칭찬하였지만, 푸르키녜는 여전히 무시되었다. 푸르키녜는 슐라이덴의 모델을 식물에 적용할 수 있다고 믿지 않았고, 그 가능성에 대해 조사하긴 했으나 동물 세포의 생성에 적용하는 것과는 다를 것으로 생각했다. 푸르키녜의 판단으로는 위의 두 가지 경우의 문제를 해결하는 데는 경험적인 연구가 필요하다고 생각했다. 물론 푸르키녜는 동물 세포와 식물 세포 사이의 동질성인 문제와 동물 조직 세포의 구성 문제를 묘사하는 데 있어서 어떤 것이 우선인가를 잘 알고 있었다. 그러나 푸르키녜는 슈반에 대해서만 전폭적인 지지가 있는 당시의 상황에서 볼 때, 자신이 주장한 경험적인 연구가 채택되지 않을 것이라는 것을 알았다. 그래서 푸르키녜는 프라하에 되돌아가서 관심을 다른 주제로 바꾸게 되었다.

슈반이 오기 전에 뮐러의 해부학 조수로서 베를린을 떠나고 싶어 했던 헨레는 매우 흥미 있는 연구 결과를 제시했다. 즉, 헨레는 1835년 초에 쓸

개 안에 있는 액체에 들어 있는 원주체에 대하여 주목하고, 『의학 백과 사전(Encyclopaedic Dictionary of Medical Sciences)』과 한 항목으로 원주체의 존재를 보고했다. 그러나 헨레는 쓸개의 액체 속에 있는 원주체가 세포라는 사실을 인식하지 못했다. 따라서 헨레가 엄청난 명성을 얻게 된 연구는 체강벽에 정렬되어 있는 상피에 대한 계통학적인 연구였다. 이 연구에 대한 첫 번째 기술은 1837년에 출간되었고, 그 이후의 연구 논문은 다음 해에 뮐러의 『기록』에 들어 있다. 헨레는 호흡 상피와 부속 기관, 결막, 외이도와 중이, 소화관의 점막층과 부속선(타액선과 편도선 등), 남녀 비뇨 생식기의 점막층, 피부선, 늑막, 심낭과 경수 뇌막 등의 상피 조직을 광범위하게 조사하였다. 그때까지의 상피에 대한 연구 중에서 헨레의 연구가 가장 광범위하고 계통적인 연구였고, 이것은 그 후 수년 동안 상피 관련 연구의 표준이 되었다.

상피는 3가지로 나눈다. 첫째, 편평 상피는 하나의 핵을 가진 편평 세포들이 규칙적으로 배열되어 있는 상피 조직이다. 둘째, 원주 상피는 원주의 중심축이 점막층을 향하고 위쪽은 원추 상태로 체강 내부 쪽으로 조밀하게 배열된 원주 상피 조직이다. 이들 원주 상피세포는 길이의 절반 아래쪽에 둥글거나 난형의 납작한 구조인 '핵을 가진 알갱이'(핵을 가진 알갱이의 뜻은 핵과 인을 의미하는 말인데, 헨레는 인을 가리켜 핵이란 용어로 잘못 사용하였다)를 갖고 있다. 셋째는 섬모 상피로 섬모가 있는 상피 조직을 말한다. 헨레의 이 연구는 슈반의 연구보다 앞선 것이고, 맥락막층에 대한 푸르키녜와 발렌틴의 관찰에 대해서도 언급하고 있다. 상피 조직 세포는 둥근 핵을 가지고 있고, 이 핵 속에는 보통 식별이 가능한 인이 있다. 다시 말하면 헨레가 인을 가리켜 핵이란 용어를 사용한 것은 그 자신이 혼동했다기보다는 아마도 그 당시에는 용어가 정확하게 확립되지 못했음을 시사하고 있다. 어떻든 간에 헨레의 업적은 상피의 세포적인 성질을 확실히 밝힌 것이고, 상피를 구성하고 있는 세포들은 보통 핵이 있거나 핵과 인을 가지고 있다는 사실을 제시한 것이다.

헨레의 저서 『일반 해부학(Allgemeine Anatomie)』에서는 그의 태도가 현저히 변화된 것을 알 수 있다. 헨레의 연구 업적은 슐라이덴과 슈반의 세포에 대한 개념에 의해 널리 전파된다. 헨레는 '기본 세포(원시 세포, 인 세포, 세포성 핵)'라는 제목의 항에서 용어에 대한 분명한 정의를 내리고 있다.

> 대부분의 식물 조직과 동물 조직을 관찰하면 발생 중의 어떤 시기나 세포의 전 생애 동안 독특하고 특징적인 형태를 가진 현미경적인 작은 소체를 볼 수 있다. 헨레는 이 소체들을 위에 지적한 용어로 표시했다. 식물 조직과 동물 조직에는 정교한 구조의 막과 그 안에 때때로 과립성의 구조로 되어 있는 액성 내용물로 구성된 소포가 있다. 이 소포의 벽 안에는 더 작고 짙은 물체 또는 세포 '알갱이' 또는 핵 또는 사이토블라스트(슐라이덴이 사용)가 있는데, 이들은 소포 내에 한 개나 두 개, 또는 여러 개의 규칙적이고 짙은 색의 둥근 형태의 구조를 갖는 인 또는 '소포체'가 있다.

이와 같이 헨레는 용어에 대한 정의를 내리고 난 후 '세포의 기원'이라는 제목의 항에서 슐라이덴과 슈반의 견해를 재인용하기 시작했다. 그래서 헨레가 여태까지 칭찬했음에도 불구하고 또다시 슈반에 대해 존경심을 표했다. 그리고 그는 슈반의 모델이 식물과의 유사성을 기초로 한 것이고, 더구나 의심도 하지 않고 확립한 모델이기 때문에 고려할 대상이 아니라고 지적했다. 슈반은 첫 번째가 인이고, 그 안이 핵, 그리고 그다음이 세포라고 주장했다. 헨레는 난의 발생에 관한 연구에서 슈반은 난 전체를 세포로 간주했고 생식 소포(germinal vesicle)를 난의 핵이라고 간주했다고 지적했다. 그러나 소포 자체가 불확실하게 생성되는 형태로 남아 있는 세포라고 추측할 수 있는 좋은 증거라고 헨레는 생각했다. 더욱이 과립체는 핵의 바로 인접한 부위에서 관찰되기보다는 세포의 여러 부분에서 관찰된다. 특히 헨레는 슈반의 모델을 감염된 조직 세포에서 형성된 고름 세포에 적용하는 데 어려움을 겪었다. 그리고 헨레는 백혈구의 다엽상의 핵을 몇 개의 핵이 모인 것으로 생각했다.

헨레는 세포가 핵으로부터 생성된다는 슈반의 견해에는 동의하나 핵들이 인으로부터 생성된다는 견해에는 동의하지 않았다. 분명히 혈관이 없는데도 발생하는 피부에서의 세포 증식은 핵으로부터 새로이 형성된 세포의 가장 좋은 예로 인식되었다. 그러나 헨레는 이러한 세포의 증식 과정이 필수적으로 인과 더불어 시작하는지에 대해 의심했다. "또 다른 관찰 결과 과립체가 인의 근처에서만 만들어지는 세포핵을 생성한다는 사실에 대해 의심을 갖게 되었다." 그리고 나서 헨레는 예를 들었다. "그렇지만 핵이 없는 세포 유사체의 구조가 세포에 대한 핵의 기원에 대응하는 확실한 증거는 아니다."라고 그는 계속해서 주장하고, "핵이 없는 세포가 존재한다는 사실을 설명하기 위하여, 인이 없는 핵이 존재한다."고 주장하기 시작했다. 헨레의 종합적인 견해는 "슐라이덴과 슈반이 제안한 안이 그들이 주장한 내용 중에서 인으로부터 핵이 반드시 형성된다는 사실을 제외하면 세포의 생성에 대한 유일한 방법이다."라는 것이다. 헨레는 세포 생성이 일어나는 장소와, 그 생성 과정이 결정되는 방식이 비슷하다는 데 동의한다. 한편 "동물체에서는 많은 세포들 속에서 세포들이 형성될 수 있다는 사실을 더 이상 의심할 수 없다."라고 말했다. 헨레는 슈반이 제안한 관점과는 다른 3가지 기작을 제안했다. 첫째는 '발아', 둘째는 '내부발생' 그리고 셋째는 '세포 분열'이다. 우리에게 인상적인 점은 '헨레가 관찰한 것이 무엇이고 관찰한 것에 대한 생각이 어떤 것인가'라는 것인데, 헨레는 사실 보기와는 다른 피부만을 관찰해서 슈반이 기술한 기작에 의해 핵으로부터 세포가 생성된다는 확실한 증거를 발견한 것이다. 헨레는 또한 세포 분화에 대한 어떤 형태에 대해서는 슈반과 의견을 달리하였다. 일반적으로 헨레는 한 세포 형태가 다른 형태로 형질 전환한다는 생각에 더욱 기울어져 있었다. 그리고 헨레는 세포가 위치에 따라 그 세포의 형태가 결정된다는 생각에는 반대하지 않았다. 만약 세포가 평평한 표면을 따라 정렬되어 있다면, 그 세포들은 층을 형성하고, 그렇지 않으면 원추체가 될 것이라고 주장했다. 그러나 헨레는 섬유가 세포나 핵의 변화에 필수적이라는 점에 대해서는 믿지 않았다. 세포나 핵은 세포 내의 물질에 의해서 형성된 2차 침전물일 것이라고 하였다. 더욱이 헨레는 핵이 사라지는 것이 일반적인 과정과는 다르다고 생각했다. 대부분의 경우, 핵은 계속 존재하고 그가 매우 상세하게 기술한 대로 연속적인 변화를 한다. 그리고 헨레는 슈반이 기술한 많은 부분에 동의하지 않았으나, 그의 연구 어디에서도 슈반의 모델이 기본적으로 잘못되었다고 말한 적은 없다. 그리고 그는 다른 방식이 있다고 단언했다. 헨레는 휴식을 모르는 사람은 아니었다. 그가 30년 동안 근무했던 괴팅겐에서 마지막으로 학회장에 지명되었을 때, 그 학회에서 헨레는 아무도 의심할 바 없는 독일 해부학자들의 원로가 된 것이다. 잘 알려진 것처럼 그가 프러시아 독재자에 반대하여 베를린이란 도시 자체를 싫어했기 때문에, 젊은 시절 그곳을 떠나고 싶어 했다는 점은 누구도 의심하지 않았다.

웅거(Franz Unger)는 처음으로 슐라이덴의 모델 전체가 동물 조직에는 거의 적용할 수 없다고 정면으로 공격했다. 레이어(Alex Reyer)가 웅거의 짧은 전기를 1871년에 출간하였다. 그러나 오스트리아를 제외하고는 후대 역사학자들의 연구에서 웅거에 대한 언급이 별로 없었다. 웅거에게 이러한 무시는 의미가 없고, 세포의 본질에 대한 견해를 받아들이거나 바꾸거나, 바꾸어야만 하는 한 가지 이상의 기본적인 발견을 해야 한다는 책임만이 있었다.

웅거는 슈타이어마르크에서 태어났고 처음에는 그라츠에서 공부를 하고 후에는 비엔나에서 수학한 후 식물 해부학과 생리학의 교수가 되었다. 정치적 경쟁 상대였던 프러시아와 오스트리아 사이에서의 쾨니히그

그림 43 웅거(Franz Unger, 1800~1870)

레츠(Königgrätz, 1866) 전투 때 웅거는 오스트리아를 선택하여 합스부르크 제국의 자랑스러운 시민으로 자신을 생각했으나, 프러시아 제국인 베를린이나 예나에 대해서는 특별한 관심을 가지지 않았다. 그리고 웅거는 매우 독창적이고 열정적인 선생이었는데 멘델(Gregor Mendel)도 한때는 그의 제자 중의 한 사람이었다.

웅거가 처음으로 정액에 대한 관찰을 한 장소는 탁월한 플뢰슬(Plössl) 현미경을 사용할 수 있었던 비엔나의 물리학자이고 교수인 에팅하우젠(Ettinghausen)과 공동 연구를 한 키츠뷜(Kitzbühl)에서였다. 웅거는 Malva sylvestris 화분의 스쿼시(squash) 표본에서, 브라운이 기술한 운동(현재 브라운 운동이라고 부른다)과는 다른 세포의 세포질 움직임에 대해서 주목했다. 웅거의 세포질의 움직임에 대한 관찰은 1832년에 출판된 『식물지(*Flora*)』에 저자 자신의 말로써 가장 잘 묘사하였다.

그 움직임은 진동이 아니고 시간에 따라 전후좌우로 움직이거나 회전했다. 각각의 과립들은 서로 흩어지거나 접근하기도 하고, 접근하는 경우에는 그 움직임이 더욱 격렬하게 되었다. 각각의 과립들은 아래를 향하기도 하고 위로 가기도 했다. 그리고 표면에 있는 과립들은 바닥으로 내려갔다. 이러한 움직임은 신비롭기도 하고 놀라운 일로서 마치 내부에 생명력을 가진 단세포 생물들의 운동처럼, 이들 과립이 스스로 결정하여 움직이는 것처럼 보였다.

웅거는 브라운이 기술한 독특한 운동과 이 과립들의 움직임이 같지 않다는 사실을 밝히기가 매우 어려웠다. 그래서 작은 구획으로부터 일시적인 탈수를 하거나 알코올로 과립을 완전히 제거했다. 그리고 같은 조건에서 고운 유리 가루나 고운 무기물 가루의 행동이 전혀 다르다는 사실을 관찰했다. 웅거는 그가 발견한 사실의 중요성을 깨달았으나, 그가 할 수 있는 것은 상세한 설명뿐이었다.

이들 몇 가지의 관찰과 실험은 현재까지 많은 탁월한 결과와 특히 최근까지 얻어진 연구가 있었음에도 불구하고, 아직까지 적절하게 설명할 수 없었던 현미경적인 분자 세계를 설명하는 데 충분하다. 그러므로 그 당시에 이 움직임에 대한 문제를 해결하는 데 공헌한 점은 에팅하우젠 교수가 소유하고 있었던 실험 기구인 최고의 현미경을 사용한 것이다.

웅거는 과립의 움직임이란 주제에 대한 그의 결정적인 논문이 1850년에 콘(Ferdinand Cohn)에 의해서 발표될 때까지 자신이 발견한 사실에 대한 의미를 완전하게 인식하지는 못했다. 콘은 세포설에 있어서 후대 학자들이 적절하게 언급하지 못했던 사람 중의 하나이다. 콘은 1828년 브레슬라우의 유대인 가정에서 태어나서 브레슬라우에 있는 대학교에서 그의 모든 학업을 마쳤음에도 불구하고 승진하는 데 어려움이 있어서 늦게야 교수가 되었다. 그리고 그는 20여 년간 교수로 재직하는 동안 실험 공간을 얻지 못했다. 그가 적절한 실험 공간을 얻게 되었을 때, 그 공간을 독일에서는 처음으로 식물 생리학 연구소로 사용했다. 그리고 콘 자신이 식물체의 원시적인 형태로 간주한 세균의 분류에 있어서 유럽 최고의 권위자 중 한 사람이 되었다. 탄저균을 발견하고 '세균에 대한 연구'라는 제목으로 일련의 세균학 연구를 주도한 코흐(Robert Koch)의 연구 논문이 실린 『식물생물학지(Beiträge zur Biologie der Pflanzen)』를 바로 콘이 창간하였다.

Protococcus pluvialis의 발생을 다룬 콘의 논문(1850년)에서 그는 세포질의 밀도(엔도크롬(Endochrom), 세포질에 있는 녹색이 아닌 색소 물질)가 다양하다는 점을 지적했으나 Protococcus pluvialis가 핵을 가졌는지는 확인하지 못했다. 그러나 콘은 Protococcus pluvialis의 세포질의 기본 특성이 수축성이고, 이러한 수축성은 원시 형태에서와 마찬가지로 고등 식

그림 44 콘(Ferdinand Cohn, 1828~1898)

물에서도 필수적인 성질이라고 생각했다. 원시 세포의 가장 분명한 특징은 그 생물체의 수축성이고, 그리고 비록 수축성이 유주자(운동성 포자)의 필수적인 특징일지라도, 수축성을 갖고 있다는 것은 일반적으로 식물체가 살아 있다는 것을 의미한다. 이 수축성은 식물 세포가 부피에는 변화 없이 세포의 모양을 변화시킬 수 있는 능력을 갖게 한다.

수축성을 가진 물질이 원시적인 세포의 세포질이나 고등 세포의 세포질에 공통적으로 존재하리라는 생각은 콘이 인용한 바와 같이 바젤대학교의 해부학 교수였던 에커(Alexander Ecker)가 다시 제기하였다. 에커는 이런 수축성의 물질이 근육 세포에 가장 잘 발달되어 있고 적충류, 근족충류와 같은 원생동물 및 히드라에도 원시적인 형태로 존재한다고 주장하였다. 레마크는 에커가 개구리의 할구 세포에서도 물질의 이동을 관찰하였다고 언급하였으나 이에 대한 문헌적인 증거는 제시하지 않았다. 에커는 그가 관찰한 수축성의 물질이 뒤자르댕이 말하는 사코드와 동일한 것임을 지적하였으며, 콘 역시 자신의 수축 요소와 뒤자르댕의 사코드가 동일한 것이라고 생각하였다. 1855년에 웅거는 자신의 30년간의 연구 결과를 체계화하여 『식물 해부생리학(Die Anatomie und Physiolosie der Pflanzen)』을 발간하였다. 이 책에서 웅거는 콘의 생각을 전적으로 지지하였으며 그와 에팅하우젠이 20여 년 전에 발견한 세포질의 이동이 뒤자르댕이 말하는 사코드의 수축에 의하여 일어나는 것임을 인식하였다.

웅거는 자신의 학문적 주장이 슐라이덴과 정반대인 경우에도 매우 겸손한 문체로 자신의 생각을 피력하였으며, 이는 슐라이덴의 오만한 문체와는 대조적이다. 웅거는 슐라이덴의 모델에 대한 자신의 의문점을 1841년에 발표하였으며, 이때 이미 세포 분열이 새로운 세포를 생산하는 가장 보편적인 방법이라고 생각하였으나 다른 가능성을 배제하지는 않았다. 1844년에 웅거는 몇 편의 논문을 발표하였다. 이 논문들은 슐라이덴의 견해와 대립적이었으며, 새로운 세포는 한 개의 세포가 중앙에서 분리되어 두 개의 세포가 됨으로써 만들어진다는 견해에 동조하고 있었다. 이런 일련의 논문 중 처음 논문에서 웅거는 식물의 마디와 마디 사이의 생장은 세포의 증가에 의해 일어나며, 이들 세포는 연속적으로 배열되어 있음을 입증하였다. 두 번째 논문에서 웅거는 Campelia zamonia의 정단 분열 조직에서의 세포의 크기와 수의 증가에 대한 자세한 측정치를 보고하고 나서, 어떻게 새로운 세포가 만들어지는가에 대한 견해를 피력하고 있다.

두 번째 질문, 즉 '이미 형성된 조직에서 새로운 세포들이 어떻게 만들어지는가?'는 필연적으로 일반적으로 세포는 어떻게 만들어지는가에 대한 질문과 연결되어 있다.

나는 새로 만들어지는 세포는 사이토블라스트와 공간적으로 직접 연결되어 만들어진다는 점에서 사이토블라스트가 새로운 세포를 만드는 원천이라는 견해를 결코 받아들인 적이 없다. 또 이미 언급한 식물의 마디 사이 생장의 경우와 같이 주로 핵이 없는 세포로 이루어진 조직에서 사이토블라스트에 의해 새로운 세포가 형성된다는 것은 매우 설명하기 어렵다. 그러나 사이토블라스트설에 대해 내가 반박하는 이유는 생장하고 있는 조직에서 세포의 핵으로부터 형성되는 새로운 막구조를 아무도 관찰할 수 없다는 점에 있다.

즉 웅거는 핵이 없다는 사실이 슐라이덴의 기 설에 대한 결정적인 반증이 아니라는 점을 인식하고 있었으며, 따라서 그가 슐라이덴의 가설을 받아들이지 않는 이유는 슐라이덴의 가설을 지지하는 실험적인 증거가 없다는 데 있다는 것을 분명히 하였다. 웅거는 이어서 그가 실제로 관찰한 세포 형성 기작에 대하여 서술하였다. 그는 세포벽의 두께가 매우 다양함과 일부 세포의 경우 매우 얇은 세포벽을 가지고 있는 점을 주목하였다. "만약 이들 세포벽의 형성을 좀 더 조심스럽게 관찰한다면, 이 벽이 한 방향 또는 그 반대 방향으로 팽창하는 세포에서 이들 세포를 분할하는 역할

그림 45 네겔리(Carl Nägeli, 1817~1891)

(분할벽)을 하고, 그 결과 분열하는 세포가 두 부분으로 나누어진다는 것을 누구라도 관찰할 수 있을 것이다."

이런 기작은 물론 사상조류를 이용하여 두모르티어가 최초로 기술한 바 있으나, 웅거는 두모르티어를 언급하지 않았다. 이는 웅거의 조심성에 비추어 두모르티어의 결과를 모르고 있었음에 기인한다고 생각된다. 웅거는 또 몰과 네겔리가 Conferva와 Marchantia의 세포 분열에 대해 기술한 것은 인용하였으나 고등 식물에 대한 기술은 인용하지 않았다. 분할벽에 대한 웅거의 견해는 네겔리에 의하여 비판을 받았다. 웅거는 Syringa vulgaris의 어린잎의 털에 대한 연구에서 분할벽은 적어도 처음에는 단층이라고 믿었는데 비해, 네겔리는 분할벽이 두 층으로 되어 있다고 주장하였다. 더구나 네겔리는 핵이 필수적인 기능을 수행한 후에 사라졌다는 슐라이덴의 주장을 옹호하였다. 웅거는 네겔리의 비판에 대해 그의 일련의 논문 중 마지막 논문에서 응답하였으나, 그는 분할벽이 한 층인가 또는 두 층으로 되어 있는가의 문제는 새로운 세포가 어떻게 생성되는가에 대한 문제보다는 그 중요성이 매우 떨어진다고 생각하였다. 웅거는 네겔리의 비판에 대해 마지막으로 다음과 같이 응답하였다. "세포의 수가 증가하는 거의 모든 경우, 세포 수의 증가는 하나의 세포 안에서 새로운 세포가 생기는 것이 아니라 세포의 분열에 의해 일어난다. 따라서 새로운 세포를 자신 안에서 만드는 모세포의 존재나 이 모세포의 해체에 대하여는 질문이 성립하지 않는다." 웅거는 특수한 조건 하에서 세포 분열이 아닌 다른 방법에 의한 세포 증식의 가능성을 완전히 부정하지는 않았으며, 다만 그 자신은 세포 분열이 아닌 다른 방법에 의한 세포의 증식을 관찰하지 못하였음을 분명히 하였다. 특히 고등 식물 및 하등 식물의 경우, 분할벽의 형성에 의한 이분법이 이 생물의 정상적인 세포 증식 방법임을 분명히 하였다.

현대인에게는 웅거의 이론보다 네겔리의 이론이 그 당시에 훨씬 더 영향력을 발휘하였다는 것이 놀랍게 보일 것이다. 이는 네겔리의 이론은 당시 유행한 학설에 더 쉽게 수용될 수 있었으나, 웅거의 세포 분열 이론은 이 학설에 정면으로 도전하고 있었음에 기인한다. 웅거는 세포 분열이 아닌 다른 양식에 의한 세포 증식 기작이 존재할 가능성을 원칙적으로는 받아들이고 있었으나, 그의 연구 논문을 보면 웅거는 세포의 증식은 이미 존재하는 세포가 이분법에 의해 둘로 갈라져서 일어나며 미분화된 사이토블라스템에서 새로 만들어지는 것이 아님을 확신하고 있었다. 이와는 달리 네겔리는 이분법에 의한 세포의 증식이 존재함을 받아들였고, 또 특정 경우에 이분법에 의한 세포 증식의 중요성에 대해 강조하기도 하였다. 그러나 이분법은 그가 관찰한 여러 종류의 세포 증식 기작 중의 하나이며, 이들 다른 기작에 의한 세포 증식도 이분법에 의한 세포 증식만큼이나 중요하다고 주장하였다. 그는 이러한 견해를 1844년과 1846년에 발표한 두 편의 논문에서 상세히 설명하였다.

1844년에 발표한 논문은 주로 당면(silkweed)과 다른 하등 식물에 대하여 다루고 있다. 이 논문에서 네겔리는 이분법에 의한 세포 증식을 관찰하였고, 사상조류를 비롯한 일부종에서 이러한 증식이 분지점을 제외하면 사상체의 끝에 있는 세포에서만 일어난다는 사실을 확인하였다. 그러나 그는 두모르티어의 연구에 대해서는 언급하지 않았다. 이런 연구에서 분할벽의 정확한 본질이 무엇인가는 네겔리를 많이 괴롭힌 문제였다. 그 당시에 제기된 두 종류의 세포 분열 방법, 세포막의 수축에 의한 세포 분열과 세포벽에 의한 분할벽 형성에 따른 세포 분열 중 네겔리는 후자를 선호하였으나, 세포막과 식물의 세포벽 간에 분명한 구별을 하지는 않았다. 그러나 웅거는 이 문제는 부수적인 것으로 생각하였다. 네겔리는 핵은 분할벽이 형성되기 전에 둘로 갈라진다고 믿었으나 사상조류에서 핵을 관찰할 수가 없었으므로, 이 식물이 핵이 없는 종류일 가능성을 고려하고 있었다. Sphacelaria scoparia(갈조류의 일종)에서 네겔리는 세포의 한쪽으로 과립들이 축적되는 것을 관찰하였으며, 이에 근거하여 이 식물에서의 세포 분열은 슐라이덴의 가설로는 설명되지 않는다고 결론지었다.

슐라이덴은 네겔리의 견해를 신랄하게 비평하였다. 그러나 네겔리는 자신의 견해가 옳음을 강하게 주장하였고, 또 슐라이덴의 비판에 대해 적절히 대항할 근거를 갖고 있다고 생각하였다. "나는 사상조류의 세포 증식은 하나의 세포 안에 다른 작은 세포들이 형성되는 방법으로는 일어날 수 없다고 생각한다." 그러나 네겔리는 포자의 형성이나 화분 모세포의 경우에는 일차 핵이 이차 핵을 형성하고, 이후 이차 핵으로 흡수된다고 믿고 있었다. 네겔리의 세포 분열 방법에 대한 견해는 1844년 논문의 마지막에 잘 나타나 있다. 그는 사상조류와 몇 종의 수서 식물의 경우 이들의 세포 증식은 이분법에 의해서만 일어난다고 믿었으나, 이 식물들의 생식 세포나 포자는 다른 방법에 의해 형성된다고 생각하였다. 그러나 종자 식물을 포함한 다양한 고등 식물에 대해서 그는 다음과 같이 단언하였다. "이들 고등 식물의 세포는 특별히 분화된 모세포들을 제외하면 핵과 함께 새로 형성된다." 따라서 이 시기에 네겔리는 관망하는 자세를 취하고 있다. 네겔리는 하등 식물에서는 분할벽 형성에 의한 세포 분열이 세포 증식의 일반적인 방법이라고 주장하였으나 이외의 식물에 대하여는 슐라이덴의 가설, 사이토블라스트에 의한 세포의 생성을 부정하지 않았다.

네겔리가 1846년에 연구 결과를 발표할 때, 그는 연구 대상을 크게 확장하였고 그의 주장을 보다 정확히 하였다. 그는 당면과 다른 여러 하등 식물의 경우, 생식 세포와 포자를 제외한 다른 세포의 증식은 이분법에 의해 일어난다는 그의 견해를 더 확고히 하였으며, 슐라이덴의 비평에 대하여 반론을 제기하였다. 슐라이덴은 원래는 네겔리의 관찰뿐 아니라 사상

조류의 세포 증식에서 이분법의 중요성을 제시한 몰과 마이엔의 결과에 대해서도 의문을 제기하였다. 슐라이덴은 세포가 둘로 분열함에도 불구하고, 새로운 세포들은 그가 기술한 방법으로 생성되었다고 주장하였다. 이 시점에서 슐라이덴은 그의 주장을 수정하였다. 실제로 슐라이덴은 그의 주장을 계속 수정하여 결과적으로 그의 주장은 거의 논리가 맞지 않는 결과를 초래하였다. 그러나 슐라이덴의 수정된 주장에 대해서, 적어도 사상조류의 세포 증식에 대해서 네겔리는 계속 슐라이덴의 주장을 반박하였다. 네겔리는 여전히 고등 식물에서는 완전한 세포가 새롭게 만들어진다(세포 형성)는 이론을 배제하지 않았으며, 또 사상조류에서도 일부 특수한 세포는 이런 방법으로 만들어진다고 생각하였고, 이런 현상을 실제로 관찰하였다고 주장하였을 뿐 아니라 이런 현상에 대한 체계적 분류를 제시하였다. 그는 유리 세포 형성을 핵이 없는 상태에서 세포가 형성되는 경우와 핵이 있는 상태에서 세포가 형성되는 경우의 두 가지로 크게 분류하였다. 첫째 경우의 예로는 그는 사상조류를 포함한 많은 조류를 예로 제시하였다. 그는 때때로 이들의 생식 세포는 다른 세포 내에서 만들어지며, 이때 이 생식 세포들이 들어 있는 세포는 세포질이 전혀 없다고 기술하였다. 그러나 네겔리는 이런 세포 증식을 일부 원시적인 식물에서 나타나는 비정상적인 예라고 간주하였다. 두 번째 범주, 즉 핵이 있는 세포 내에서 새로운 세포가 만들어지는 경우에 속하는 경우로 네겔리는 종자식물의 배낭에서의 세포 형성을 예로 들었다. '유리 세포(free cell) 형성-세포 증식의 일반적인 원칙'이라는 제목으로 네겔리는 완전한 세포가 이미 존재하는 세포 내에서 새로 만들어지는 경우는 Zygnema의 생식 세포, Achlya의 포자낭, 그리고 Bryopsis, 사상조류, 그리고 다른 조류의 비정상적인 세포 증식에 의해 형성된 거대 세포에서 가장 극명히 나타난다고 주장하였다. 그가 관찰하였다고 주장한 이런 세포 증식 방법의 기작으로 그는 슐라이덴의 최초 가설의 일부를 그대로 이용하였다. 즉 모세포 내에 핵이 새로 생기고, 이 결과 이 새로 생긴 핵 주위로 모세포의 물질들이 모여들게 되며, 이어서 세포막이 형성되어 이 새로운 핵과 주변 물질을 둘러싸게 된다. 네겔리에게 이런 여러 세포 형성 기작의 요체는 세포가 가진 내용물을 두 개의 독립적인 단위로 나누는 데 있었으며, 그는 이 개념을 세포질의 개별화라고 불렀다. 그는 이런 세포질의 개별화는 여러 다양한 방법으로 일어날 수 있다고 생각하였다. 네겔리가 이분법에 의한 세포 분열을 여러 다른 생물에서 관찰하였고 이의 중요성에 대하여 강조한 것은 사실이다. 하지만 개인적으로 네겔리가 크게 영향력을 발휘한 이유는, 그가 그 당시에 유행한 가설을 정면으로 부인하지 않으면서 다른 가능성을 제시한 데 있다고 본다.

네겔리와 멘델[1]의 교류에 대해서는 반드시 언급할 필요가 있다. 멘델은 완두 교배에 대한 그의 연구 결과를 자비로 인쇄하여 당시의 여러 저명한 과학자들에게 보냈으나, 이들 중 네겔리만이 이 연구 결과를 중요하게 받아들였으며 이 실험을 Hieracium(조밥나물의 일종)을 이용하여 반복하고자 하였다. 그러나 Hieracium은 무성 생식으로 증식하는 식물이므로

---

1 한국유전학회 총서 제1권 『현대 유전학의 창시자 멘델』, 2008. 전파과학사

완두를 이용한 멘델의 결과를 반복할 수는 없었다. 네겔리는 Hieracium을 이용한 자신의 실험 결과를 멘델에게 알렸고, 이에 따라 멘델은 자신이 Hieracium을 이용하여 여러 실험을 수행한 끝에 Hieracium은 완두와는 다르게 유전한다는 것을 확인하였다. 1951년에 멘델을 기념하기 위한 글에서 던(Dunn)은 네겔리가 Hieracium을 선택한 것은 불행한 일이었다고 쓰고 있으나, 최근 멘델의 전기에서 오렐(Orel)은 Hieracium을 이용한 실험이 여러 다양한 식물에서의 교배의 결과를 연구하기 위해 고안한 체계적인 연구의 일부일 뿐이라고 Hieracium을 이용한 연구를 정당화하였다. 어떻든 간에 Hieracium을 이용한 연구는 멘델로 하여금 그가 완두에서 밝힌 유전의 법칙이 많은 생물에 공통적으로 적용되는 것인가에 대하여 의문을 갖게 하였다.

지금까지 내가 이 장에서 기술한 모든 것은 현미경으로 관찰이 용이한 식물 세포에 대한 것이며, 이런 현미경 관찰은 일부 사실과 함께 많은 추측을 포함하고 있다. 동물 세포의 경우 경험적인 증거는 단편적이다. 슐라이덴의 가설, 유리 세포 형성에 의한 식물 세포의 증식은 다른 많은 식물학자들의 비판에 의해 곧 뒤집혔으나, 슈반은 동물 세포에서 식물 세포와는 다른 결과를 얻기 위한 마음에서 슐라이덴의 가설을 고집하였다. 자신이 지지하고 또 널리 알린 슐라이덴의 가설이 식물만이 아니라 동물 세포에도 적용되지 않음이 확실해진 후에도 슈반은 그 당시 새로 확인된 결과, 즉 세포는 분열에 의해 증식하지만 세포의 생성에는 핵이 중추적인 역할을 한다는 점을 들어 자신의 주장을 정당화하고자 하였다. 슈반의 주장을 뒤집는 가장 결정적인 증거를 제시한 사람은 레마크이며, 그는 닭의 배에서 적혈구 증식에 대한 관찰 결과를 1841년에 발표하였다. 이는 슈반이 그의 가설을 발표한 바로 2년 후이며, 웅거가 식물 세포의 분열에 대한 일련의 연구 결과를 발표하기 3년 전이다. 레마크는 새로운 세포는 이미 존재하는 세포의 내부에서 형성되거나 세포 외액에서 사이토블라스트가 새로 형성되어 만들어지는 것이 아니며, 그는 세포막이 없는 핵은 관찰할 수가 없었다고 보고하였다. 즉 적혈구의 증식은 항상 이분법에 의해서만 일어났다. 이런 결과는 레마크가 우연히 관찰한 것이 아니었다. 베를린대학교의 대우부교수였던 그는 이런 적혈구의 증식을 매년 그가 가르치는 학생들에게 보여주었다. 1845년에 이르러서는 초기 근육 조직에서 근육 세포가 분열에 의해 증식하는 것을 관찰하였고, 1852년에는 동물에서 일어나는 모든 세포의 증식은 이분법에 의해 일어난다는 견해를 응분 확립하게 되었다. 말할 필요 없이 레마크의 주장은 처음에는 받아들여지지 않았으며, 피르호조차도 1854년에 이르기까지는 레마크의 주장을 받아들이기를 유보하였다. 비록 그의 생전에는 이런 중요한 발견에 대한 마땅한 보상을 받지는 못하였으나 동물 세포 증식에 대한 논쟁은 결국 레마크의 승리로 끝났다. 그러나 현재에도 레마크는 그의 중요한 업적에 걸맞은 영예를 받지 못하고 있다.

제12장

수정란에서 배아까지

그림 46 베어(Karl von Baer, 1792~1876)

    닭의 수정란에서 배가 발생하는 것에 대한 관찰은 아리스토텔레스가 그의 저서인 『동물발생론(De generation animalium)』에서 기술한 것보다도 훨씬 앞서 이루어졌다. 그러나 푸르키녜와 슈반이 세포를 발견한 다음 식물과 동물의 가장 기초적 단위가 세포라는 사실이 일반적으로 받아들여졌음에도 불구하고 배 발생의 초기 단계와 세포설을 연결 짓는 일은 시도되지 않았다. 또한 그라프(Regnerus de Graaf) 이전에는 포유류의 배아가 조류의 난자에서 관찰되는 것과 동일한 과정으로 수정란으로부터 발생한다는 것도 알려지지 않았다. 1672년 네덜란드의 델프트(Delft)에서 내과를 개업하고 있던 그라프는 포유류의 난자를 관찰했다고 주장하였다. 그의 책에서 이와 관련된 문구를 발췌하면 다음과 같다. "따라서 우리는 난자가 통과해야 할 모든 통로를 여러 번에 걸쳐 조사했으며, 그 결과

오른쪽 난관의 중간쯤에서 난자 한 개를 발견하였고, 자궁의 끝부분에서 2개의 작은 난자를 볼 수 있었다." 이들 난자의 그림은 책에 첨부한 도판에 제시하였으며, 성행위 후 3일째에 이들을 발견했다고 했다.

170년 뒤에 비쇼프(Ludwig Wilhelm Bischoff)는 이 문제에 대해 의문을 제기하였다. 즉 1840년 프러시아 왕립과학회상을 획득한 논문에서 그는 그라프가 기술한 이 통로를 지적하면서 난자 2개가 붙어 있는 듯한 주머니로 구성되어 있다고 기술한 후자는 옳았지만, 초기 난자를 대상으로 한 자신의 연구에 의하면, 이러한 변화는 나팔관이나 자궁에서조차 명백히 관찰되지 않았다고 했다. 따라서, 비쇼프는 그라프의 관찰이 일종의 허상일 것이라고 생각했다. 한 세기가 훨씬 지난 뒤 베이커는 그라프의 관찰을 지지했다. 그는 그라프가 실제로 본 것이 상실기의 배아거나 포배낭이었을 것으로 추측했다. 따라서 그라프가 자신의 이름을 딴 난포를 발견했다는 것에는 이론의 여지가 없지만 그가 진정으로 포유류의 난자를 발견했는지는 의문으로 남아 있다.

그렇지만 베어가 포유류의 난자에 대해 1827년 라이프치히에서 라틴어로 발표한 것은 의심할 여지가 없다. 너무나도 당연한 기술적 이유로 그 당시에는 하나의 포유류 난자에서 발생 과정을 지속적으로 연구할 방법이 없었으며, 사람의 난자에 대해서는 더 말할 나위조차 없었다. 따라서 18세기 말엽 사람들의 관심은 독립적으로 발생하는 난자, 혹은 적어도 쉽게 접근할 수 있는 대상을 재료로 한 연구에 모아졌다. 1775년 로프레디(Roffredi)는 독립생활을 하는 선충류인 Rhabditis의 알에서 일어나는 난할에 대해 기술하였지만, 그는 자신이 관찰한 것이 할구의 형성이라는 것을 인식하지는 못했다. 1780년 스팔란차니는 두꺼비 난자의 발생 과정에서 4세포기와 청개구리의 난자 발생에서 2세포기를 관찰한 것으로 보인다. 돌출했던 것이 그의 표현대로 한다면 '솔케티(Solchetti, 작은 홈이라는 뜻)'에 의해 나누어지는 것으로 기술하고 있는데, 베이커는 그가 본 것이 신경구(neural groove)였을 것으로 추측했다. 스팔란차니가 이후에도 미수정란 속에 축소형의 배아가 있다는 믿음을 계속 가지고 있었던 것으로 보아, 그는 솔케티의 중요성을 인식하지 못했음이 분명하다.

그 뒤 프레보와 뒤마가 난자의 난할에 대한 정확하면서도 세밀한 분석적 관찰을 했다. 베어가 이 연구 결과와 루스코니의 연구 결과를 별로 중요하게 여기지 않은 것은 권위 있는 베어의 명성에 흠이 될 수도 있겠지만 이 관찰은 좀 자세히 다룰 필요가 있다. 프레보와 뒤마는 개구리의 정소에서 나온 액체로 처리한 개구리의 난자가 발달하는 것을 관찰하였다. 이 처리 후 개구리 난자에 선이 형성됨을 관찰했는데, 이 현상은 십자가 모양의 홈이 생기기 전 단계의 과정이었다.

> 먼저 이 선은 난자의 표면에 겨우 보일 정도의 얕은 홈과 같은 생태로 출발하지만 놀라운 속도로 깊어지며, 이와 동시에 이 홈에 수직으로 수많은 잔주름들이 평행선을 그리며 생겨난다. 홈은 점점 더 깊어지고 난자는 확연하게 두 부분으로 나뉜다. 이어 새로운 선이 생기는데 이것은 갈색과 노란색 반구의 경계부에 나타나 마치 적도와 같이

난자를 4부분으로 나누고, 이 부분들은 다시 앞서 형성된 홈과 수평인 또 다른 홈들에 의해 2개씩으로 점차 나뉜다. 이렇게 하여 갈색 반구는 동일한 크기의 16개 부분으로 나누어진다. 이후 갈색 반구는 마치 오디(뽕나무 열매)와 같은 모습을 한 수많은 알갱이 모양을 띠게 된다. 처음에는 30~40개의 숫자를 셀 수 있지만, 2시간 이내에 점점 나누어져 80개 이상이 된다.

위의 글은 프레보와 뒤마의 관찰이 개구리 난자의 표면에서 벌어지는 현상에만 국한되지 않았음을 최초로 보여주고 있다. 그들은 발생하는 난자의 표면에서 자신들이 관찰했던 홈이 난자의 완벽한 분할을 일으키며, 이 과정이 반복되어 결국 오디 모양이 될 때까지 분할된 부분이 세분화됨을 처음으로 인식하였음에 틀림없다. 만약 그렇지 않았다면, 그들이 왜 분할 부분(segment)이나 반구(hemisphere)와 같은 용어들을 사용했는지를 설명하기 어려우며, 오디의 구조에 대해 그들이 어떤 생각을 가지고 있었는지도 상상하기 힘들다. 그들은 표면에 생기는 홈과 더욱 깊어지는 틈이 난자를 점점 나누어, 결국 두 개의 분할된 부분이 만들어진다는 사실을 틀림없이 생각해 낼 수 있었을 것이다. 이 아이디어가 처음 제시된 이래 30년 넘게 믿어 왔으며, 독일 문헌에서는 결찰(Abschnurüng)이라는 이름으로 불렸다. 그러나 프레보와 뒤마는 자신들이 세포의 증식을 보고 있다는 생각은 하지 못했으며, 그 중요성은 푸르키녜와 슈반이 나중에 인식하였다. 1824년 당시 그것은 무리였다.

그림 47 루스코니(Mauro Rusconi, 1776~1849)

    1826년 출판된 개구리의 발생을 다룬 책에서, 루스코니는 그보다 앞선 사람들인 프레보와 뒤마와 같이 난자가 점차 부분 부분으로 나뉘는 것을 정확하게 기술하고 있다. 루스코니는 파비아(Pavia)대학교의 조교로 있었으며, 주임교수가 되지는 못했고, 중년의 나이에 은퇴하여 일반인으로서 평범한 삶을 살았다. 그의 책은 프랑스어로 쓰였으며, 다음과 같은 중요한 대목을 담고 있다.

    만약 우리가 수정란을 삶는다든가 또는 다른 방법으로 수정란이 좀 단단해지도록 할 수 있다면, 그리고 한발 더 나아가 이와 같은 일을 갈색 반구의 표면이 서로 교차하는 홈으로 완전히 덮였을 때 시행한다면, 수정란을 표면에 있는 홈이 많고 적음에 따라 다양한 크기의 조각으로 나눌 수 있을 것이다. 요약하여 이러한 실험을 시간을 달리하여 반복한다면, 우리는 수정란이 2개로 나누어지고, 이어서 4개, 그리고 분할이 계속됨에 따라 점점 더 작은 단위로 나누어짐을 발견할 수 있을 것이다.

결국 전체는 작은 입자들의 모임과 같이 될 것이다. 그의 저서에서 인용한 위의 글은 수정란이 분할되어 가는 과정을 아주 정확하게 묘사하고 있다. 따라서 루스코니는 이 과정에서 무엇이 일어나고 있는지를 명확히 알고 있었음에 틀림없다. 그러므로 무미 양서류의 난자에서 일어나는 변화에 관한 유명한 논문에서 베어가 앞선 일을 무시했다는 것은 놀랄 만한 일이다.

이 논문은 1834년에 출판되었는데, 그 해에 베어는 쾨니히스베르크(Königsberg)에서 교수직을 사임하고 세인트피터즈버그로 옮겨 의과대학(Medicochirurgical Academy)과 과학원의 비교해부 및 생리학 교수로 거의 30년간 봉직하게 된다. 베어는 "그들의 관찰은 난자의 표면에서 뚜렷이 관찰할 수 있는 …."이라는 표현으로, 프레보와 뒤마의 연구가 난자 표면에 생기는 홈의 관찰에 한정되어 있다고 지적하였다. 그리고 그들의 연구가 제한적일 수밖에 없었던 이유를 "그들은 난황을 단단하게 한 다음 이것을 분석하기 위해 난자로부터 흰자를 제거할 방법이 없었기 때문에"라고 설명했다. 베어는 자신이 이 문제를 해결할 수 있는 적절한 방법을 가지고 있다고 생각했기 때문에 이렇게 이야기하고 있다. "따라서 우리는 모든 연구를 표면에서 관찰할 수 있는 것으로부터 시작하여 내부로 향해야 한다고 제안한다. 그러나 오해의 여지가 없기 때문에 우리는 표면에서 관찰할 수 있는 홈이 난황 전체를 나누는 분할의 경계일 뿐이라는 주장을 처음부터 견지할 것이다."

베어가 앞선 사람들보다 난할에 대해 좀 더 완벽한 분석을 했다는 점에는 의심할 여지가 없다. 그는 갈색개구리의 알에서 제1~제10분열까지의 과정을 세밀히 추적하였으며, 그의 논문에서 도판은 그의 관찰이 얼마나 치밀했는지를 충분히 보여주고 있다. 그러나 프레보와 뒤마가 표면 현상만 다루고 있다는 베어의 주장은 호의적으로 판단할 때 그가 그들의 논문을 잘못 이해했다고밖에 할 수 없다. 더 심하게 표현한다면 고의로 그들의 논문을 평가절하했다고 할 수 있다. 또한 베어는 루스코니의 연구에 대해 같은 종류의 비평을 하지는 않았지만, 루스코니의 연구 결과가 모호하며 해석하기 힘들다고 평가했다. 루스코니는 1836년 출간한 『Archiv für Anatomie und Phystologie』에 베어의 비평에 대한 반론을 발표했다. 이 반론은 베어의 비평에 대한 루스코니의 견해를 밝히기를 요구한 베버의 요청으로 이루어졌다. 반론에서 루스코니는 앞에서 언급했던 문장을 인용하고 있다(사실 반론에는 그의 저서에 있는 것과 두 가지 사소한 차이가 있는데, 의미상으로는 큰 차이가 없다). 그는 반론에서 흰자를 제거할 방법이 없었기 때문에 난황을 단단하게 만들지 못했고, 따라서 그들의 관찰이 표면에만 머물렀다는 주장을 받아들이지 않고 있다. 루스코니는 여러 가지 방법으로 흰자를 제거하고 난황을 단단하게 만들었다. 더구나 루스코니가 난자가 아주 작은 단위체로 분할되는 것을 관찰했다는 사실은 의심할 여지가 없다. 또한 루스코니의 저서에 포함된 손으로 그린 아름답기까지 한 도판은 분할의 과정을 베어의 논문에 포함된 그림 못지않게 생생히 묘사하고 있다.

베어가 루스코니의 책을 인용하고 있으므로 누구나 베어가 루스코니의 책을 읽었다고 생각할 것이다. 그러나 만약 그렇다면 어떻게 베어가 그토록 교만하게 루스코니의 업적을 무시할 수 있었는지 이해하기 힘들다. 루스코니는 이에 대해 교묘히 응수했다. 그는 베어와 같은 탁월한 학자가 난자의 분할이 난자의 모든 부분에 정자의 직접적 활동을 미칠 수 있는 방편을 제공하기 위한 것이라는 견해를 가진 것에 대해 놀라움을 표시했다. 루스코니는 분할이 일어나는 시기는 이미 수정이 끝나 정자의 활동이 완료된 이후라는 점을 지적하였다. 베어는 축소형 배아가 이미 난자 내에 자리 잡고 있다는 전성설적 견해를 그의 실험이 불식시켰음을 다음과 같이 강조하였다. "내가 다루어온 난자 중에서 개구리의 난자는 전성설을 반박할 수 있는 유일한 것으로 보인다." 그러나 루스코니는 전성설의 불가능성에 대한 베어의 견해에 동조하면서도, 전성설을 반박하는 증거가 프레보와 뒤마에 의해 이미 제시되었음을 지적하고 있다. 그는 프레보와 뒤마를 옹호하는 일에 많은 노력을 기울이지는 않았으나, 그들의 관찰이 단지 피상적이라는 베어의 주장은 근거가 없음을 분명히 했다.

베어의 주장에 대한 그의 반론을 발표했던 해, 루스코니는 농어류의 난자에 대한 논문도 발표하였다. 다시 한번 그는 개구리의 난자에서 볼 수

그림 48 개구리 난자의 난할 과정을 설명한 베어의 도해

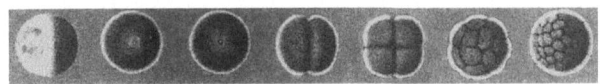

그림 49 루스코니가 도해한 개구리 난자의 난할 과정

있었던 것과 매우 흡사한 방법으로 수정 후 분할이 일어남을 기술하였다. 베어의 논문은 독일 과학자들에게 매우 호의적으로 받아들여졌고, 실질적으로 모든 교과서는 그가 할구에 홈이 형성되는 것과 분할(난할을 뜻함)이 일어나는 것의 생물학적 의미를 최초로 발견한 것처럼 취급하고 있다. 그러나 진실은 프레보와 뒤마가 최초의 발견자이며, 루스코니는 이것을 다시 한번 확인한 것이다. 베어의 논문은 아주 좋게 말한다면 그들의 발견을 재확인한 것이며, 단지 실험적인 면을 아주 상세하게 다룬 것이라고 할 수 있다.

베어가 개구리 난자의 분할에 대한 논문을 발표한 때와 비슷한 시기에 카트르파지는 앞서 언급했듯이 민물산 달팽이와 연체동물의 일종인 다른 복족류의 배아 형성에 관한 논문을 발표하였다. 베어와 그보다 앞선 루스코니가 그들이 관찰한 것을 난자의 점진적 분할로 해석했음에 반해, 카트르파지는 이러한 전체의 과정을 모세포 내에서 내재적으로 구형의 물체가 형성되는 단적인 예로 해석하였다. 그가 실험적 조작 과정 없이 단순 관찰로부터 얻을 수 있는 최대한의 결과를 얻기 위해 노력했음은 자명하지만, 그가 사용했던 언어와 동일한 언어로 쓰인 프레보와 뒤마, 또는 루스코니의 관찰 결과를 자신의 것과 비교하지 않았다는 것은 놀라운 일이다. 아마도 그의 머리는 당시 파리에서 유행했던 세포의 형성에 대한 생각으로 꽉 차 있었을 것이다. 1835년 출간된 브르다흐(Burdach)의 생리학 교과서에 쓴 글에서 지볼트(Siebold)는 할구에 홈이 형성되는 것을 척추동물의 난자에서만 관찰할 수 있었다고 밝히고 있으며, 무척추동물의 난자에서는 관찰할 수 없었다고 지적하고 있다. 그는 프레보와 뒤마, 루스코니와 베어의 연구 결과는 인용하고 있으나 카트르파지의 논문은 모르고 있었던 것이 분명하다. 지볼트는 회충류, 다른 선충류 및 성게류 같은 광범위한 무척추동물의 난자에서도 할구의 홈을 관찰하게 될 것이라고 쓰고 있다.

지볼트는 이전 연구자들의 분석 결과로부터 세포질 만입을 난자에서 점진적으로 일어나는 세포 분열로 해석하였다. 그러나 그 결과로 생겨난 주머니의 중요성을 확신할 수 없었다. 그는 주머니들 중에 더 작은 것이 존재함을 주목하고 다른 동물에서 관찰한 것과 유사하게 큰 주머니를 푸르키녜 출아낭, 작은 것은 바그너(인) 출아낭이라고 제안하였다. 2년 전인 1833년 10월 코스트(Jean Victor Coste)는 파리 학술원에서 발표하기를 이전에 푸르키녜가 닭의 난자에서 발견한 출아낭과 유사한 구조가 토끼의 미수정 난자의 난황 표면에 존재한다고 보고하였다. 그의 실험 결과는 그해 11월 『Frorieps Neue Notizen』에 요약하여 발표하였으며, 이후 푸르키녜 출아낭은 새와 포유동물뿐 아니라 일부 무척추동물의 난자에도 존재하는 것으로 알려졌으나 그 기능에 대해서는 여전히 의문이 있었다.

초기 배아의 발생에 관한 슈반의 생각은 배리(Martin Barry, 1802~1855) 책 속의 그림에 잘 설명되어 있다. 배리는 에든버러대학교에서 의학박사 학위를 받았으나 돈을 마련한 후 의사 일을 그만두고 1837년 뮐러, 에렌베르크, 바그너 등의 권유로 독일로 건너가 연구를 하게 된다. 배리는 실제 슈반과 함께 연구하였고 후에도 계속 교류하며 지냈다. 배리는 1838~1841년 사이에 『Philosophical Transactions of the Royal Society』라는 학술지에 '발생학 연구 동향'이라는 일련의 논문을 발표하였는데, 이 시기는 슈반이 단행본을 저술한 시기이기도 하다. 배리는 1838년 논문에서 푸르키녜낭이 개, 고양이, 소, 양, 토끼, 닭, 비둘기에 모두 존재한다고 발표하였다. 배리는 낭의 기능에 대한 베어의 생각을 반박하였지만, 그 자신도 핵이나 인의 분열에 대한 아무런 언급 없이 관찰 결과를 자세히 설명하는 수준에 머무르고 있었다. 배리는 1839년 슈반과 유사한 주장을 발표하는데, 젖먹이를 키우는 어미와 같은 난자는 발생 단계마다 특징적인 주머니들을 갖고 있으며 각 단계에서 출현하는 주머니들 속에는 최후에 출현하는 주머니보다 많은 새끼주머니로 구성된다고 하였다. 어미 주머니 속에는 2개 이상의 새끼주머니가 들어 있으며 나중에 어미 주머니는 녹아서 사라진다고 설명하였다. 배리는 슈반의 생각과 일치하는 인을 내용에 포함하는 모델을 제안하였다. 논문의 뒤편에서 덧붙이기를 "이 모든 것이 지금까지 내가 연구한 결과와 같으며, 이것은 난자에게 부여된 조건으로 입증할 수 있다."고 하였다.

1840년대에 발표한 논문에서 배리는 푸르키녜낭이 세포의 핵이라고 결론짓는다. 이와 관련하여 논문의 부제도 '배아의 잔재는 세포의 핵이다'라고 쓰고 있다. 그의 결론은 슐라이덴과 슈반의 견해에 근거하고 있었으나 일부 중요한 내용을 수정하였는데, "그들이 주장한 대로 핵이 세포막을 남겨 둔 채 단순히 녹아서 사라진다는 것을 나는 수용하기 어렵다."고 하였다. 이 시기에 배리는 "핵의 중심에 있는 어떤 것이 발생에 필수적인 요소이다."라고 생각하게 된다. 1841년 발표한 3편의 논문 가운데 1편은 뮐러와 슈반의 실험에 사용했던 척색을 배리야말로 이용한 것이고, 다른 하나는 혈구 세포를 이용한 실험으로, 핵이 배아 발생에서 가장 중요한 요소임을 다음과 같이 주장하였다. "배아가 세포의 핵으로부터 기원한다는 것을 생리학자들은 동의하지 않지만, 나는 이 생각이 하나의 의문점을 푸는 데 도움을 준다고 확신한다." 그러나 적혈구는 세포핵의 분열로 증식된 것이다.

이 분야에서 많은 연구를 한 베이커는 배리야말로 할구를 진정한 세포로 간주한 최초의 과학자라고 했다. 그러나 그의 각고에 찬 연구는 슈반이 제시한 세포 형성 모델에 자신이 발견한 내용을 맞추려고 했던 행동으로 인해 비난을 받는다. 그는 슈반의 권위에 도전하는 것이 어려운 일이라고 생각했던 것 같다.

배리가 『Philosophical Transactions of the Royal Society』에 발표한 마지막 논문을 쓰던 해에 바그너의 조교였던 베르크만(Carl Bergmann)은 뮐러의 학술지에 훨씬 더 발전한 내용을 발표한다. 베르크만의 관찰은 갈색 풀개구리알과 영원의 일종인 Triton igneus와 Triton cristatus의 난자를 재료로 한 것이었다. 그는 세포질 만입이 난자를 갈라 배아를 형성하는 세포를 만든다고 명확히 결론짓는다.

> 그럼에도 불구하고 밝은 점 하나를 갖고 있는 난황 과립으로 가득 찬 이들 둥근 덩어리야말로 완전한 난자로 생각되며, 이것은 발생하는 배아에 존재하는 세포와 같은 것이다. 이들 특징적인 구성물 간의 상호작용에 기초해 볼 때 이러한 특성은 무엇인기 특별한 것으로 간주할 만하다.

비록 베르크만은 '밝은 점'을 핵으로 간주하였지만, 그는 이것의 공통적인 특성과 기능에 관한 증거가 나올 때까지 이러한 결론을 보류하였다. 1842년 발표한 후속 논문에서 "밝은 점들은 진정한 핵들이다."라고 주장한다. 그는 그의 주장이 슐라이덴과 슈반의 모델과 일치시키기에 곤란한 점이 있다는 것을 알고는 "많은 수의 핵이 형성된 후 세포질 만입을 통해 둥근 덩어리들 속에 분포하게 된다."고 설명했다. 그러면서도 그는 왜 세포가 새로이 탄생하는 과정에서 필연적으로 존재하여야 하는 중간 형태의 세포가 관찰되지 않고 완전한 모양을 한 세포만이 관찰되는지 이해하지 못하였다. 그는 슐라이덴과 슈반의 이론을 부정하지 않고 그들의 모델이 입증되지 않은 상태이므로 당분간은 하나의 이론으로만 받아들여져야 한다고 언급하였다.

베르크만은 1842년에 발표한 논문에서 당시 저명한 동물학자로 같은 해 산파두꺼비(Alytes obstetricans)의 발생에 관한 단행본을 발표한 바 있는 포크트(Carl Vogt)의 연구 결과를 여러 차례 인용하고 있다. 포크트는 개구리 발생에 관한 베르크만의 관찰 결과를 인정하면서도 같은 내용을 산파두꺼비 발생에 적용하는 것은 곤란하다고 하였다. 그는 동물에서는 세포질 만입이 끝난 후에 세포가 난황질 내에서 형성된다고 하였으며 다른 동물에서도 이와 마찬가지일 것으로 추측하였다. 즉, 그는 세포질 만입과 세포 형성을 독립된 사건으로 간주하였던 것이다. 그는 슈반을 깊이 존경하고 있었기 때문에 슈반의 이론을 뒤흔드는 일은 하지 못하고, 단지 슈반의 이론에 약간의 결점이 있다고만 하였다. 포크트는 세포는 핵의 도움 없이 형성될 수 있다고 믿었다. 딸세포는 다른 세포 속에 완전히 갇혀 있으며 새로운 세포막은 사이토블라스트의 액체에 충격이 가해질 때 형성될 수 있다고 하였다. 포크트는 자신의 책의 세포에 관한 일반적인 내용을 기술한 장에서 세포 형성에 관한 내용을 정리하고 몇 가지 가능성을 언급하고 있는데, 그중 일부는 슈반의 주장과는 배치하는 내용이다. 그는 인이 핵보다 필연적으로 먼저 형성되는 것은 아니라고 단언하면서 인은 나중에 만들어질 수 있다고 하였다. 이와 유사하게 세포는 핵이 출현하기 전에 만들어질 수 있다고 하였다. 그리고 세포 형성에 가장 선행되어야 하며 필수적인 사건은 세포막의 형성이라고 주장하였다. 일반적으로 세포와 핵은 동시에 형성된다는 것을 받아들였으나, 세포가 세포막을 이용하여 자신을 재배치한다는 주장에는 반론을 제기하였다. 포크트는 'cytoblastem(세포질)'의 개념을 부인하지는 않았지만 이에는 두 종류가 있음을 주장하였다. "1차 cytoblastem은 세포 밖에 존재하는 물질로 세포 일부를 구성하는 물질은 아니다. 2차 cytoblastem은 세포를 구성하지만 곧 형태가 없는 것으로 바뀐다. 드물게 세포는 핵에서 형성된다."고 언급하였다. 마지막으로 포크트는 영원의 일종인 Tritus 유생의 척색을 재료로 한 관찰을 통해 세포막이 안쪽으로 말려들어 가 하나의 세포가 독립된 2개의 세포로 나누어지는 것을 관찰하였다. 그래서 포크트는 슈반의 이론과도 맞으면서 동시에 자신의 관찰 결과를 인정받으려고 다양한 가능성을 제안하게 된다.

무척추동물을 대상으로 한 지볼트의 연구는 바게(H. Bagge)에 의해 계승된다. 그는 1841년 선형동물의 난자를 관찰한 결과를 에를랑겐(Erlangen)에서 학위 논문으로 출판한다. 바게는 베르크만과 같이 난자가 점진적으로 작게 쪼개져서 작은 덩어리들을 만들고 이것이 장차 배아를 형성하게 된다고 믿었다. 그는 난자가 처음에 갈라져 형성된 것들을 난황 절편(vitelli partes)이라 하고 이후의 분열을 통해 이것들보다 더 작은 주머니인 소낭(globuli)이 만들어진다고 하였다. 선충류인 Ascaris acuminata를 재료로 하여 이들 구조물의 연속성과 반복되는 분열을 통해 각각의 크기가 계속 작아지는 것을 관찰하였다. 그는 Strongylus auricularis에서 난황 절편이 핵을 담고 있는 것을 관찰하고 이것을 세포(cellulae)라 불렀는데, 이것은 나중에 혼란을 초래하게 된다. 그는 Ascaris의 초기 배아에서 세포가 분열하기 전에 핵이 분열한다는 것을 관찰하였다.

라트케(Heinrich Rathke)는 쾨니히스베르크의 동물학 및 해부학 교수로, 그가 1842년 무척추동물을 재료로 관찰하여 내린 결론은 바게의 결론과 큰 차이가 없다. 라트케는 연체동물인 Limnaeus와 난자에서 난황이 점진적인 분열을 통해 더 작은 단위로 나누어지는 것을 관찰하였다. 그는 이것을 세포질 만입과 구분하여 난할이라는 용어를 사용하였는데, 이는 발생 중인 난자가 뽕나무 열매 모양을 한 것이 단순히 난자 표면에서 일어난 사건이 아님을 명확히 하기 위해서였다. 난황(난자)을 눌러보면 이들 돌출 구조가 작고 다소 둥근 세포로 구성되어 있음을 확인할 수 있는데, 이는 난자의 내부가 완전한 세포들로 꽉 차 있음을 의미한다. 라트케는 세포 안에 핵이 있고 핵 속에 인이 있다는 것을 관찰하였다. 달팽이 난자의 경우, 배아를 형성하는 부위에 존재하는 세포의 핵은 단 하나의 인을 가지므로 인이 필연적으로 분열한다고는 생각하지 않았다. 뿐만 아니라, 그는 슈반과 마찬가지로 인이 핵을 만든다는 증거는 그리 많지 않다고 생각하였다. 바게와 라트케는 베르크만처럼 수정란으로부터 어떻게 배아가 만들어지는가에 대해 확실한 이해를 하고 있었다. 그러나 배아를 구성하는 세포가 할구의 단순한 분열로 형성된다는 생각은 당시로는 일반적으로 받아들여지지 않았다.

슈반의 주장과 일치시키려는 시도로 만들어진 부정적 측면의 좋은 예는 라이헤르트의 연구에서 잘 볼 수 있다. 그가 푸르키녜의 과립설(Körnchentheorie)을 부정하고 슈반의 세포설(Zellentheorie)을 옹호하기 위해 잘못된 결론을 내린 것은, 앞서 언급한 바 있다. 슈반이 단행본을 출판한 1년 후인 1840년, 라이헤르트는 자신의 스승인 뮐러에게 헌정한 논문에서 다음과 같이 주장하였다. 닭과 개구리의 수정란 속에는 세포가 꽉 차 있다. 그러나 안쪽 깊숙이 위치한 세포는 핵을 갖고 있지 않다. 그는 자신의 잘못된 관찰이 슈반의 모델에 반대된다고 생각하기는커녕 그 결과를 일종의 변이로 해석하였다. "가운데 부분에서 핵이 없는 큰 세포들을 발견할 수 있는데 이들은 새로운 세포들의 탄생을 방해하는 것처럼 보인다. 이들 어미 세포는 핵이 재흡수된 상태이며, 나중에 이들로부터 자손 세포가 태어난다." 1841년 라이헤르트는 슈반의 이론 일부분은 자신의 주장과 일치하지 않음을 발견하게 된다. 개구리 난자의 세포질 만입 현상에 관한 논문에서, 그는 슈반이 세포질 만입이 새로운 세포의 형성에 관련된다는 사실을 어렴풋이 제시하였음을 깨닫게 된다. 그는 난황 내의 가장 작고 단단한 물질이 세포질 만입 과정 동안 변화하지 않으며, 따라서 새로운 세포의 형성에 관여하지 않는다는 것을 관찰하고는 의문을 제기한다. 더 나아가 인이 형성되기 전에 핵이 출현함을 관찰하고는 인의 역할에 대한 슈반의 이론을 부정한다. 그는 배아를 형성하는 작은 세포들은 큰 세포의 분열로 생겨난다고 결론지으며 다음과 같이 말했다. "무미류(개구리 종류) 난자의 난황에서 일어나는 세포질 만입은 한 개체를 형성하기 위한 어미 세포의 양육 행동으로 단순하고도 점진적인 과정이다."

5년 후인 1846년 라이헤르트는 선형동물의 일종인 Strongylus auricularis의 세포질 만입에 관한 다른 논문을 발표하면서, 과거 자기 관찰상의 오류가 슈반의 영향에서 벗어나지 못했기 때문임을 시인한다. 그러나 그는 아직도 새로운 세포가 이전 세포의 난할을 통해 형성된다는 사실을 인정하지 않았다. 그는 세포질 만입을 단순히 모세포로부터 새로운 딸세포들의 방출 기작으로 보았다. "관찰된 모든 현상이 세포질 만입에 의해 형성된 둥근 세포의 형성과 관련되지 않는다. 오히려 어미 세포의 세포막으로부터 방출되어 탄생한 핵을 갖지 않는 일군의 세포들에서 기원한다."고 하였다.

슈반은 존경스러울 정도로 조직학적 소견을 갖고 있었으며 푸르키녜의 관찰을 확장시켜 일반화시킨 것은 오늘날의 철학자들이 말하는 패러다임 전환(paradigm shift)이라고 부를 만한 수준의 것이었다. 그래서 그가 단행본에서 주장한 내용에 의해 야기된 혼란은 수십 년 동안 계속되었다. 그러나 슈반 스스로 연구의 정수라고 말한 '세포 형성의 일반 원리'는 후대의 과학자들을 잘못된 방향으로 인도하고 혼란스럽게 하였다. 배아세포가 수정란의 난할을 통해 형성된다는 사실은 1855년 레마크에 의해 척추동물의 발생에 관한 위대한 저술을 통해 비로소 정착된다. 레마크는 동물조직학 연구를 위해 체계적인 고정액을 사용한다. 그는 염산, 황산, 크롬산, 염화수은, 알코올 등 다양한 고정액을 시험한 다음, 6% 황산구리 용액과 동량의 20~30% 알코올을 혼합하면 가장 좋은 결과가 얻어진다는 것을 알아냈다. 이 용액을 이용하여 난자의 세포막을 관찰한 후, 난황 위에서 형성되는 배반(blastodisc)을 형성하는 세포들이 세포막에 의해 나뉘어 있다고 결론지었다. 그는 세포의 난할이 세포막에서 진행되는 잘록한 매듭을 통해 완성된다고 추론하였다.

베르크만, 바게, 라트케, 레마크 이후 수정란과 발생 중인 배아를 구성하는 세포들의 상관성에 대한 의구심은 사라졌다. 이러한 결론은 단편적인 정보로 끝난 것이 아니며, 뒤이어 부모로부터 유전적 특징이 전달되는 것과 관련된 새로운 연구의 장이 열리는 데 많은 도움을 주었다. 난자도 하나의 세포이며 자신이 둘로 나뉘는 분열을 통해 딸세포가 된다는 사실의 규명은, 훗날 유전학 분야의 발전에 결정적인 계기가 된다.

제13장

레마크와 피르호

혼돈된 세포의 기원에 질서를 부여한 사람이 있다면 그 사람은 누구보다도 레마크일 것이다. 생전에도 그랬지만 현재까지도 그의 업적은 잘 알려지지 않았다. 동물 몸의 모든 세포는 다른 세포로부터 생긴다는 이론의 역사를 다루는 현대 교과서들은 피르호가 주장하는 설명을 주로 담고 있다. 최근 슈미데바흐(Heinz-Peter Schmiedebach)가 쓴 레마크에 관한 자서전이 이 불균형을 회복하는 데 다소 도움이 되리라 생각한다.

레마크는 1815년 포젠(Posen)에서 태어나 그곳에서 교육을 받았는데, 주로 개인적 이유로 활동은 베를린에서 하였다. 당시 포젠 인구의 2/3는 폴란드 사람이었고, 레마크도 1833년 베를린에서 대학에 입학하기 전까지 폴란드 학교를 다녔다. 프러시아 주에 편입된 포젠은 심한 독일화 계획에 시달렸지만, 폴란드인의 애국심은 높았고 독일의 탄압에 대항하여 과격한 정치 활동을 펼치고 있었다. 레마크는 베를린에 평생 살았지만, 폴란드인으로서 애국심을 갖고 있었다. 푸르키녜에 관한 체코 사학자와 마찬가지로 폴란드 사학자인 브르조세크(Wrzosek)는 레마크의 일생과 업적에 관한 20세기 연구 중 한 연구에서 폴란드인의 본질을 강조하고 있다. 그 때문에 베를린대학교 의대 교수 간에 만연하고 있었던 보수적인 분위기는 그와 잘 맞지 않았다. 또한 그가 대학 안에서나 밖에서 참여하였던 각종 혁신적 모임도 그에게 별 도움이 되지 않았다. 그러나 그가 갈망한 학문에의 정진을 위협한 두 가지 요인은, 첫째 그가 유대인이라 세례를 거부한 것과, 둘째 연속된 좌절로 인하여 시간이 지나면서 더 심해진 싸우기 좋아하는 성격이었다.

그림 50 레마크(Robert Remak, 1815~1865)

독일 유대인들이 대학 사회에서 승진하는 정상적인 길은 기독교인이 되는 것이었다. 그렇게 해도 정교수가 되는 길은 쉽지 않았다. 뿌리 깊은 폴란드의 전통적 유대교와 유대인식 결혼에 대한 의무 때문에 레마크가 기독교로 개종하는 것은 도덕적으로나 현실적으로 불가능하였다. 그래도 베를린대학교 교수직은 샤리테(Charite)의 개인 병원과 함께 그의 목표였다. 그가 학문 생활을 시작했던 당시에는 유대인은 아무도 교수가 될 수 없었다. 개종하지 않고 처음으로 교수가 된 트라우베(Ludwig Traube)는 1857년에 비로소 대우교수가 되었다. 샤리테 병원은 그 직원을 전부 베를린 군인 의과대학인 페피니에르(Pepiniere)에서 채용하였고, 트라우베를 위해서 민간 보조원(Zivilassistent) 자리를 만들어야 했다. 지역주의와 유대인을 싫어하는 편협함이 범벅이 된 영국 진보주의자들은 공포에 떨며

항복하지 않기 위해 알렉산더(Samuel Alexander)가 링컨(Lincoln) 펠로우(장학생)를 설립한 1882년에야 비로소 옥스퍼드나 케임브리지에서 조교 장학금을 유대인에게 지급하였다.

슈미데바흐는 레마크가 겪었던 각종 장애를 자세히 조사했는데 그것들은 편견과 전통의 소산이었다. 그에게 교수 박사학위(Habilitation)[1]가 지연된 것은 말할 것도 없고, 죽기 6년 전에야 겨우 임시직에 올랐고, 그에게 마땅히 주어져야 할 자리인 정교수와 샤리테의 한 부서를 얻는 것은 그의 능력 밖이었다. 이것은 막강한 훔볼트[2]의 확고한 지지에도 불구하고 발생한 일이었다. 레마크는 조직학 분야의 걸작인 그의 저서 『척추동물 발달에 관한 연구』를 종교적 정치적 편견으로 좌절에 빠진 그에게 베풀어 준 격려와 지원에 영원히 감사하며 훔볼트에게 헌정하였다. 레마크는 생활비를 벌기 위해서 학자 생활을 일찍 중지하였다. 대학에서 월급 받는 안정된 지위를 얻지 못하였기 때문에 신경학, 특히 전기 치료가 전문인 그는 진료를 해야 했다. 이 분야에서의 그의 업적은 뒤 부아-레이몬드를 포함한 그의 동료들에게 상당히 인정받았다. 이것은 이 책에는 없지만 슈미데바흐가 자세히 다루고 있다.

제11장 끝부분에 레마크가 동물 몸을 구성하는 모든 세포가 전에 존재

---

1 독일을 비롯한 일부 유럽 국가에서 채택하고 있는 제도로서 일반 박사학위(Promotion이라고 함)를 취득한 후 교수자격을 얻기 위해 추가로 취득해야 하는 학위로 그 수준이 매우 높다.

2 Alexander von Humboldt(1769~1859) 남아메리카 탐사 여행을 통해 수집한 박물학 정보를 종합 정리하여 19세기 초의 박물학 발전에 큰 공헌을 한 독일의 박물학자. 노후에 그는 국적과 종교, 그리고 이념을 초월하여 전 세계의 촉망받는 젊은 학자를 지원하는 알렉산더 폰 훔볼트 재단(Alexander von Humboldt-Stiftung)을 설립한 인물이기도 함.

했던 세포들의 이분법으로 생겨났다는 견해를 어떻게 받아들이게 됐는지 간단히 재조사해 보았다. 그리고 제12장 끝에서는 그가 고형제를 사용하여 세포막을 관찰하고 결국에는 수정란에서 할구 형성이 일어나는 말 많던 문제를 해결한 것을 다루었다. 그의 1852년 논문에는 레마크가 세포 생성에 대한 문제에 대해 10년이 넘도록 연구한 후에 그가 성취한 업적을 보여주고 있다. 이 논문은 「동물 세포의 세포 외 형성과 분열에 의한 증식에 대하여」라는 제목이다. 이 주제는 두 가지의 주요한 결론을 담고 있다. '1. 동물 세포의 세포 외 형태는 존재하지 않는다, 2. 동물 세포는 이전에 존재하던 세포의 분열로 증식한다는 것이 일반 법칙이다.'라는 것이다. 논문은 슐라이덴과 슈반이 제안한 모델의 검토로 시작하여 범주별로 그 제안들을 반대한다. 참으로 레마크는 그 모델들이 퍼지기 시작하던 순간부터 상당히 회의적이었다고 주장하였다. "나로서는 동물 세포의 세포 외 형성은 생물의 자연발생설만큼이나 불가능한 것이었다."

레마크는 현대의 독자들같이 슈반설과 자연발생설의 공통점을 즉시 알아차렸다. 후자를 반대하면 전자도 받아들이기 어렵다. 레마크는 슈반에 대해 회의적이어서 곧 계배의 적혈구 증식을 조사하였다고 주장하였는데, 이것은 이 주제에 관해 1841년 출판한 최초의 출판물인 것 같다. 이 해는 슈반의 논문이 널리 전파된 지 2년밖에 안 된 때였다. 그는 나중에 자세히 논의할 라이헤르트의 핵이 세포 분열 전에 사라지고 딸세포에서 새로 형성된다는 관찰을 확인할 수 없었다. 레마크는 핵질이 모세포에서 딸세포로 이어진다고 보았다. 그는 1845년 출판한 논문에서 원시배 근다발에서 세포가 이분되고, 발생하고 있는 배의 여러 부위에서 이 방법으로 세포가 분열되는 것을 관찰할 수 있다고 보고하였다. 그러나 뮐러와 슈반의 관심 초점이었던 척색에서는 관찰되지 않고 척추 전조의 흔적 부위에서는 가능하였다. 결론적으로 그는 이분법에 의한 세포 증식이 법칙이고 새로 형성된 세포가 형태적으로 분화한 다음 배 전체가 발생한다고 결론지었다. 그러나 그 자신이 뮐러 제자였기 때문에 슈반을 비판할 때는 매우 주의 깊게 완곡히 하였다. "이 시점에서 내 의도는 단지 여러 다양한 조직의 원기에서는 기존의 세포 분열이 진행되고 세포 외 세포나 핵의 형성은 관찰되지 않는다는 사실에 잠시 주의를 기울인 것뿐이다."

1852년 논문의 결론 문장은 더 확고하게 끝맺으며, 발생학에서 유도한 개념을 병리 과정으로 확장하고 있다.

> 이 발견은 생리학만큼 병리학과도 관계가 깊다. 병리적 조직 형성이 단순히 정상적인 분화의 발생 형태의 변이며, 세포 외액에서 세포가 생성되는 것이 병리적 특징이 아니라는 것은 이제 논쟁의 여지가 없다. '가소적 배출물의 조직화'나 종양 발생의 초기 단계는 이런 측면에서 조사할 필요가 있다. 수년간 이 문제에 대해 내가 용납했던 회의론에 대하여 정상 조직이나 마찬가지로 병리 조직도 세포 외 사이토블라스템이 아닌 생물의 정상 조직의 자손이나 생성물에서 형성된다고 자신 있게 얘기할 수 있다.

병리학 및 특히 악성종양에 대하여 이 견해를 확장시키는 것은 두 가지 측면에서 결정적이다. 첫째 뮐러 자신이 정립한 악성종양의 발생을 설명하는 설에 직접 반대되는 것이고, 둘째 피르호가 그 당시 명성을 얻게 되고 그 후 역사에 남는 영광을 얻게 한 세포병리학의 주제라는 점이다. 악성종양의 기원은 레마크가 1854년 출판한 논문에서 자세히 다루어지고 있다. 그는 종양이 '유리'된 세포 또는 '유리'된 핵의 세포 외 형성에 의하여 만들어진다는 것을 특히 부정하였고, 악성종양이 정상 조직에서 발생한다고 주저 없이 단언하였다.

그는 1855년에 출판한 책에서 그의 입장을 재론하면서 슐라이덴과 슈반이 제기한 세포설을 자세히 논의하고, 자신의 실험 개요를 소개하고 있다. 여기서 그 설을 반대하는 데 단언적이고, 두 가지 설이 모두 틀리다는 견해를 밝히고 있다. 그는 슐라이덴의 모델은 세포 내 부정형 물질로부터 세포가 내생적으로 형성된다고 간주하고 있고, 슈반은 동물에서는 새로운 세포가 세포 안에 있는 공간에서 생기는 것으로 제안했다고 하였다. 이러한 차이는 슈반의 논문 제목에서 확인할 수 있듯 식물과 동물의 기본적인 차이라고 지적하였다. 자신의 견해를 지지하기 위하여 그는 Confervae에 관한 몰과 네겔리의 관찰을 언급하였으나 두모르티어는 언급하지 않고 있다. 실로 독일 전통 이외의 업적은 로빈(Charles Robin)을 대강 언급한 것뿐인 것 같다. 그는 특히 피부와 연골에 대한 자신의 설명을 반대하는 라이헤르트, 헨레, 쾰리커(Albert Kölliker)의 업적을 설득력 있게 비판하고 있으나, 레마크는 이 조직의 외형이 매우 착각하기 쉽다는 것을 지적하고 있다.

　슈반이 세포 형성과 분화가 유사하다고 한 것에 대해서 레마크는 심하게 반박하지는 않고 있다. 이 두 과정이 크게 다르고, 특히 원시 선구체가 여러 가지 형태의 분화된 세포로 변하는 사실을 열거한 후 다음과 같은 말로 그 주제에 관한 토의를 맺고 있다. "세포 형성과 분화의 유사성이나 차이점을 언급하는 것은 내가 논의한 사실로 보아 이 두 구조를 비교할 수 없기 때문에 필요치 않은 일이다." 그는 난자 자체가 세포임을 분명히 나타낸 자신의 연구를 자세히 설명하였다. 다핵 세포의 외형 때문에 그 안의 핵에 의한 내재적 세포 형성으로 착각할 수 있는지 재론하였다. 마지막으로 동물의 세포 증식은 이분법에 의한 것이라고 확실히 그의 견해를 밝혔다. 내가 아는 한 레마크 책의 세포설에 관한 논의는 가장 철저하고, 현대 지식에 비추어 동시대 문헌 중 그 주제에 관한 가장 설득력 있는 개요서이다.

　이제 우리는 19세기 의학 분야에서 가장 특이한 인물 중 하나인 피르호에 관한 일화를 말할 차례가 되었다. 피르호와 레마크의 관계는 대학 시절 우정으로 시작되었으나 후에 냉랭한 관계가 되었다. 키쉬(Bruno Kisch)는 '현대 의학사의 잊혀진 지도자들'이란 연재물 중 레마크에 관한 논문에서 피르호를 철저한 표절자로 비난하고 있다. 키쉬가 제시한 사실은 다음과 같다. 레마크가 1855년까지 반복해서 동물의 세포가 이분법으로 증식한다고 주장하고, 1841년 적혈구에 관한 관찰을 시작으로 이 견해를 뒷받침하는 수많은 증거를 제시하였다는 데 의문의 여지가 없다. 또한 피르호가 이 일을 익히 알고 있다는 것도 의심의 여지가 없다. 피르호와 레마크는 둘 다 뮐러의 제자였고 그 실험실 동료였다. 초기에는 그들이 서로 관심 있는 문제와 실험적 발견에 대해 토론하였다는 증거도 있다. 피르호는 배 적혈구의 증식에 관한 레마크의 관찰을 의심하지 않았으나, 동물의 모든 세포가 이분법으로 형성된다는 생각을 초기에는 심각하게 유보하고 있었다. 1847년 피르호가 쓴 논문을 보면 그가 혈관의 일부 배출물로 구성된 액체로 간주한 '구조가 없는 배질(structureless blastema)'로부터 세포가 형성된다는 생각을 단순히 받아들였음이 분명하다. 1851년에 그는 세포가 다른 세포 안에서 형성된다는 견해를 받아들였고, 종양에서 보이는 다핵 세포를 세포 형성의 중심으로 간주하였다. 레마크 발견의 일반성에 관한 그의 회의적 태도는 1854년 칸슈타트(Canstatt)의 연례 보고에서 종양에 관한 레마크의 1854년 논문을 논평하면서도 드러나고 있다. 키쉬는 그 보고에서 마지막 문장을 이렇게 다듬고 있다. 피르호는 레마크가 그전에도 그랬듯이 유리된 핵은 존재하지 않으며 세포가 세포 외 형성으로 만들어지지 않는다고 주장하고 있다고 간단히 말하고 있다. 이 마지막 문장의 절제된 톤으로 미루어, 고찰자로서 피르호가 이에 대해 아직 마음이 정리되지 않고 있다는 것을 알 수 있다. 다음 해에 그가 만든 연보에서, 피르호는 『세포병리학(Cellularpathologie)』이라는 전혀 뜻밖의 주 논문을 썼다. 거기에서 그는 레마크가 주창한 입장을 거의 그대로 채택하고 있다.

키쉬는 이 논문을 표절이라고 간주하나 레마크는 논문을 널리 배포되

그림 51 피르호(Rudolf Virchow, 1821~1902)

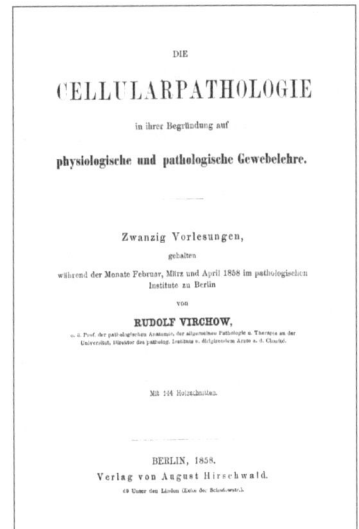

그림 52 피르호의 『세포병리학』 3판의 표지

제13장 레마크와 피르호 | 263

는 간행지에 발표하였다. 반대가 없진 않았지만, 그의 위치가 이미 의학계에서 널리 알려져 있었기 때문에 표절의 가능성은 거의 없다. 이 단계에서 만약 새로운 주요 자료가 나타나지 않는다면, 우리는 1854년과 1855년 사이에 피르호가 왜 마음을 바꾸었는지 확인할 수 없다. 척추동물 발생학에 관한 레마크의 책에서, 특히 세포설에 관한 부분이 결정적인 영향을 미쳤을지도 모른다. 피르호가 그 논설을 쓸 때 레마크의 마지막 편은 아직 못 읽었겠지만, 그 내용은 알고 있었던 것 같다. 그리고 말년에는 그 자신의 유명한 책, 『세포병리학』에서 발생학의 발견을 병리학까지 확장하고 있다. 피르호는 레마크의 설명을 지나치게 따른 나머지 레마크의 표현 그대로 쓴 경우도 볼 수 있다. 예를 들면 "슈반에 의하면 세포 내용물은 새로운 세포가 될 사이토블라스템이다. 나는 이것이 틀리다고 생각한다." 또는 "병리학에서도 역시 어떠한 발생도 전혀 새롭게 시작하지는 않는 것이 일반론이라고 생각한다. 개체 전체의 발생에서와 마찬가지로 각 부분의 발생사에서도 자연발생설의 개념을 반대한다." 또는 "이분법 외의 새로운 형성법은 없다. 한 번에 하나씩 분열한다. 한 세대가 다음 세대를 만든다." 그럼에도 불구하고 그 논문에서 피르호는 레마크를 언급하지 않는다.

현대 윤리적 관점에서 볼 때 이러한 생략은 용서하기 어렵고 피르호 시대에서도 비판의 대상이 되었다. 레마크는 항의 편지를 쓰게 되고, 이로 인해 둘 사이의 관계는 회복될 수 없을 만큼 금이 갔다. 피르호는 『세포병리학』의 초판 서문에서 그것에 대해 변명하고 있다. 즉 그가 연보에서 썼던 것은 과학 논문이 아니고, 병리학자에게 특수한 관점이나 실험 방법을 채택하도록 권고한 논설이라고…. 그는 주장하기를 정식 과학 논문에서는 흔한 일이지만 그 원저자들을 인용할 필요가 없었다. "오늘날 역사적 선례를 인정하는 것은 좋은 덕목이다. 왜냐하면, 어떤 이들이 사소한 것을 발견하고 기뻐 날뛰며 무모하게 선배들을 비판하는 것은 정말 충격이기 때문이다." 피르호가 레마크를 세포 분열의 중요성에 관한 개념 연구에 공헌한 선각자 중 한 사람으로 간주하고 있지만, 누구도 레마크의 공헌을 '사소한 것'으로 볼 수는 없을 것이다.

슈미데바흐는 피르호가 자신의 생각을 밝히는 데 있어서 가까운 선배들, 특히 레마크에 대한 언급을 피하기 위해, 의도적으로 과학 논문이 아닌 논평을 택했다고 주장한다. 나는 이러한 주장이 피르호의 동기를 단순하게 해석한 것으로 생각한다. 내가 보기에 피르호가 논평을 택한 이유는, 과학 논문은 임상 의사나 실험을 하지 않는 병리학자들에게 자기가 원하는 만큼 큰 영향을 수지 못할 것으로 생각했기 때문이다. 실제로 피르호는 이렇게 말하고 있다. "이 답변은 허황된 야심의 결과도 아니고 순수한 과학적 노력의 소산도 아니다. 만약 우리가 과학 발전에 기여하고자 한다면, 과학을 우리 학자들이 자각하는 영역에서뿐만 아니라 다른 사람들이 쉽게 이해할 수 있도록 하여 널리 보급해야 한다." 그래서 "우리의 영역에서 실험적 관찰 결과들이 매우 빠르게 전파되는 것처럼 의학과 같은 실용 과학 분야에서도 우리들의 지식이 쉽게 전달될 수 있도록 해야 한다."

따라서 피르호는 자신이 발견한 아이디어에 대해 그 권리를 주장하는 것이 아니라 아이디어 전파자로서의 권리를 주장하고 있는 것이 확실하다. 바로 이러한 면이 우리가 피르호의 단평과 그의 유명한 저서를 모두 고려해야만 하는 이유이다. 그의 저서는 베를린에서 여러 그룹의 대학원생들에게 강의했던 내용을 정리한 것이다. 병리학 교수인 피르호의 탁월한 강의는 병리학자들뿐만 아니라, 다른 분야의 전공자들에게도 많은 관심을 끌었다. 그의 『세포병리학』 저서는 출판되자마자 많은 호응을 얻었으며, 1858년과 1862년 사이에 3판까지 나왔다. 세포병리학 저서는 다른 유럽어로도 번역되어 전파되었으며, 피르호의 이러한 전파자로서의 역할 때문에 레마크의 견해도 빠르게 전파되었다.

피르호의 저서가 오래도록 호응을 얻을 수 있게 한 요인 중 하나는 "세포는 기존 세포로부터만 생긴다(Omnis cellula e cellula)."라는 어구의 사용 때문이다. 나는 이미 라스파일이 이 어구를 먼저 사용한 것에 대해 언급해 왔으나, 피르호가 이를 표절하지 않았다는 것을 설명했다. 라스파일이 이 어구를 사용하였을 때는 이분법에 의한 세포의 증식을 전혀 암시하고 있지 않다는 점을 지적해야만 한다. 실제로 그는 기존의 세포에서 새로운 세포가 내생적으로 형성될 것으로 생각하고 있었으며, 새로운 세포를 생겨나게 하는 세포 내 소기관을 발견하려고 노력했다. 하지만 피르호가 이 어구를 사용한 것은 본질적으로 자연발생설을 부정하는 것이었는데, 당시에는 거의 지지자가 없었다. 좀 더 엄밀하게 말하자면, 세포는 세포 외 공간에 존재하는 무정형의 '세포 배아(Cytoblastem)'로부터 생겨난다는 슈반의 생각을 부정하는 것이었다. 피르호의 주장이 확실하게 밝혀

짐으로써 "세포는 기존 세포로부터만 생긴다."라는 문장에 이분법에 의한 세포 증식이라는 의미가 포함되었다. 피르호는 그의 저서에서 매우 다양한 범주의 서로 다른 자신의 관찰 내용들을 조합하여 통일된 이론을 제시하였다. 즉 동물뿐만 아니라 식물, 그리고 모든 생명체의 조직은 세포의 이분법에 의해 형성된다는 것이다. 어떤 측면에 서는 피르호와 레마크의 관계가 슈반과 푸르키녜의 관계와 비슷하다. 푸르키녜와 레마크는 발견자였지만, 그들의 목소리는 개척자인 슈반과 피르호의 명성 속에 가려져 버렸다.

척추동물의 발생에 대한 피르호의 책이 출판된 이후에, 레마크는 적혈구 세포에 대한 연구를 다시 시작하였으며, 『세포병리학』의 초판이 발행되던 해인 1858년에 병아리 배의 적혈구 세포의 이분법에 대한 또 다른 논문을 발표하였다. 이 논문의 서론에서는 1841년에 수행하였던 자신의 관찰 내용이 1845년에 쾰러(Köller), 1847년에 게를라흐(Gerlach), 라이디히(Franz Leydig), 슐체(Max Schultze) 그리고 특히 피르호와 같은 '뛰어난 조직학자들에 의해 확인되었다고 서술하고 있다. 그러나 이 연구는 헨레와 라이헤르트가 이의를 제기하여, 1856년 5월과 6월에 다시 연구를 시작한 끝에 같은 결론에 도달하게 되었다. 결론은 적혈구 세포가 이분법에 의해 증식한다는 것이다. 그리고 논문의 제목은 적혈구 세포에 대해서만 언급하고 있지만, 레마크는 난할에 대한 자신의 연구와 악성종양에 대한 자신의 생각까지도 언급하고 있다.

레마크는 슈반의 학설을 크게 수정하여야 할 필요가 있다고 생각하였으며, 이러한 그의 생각은 병리학적 관점에서처럼 생리학적 관점에서도 모든 동물 세포는 이분법으로 증식한다는 이론에서 출발하고 있다. 1858년의 논문에서도 다핵 세포에서의 몇 가지 중요한 관찰 내용을 담고 있는데, 이 주제에 대해서는 레마크와 피르호의 견해가 서로 다르다. 레마크는 분열 과정 중에 있는 세포에 0.6%의 과망간산칼륨 용액을 넣어주면 세포 분열이 완료되지 않고, 이핵이나 다핵 세포를 형성하기 위해 다시 모일 것이라고 주장했다. 세포 분열이 중지되어 생겨난 다핵 세포는 내생적인 세포 형성이 일어나고 있다는 잘못된 인상을 주기 쉽다.

레마크의 해석은 본질적으로 정확한 것이었지만, 피르호는 다핵 세포가 새로운 세포 형성의 중심이라고 주장하였으며, 결국 이러한 자신의 생각을 레마크가 인정해 주길 바랐다. 1862년에 발표한 논문에서 레마크는 다음과 같이 기록했다. "정상 조직에서 이분법의 예외가 아직 확실하게 입증된 바가 없었다. 그러나 병리적인 조건 하에서 히스(Hiss), 불(Buhl), 베버 그리고 내가 관찰한 바에 따르면 세포의 내생적인 형성이 분명히 일어난다." 레마크는 1852년 자신의 논문에서, 배의 핵과 모세 혈관 및 피부의 핵 사이에 연속성을 입증할 수 없으며, '피르호가 결합 조직이라 일컬었던 별 모양의 세포'에 있어서도 이러한 연속성을 입증할 수 없다고 하였다.

결국 레마크는 이 문제에 대해 결론을 내리지 못했다. "정상 조직을 파괴하는 병리적인 조건에서와 마찬가지로, 만약 세포의 내생적 형성이 정상적인 발생 과정이나 손상된 조직의 복구 과정에서의 세포 분열에서도 똑같이 일어난다면, 이것은 가장 흥미로운 발견들 중 하나일 것이다." 그러나 1862년까지 레마크는 미세해부학 연구를 더 이상 적극적으로 수행하지 않았다. 1858년에 그는 『배 발생학 연구의 결정판(Schlussheft Meiner Embryologischen Untersuchungen)』이란 저술에 심혈을 기울였으며, 같은 해에 그는 장내 신경의 말초 신경절에 대한 논문을 발표하였다. 이 논문은 그가 신경학 분야로 연구의 전환을 시도한 것이라고 볼 수 있다. 아마도 1858년 논문의 가장 중요한 부분은 세포의 핵분열에 대한 자신의 관찰 내용인 것 같다. 그는 유사 분열(mitosis) 단계에서 관찰할 수 있는 거의 모든 염색체를 본 것 같으나, 관찰한 내용이 무엇을 의미하는지는 이해하지 못한 것 같다. 그가 유사 분열 과정을 어떻게 설명했는지는 다음 장에서 논의할 것이다.

피르호는 결국 유럽 의학계를 이끄는 핵심 인물 중 한 사람이 되었으며, 확실한 전문가가 되었다. 그는 사실상 자연인류학을 창시하였으며, 베를린의 공중위생에 대한 계획을 수립하였다. 또한 트로이와 이집트를 여행할 때 고고학자 슐리만(Schliemann)과 동행하였고, 비스마르크의 철의 정치를 비판해 온 탁월한 진보주의 정치인이었다. 그러나 슈미데바흐는 피르호의 인간적인 측면에서 매력적이지 못한 부분을 보여주는 편지를 회상하였다. 1856년에 베를린대학교에서는 일반 병리학과 치료학을 연관시킨 병리해부학 교수 채용 공고를 하였는데, 레마크와 피르호가 함께 응모하였다. 의대 교수들은 피르호를 우선적으로 추천하였고, 그다음으로 레마크였다. 실제로 레마크는 거의 승산이 없었다. 앞서 언급한 바와 같이 비개업의인 유대인(Jew)은 이미 베를린에서 교수로 임명되어 있었고, 레마크는 자신의 실험적 재능에도 불구하고 정규 병리해부학 분야에서 다양한 경험이 없었다. 한편 페피니에르(Pépiniére) 출신인 피르호는 샤리테(Charitfé)에서 검시관으로 있었으며, 이미 뷔르츠부르크대학교에서 매우 성공한 병리해부학 교수였다. 그럼에도 불구하고 피르호는 레마크를 강력한 경쟁자로 생각했다.

피르호는 레마크가 수행한 연구의 질에 대해 많은 이야기를 하였고, 그것은 의대 교수들이 레마크를 두 번째로 임용 추천을 하는 데 영향을 미쳤을 것이다. 슈미데바흐가 말한 피르호의 편지는 이러한 경쟁과 관련이 있다. 피르호는 자신이 추천될 수 있도록 자신의 장인이자, 의사인 마이어(Carl Wilhelm Meyer)에게 영향력을 행사하도록 간청하였다. 특히 피르호는 레마크의 지지자였던 훔볼트의 역할을 걱정했다. 피르호는 유대인 음모설을 믿고 있었던 것으로 보이며, 레마크에 대한 훔볼트의 열의가 유대인을 아끼는 정신(philosemitism)에 근거했다고 생각한 것 같다. 피르호의 편지는 또 다른 유대인의 영향력이 훔볼트의 마음을 바꿀 수 있길 기대하면서, 저명한 멘델스존의 가족 중 한 사람이 접근해 줄 것을 제안하는 내용을 담고 있다. 피르호의 상당히 진보적인 대중적 지위에 비추어 볼 때 그의 성격에서 특이한 점이 나타나는데, 자신의 이익과 관련이 있을 때는 비이성적일 만큼 고집불통이라는 것이다. 몇 년 후 피르호는 학문적인 위치가 확고해졌지만, 레마크를 인정하지 않았다. 피르호의 레마크에 대한 태도로 인해 그는 도량이 좁은 사람이라는 평가를 벗어나지 못하고 있다.

제14장

세포핵의 분열

레마크가 1841년에 발표한 2편의 논문을 살펴보면, 그는 세포핵의 분열을 보았던 것 같다. 그는 핵을 가진 병아리 배 적혈구 세포가 각각 핵을 가진 두 개의 딸세포로 분리하는 것을 기술하였고, 이분법에 대한 매우 설득력 있는 예를 제시하면서 핵도 역시 두 개로 나누어진다고 가정하였다. 그러나 10년이 훨씬 지난 후에도 핵의 기능을 다룬 그럴듯한 이론이나 관찰 결과는 거의 없었다.

그러므로 레마크가 처음에 핵분열의 기작에 대해 많은 이야기를 하지 못한 것은 놀라운 일이 아니다. 라이헤르트가 레마크의 결론을 공격하고 세포 증식에 대한 새로운 모델을 제시할 때까지 레마크는 세포핵의 동태에 관해 계속된 관심을 가지고 있었다. 1847년 라이헤르트는 뮐러의 저술에 대한 총설에서 자신의 관찰 결과를 발표하였다. 그는 선충류(Strongylus auricularis)의 정자 형성에 관한 연구를 통해 발생 단계의 순서가 정소를 따라 일렬로 일어나는 것을 관찰할 수 있었다. 라이헤르트는 이러한 관찰로부터 세포가 분열을 준비할 때 핵막이 사라지고 핵 내용물이 녹는다는 결론에 이르렀으며, 새로운 핵이 딸세포들에서 새롭게 재형성되는 것으로 추정하였다. 이 이론의 첫 번째 부분, 즉 핵을 둘러싸고 있는 핵막이 사라진다는 것은 매우 중요한 발견이었으며, 이것은 사실로 입증되었다. 그러나 핵 내용물이 녹고 핵이 새롭게 재형성된다고 생각한 것은 현미경의 부적절한 해상력에 일부 탓도 있지만, 슐라이덴과 슈반이 제안한 모델 내에서 자신이 실제로 관찰한 것을 조화시키려 했기 때문이다. 라이헤르트는 여전히 그들의 모델에 부분적으로 애착이 있었다. 그는 핵막이 사라지고 난 후의 세포는 핵이 없는 상태이며, 딸세포들도 역시 초기에는 핵이 없는 상태라고 분명하게 주장하였다.

1852년 논문에서 레마크는 모세포와 딸세포 사이에 핵물질의 연속성이 있다고 확신했고, 이 논문에서 라이헤르트의 관찰들을 확인할 수 없었다고 주장했다. 1855년 그의 자서전에서 그는 개구리알의 관찰을 언급했고, 세포 분열은 마지막 단계까지 핵분열에 의해 선도된다고 했다. 하지만 그는 매우 조심스럽게 자신의 주장을 완화했다. "핵분열 기작에 관한 관찰들은 세포막의 동태에서 보는 것과 같이 그렇게 광범위한 의미를 갖지는 않는다." 그리고 그는 핵분열이 핵막의 용해를 일으키는지 아닌지, 또는 핵막의 나타남이 세포막의 경우에서처럼 믿을 수 있는 것인지 아닌지는 아직 알지 못했음을 시사했다. 실제로 레마크는 핵이 직접 두 개로 분리되는 것 말고는 다른 기작을 상상하기 어려웠다. 그가 제안한 개요는 처음에는 인, 다음에는 핵, 최종적으로 세포를 포함하는 이분법이었다. 인의 분열에 대한 두 가지 증거는 세포 분열 전과 후에 존재하는 인의 수를 계수하는 것에 기초를 두었다. 이것은 그 자신의 선입견을 지지할 증거를 찾기 위한 시도로써, 레마크는 자신을 스스로 기만하는 몇 개의 예 중에 하나로 보인다. 물론 그렇다고 할지라도 이러한 관찰이 현대 통계학적 기법을 앞당겼다는 것은 분명하다. 난할에서 세포막의 역할에 관한 자신의 연구 결과를 바탕으로, 핵과 인의 분할은 관련된 막의 분획함입에 의해 일어난다고 믿었다. 그가 1858년의 논문을 썼을 때, '인은 막에 의해 두 부분으로 분획되고, 핵도 두 개의 핵으로 유사하게 분획된다는 규칙'에 대해 확신을 갖고 있었다.

　레마크의 자기 기만은 네겔리와 피르호처럼 그렇게 두드러진 것은 아니었다. 네겔리는 Tradescantia의 수술 털에서 말단 세포 하나의 핵이 분할하여 두 개로 나누어지는 과정을 보여주고 실제로 그림을 그렸다. 하지만 네겔리는 오래된 핵의 분열에 의한 새로운 핵의 형성은 특별한 경우이며, 새로운 핵의 형성에 관한 자신의 견해가 새로운 세포의 형성에 대한 견해 못지않게 보편적이라고 생각했다. 그는 Navicula striatula의 포자 모세포 내에서 하나의 핵이 두 개의 유사한 핵으로 되었는데, Anthoceros(뿔이끼) 연구에서는 포자 모세포 내에 2개의 핵으로부터 4개의 작은 핵이 형성되는 것을 관찰했다고 언급했다. 이들 경우에 있어서 그는 실제로 핵이 두 개로 분리되는 과정을 관찰했다고 주장했다. 처음에 일어나는 일은 하나의 핵이 두 개의 둥근 핵으로 나누어지는 것이고, 그다음에는 두 개의 2차 모세포의 형성이 일어난 것이다.

　네겔리는 유사 분열을 볼 수 없었고, 또한 분할벽에 의해 나누어지는 핵을 보여주는 그림을 그릴 수도 없었다. 그는 단지 이러한 것이 일어난다고 가정했고 이어서 이러한 자신의 가정을 지지할 만한 사례를 찾기 시작했다. 그러나 역시 그는 이미 존재하던 핵이 본래의 모습대로 세포벽에 부착되어 있는 상태에서 세포 내에 하나의 새로운 핵이 형성되는 것으로 묘사하였다. 그리고 그는 새로운 핵의 생성은 기존의 핵으로부터가 아니라 새롭게 생겨났으며, 이러한 현상은 흔하다고 확신했다. 또한 앞에서 언급했던 것처럼 그는 어떤 식물 종들은 전혀 핵이 없다고 하였기 때문에, 핵이 없는 세포를 설명하기 위해서 핵은 불필요한 것으로 간주했던 것이 분명하다. 그러나 네겔리의 생각은 피르호가 제안한 핵분열 과정의 설명을 통하여 사라지게 되었다. 1857년 피르호는 이러한 주제에 몰두했던 한 논문에서 다음과 같이 기술하였다.

> 핵분열의 가장 공통된 형태는 다음과 같은 방법으로 발생한다. 첫째, 일반적으로 약간 타원형인 핵의 한쪽 부분에서 작게 압축된 홈이 형성된다. 이 홈은 점차 핵 표면에서 확장되어 분할벽이 생기고, 핵 내부를 가로질러 관통하게 된다. 때때로 핵 주위의 두 군데 이상의 위치에서 동시에 홈이 형성되어 두 개 이상의 작은 단위로 분할되기도 한다. 분할벽은 항상 직선으로 시작되고, 분할된 핵의 작은 단위들은 각각 별개의 핵으로 성장하고 분화한다. 이들 각각의 경계면은 둥글게 뭉쳐지고 최종적으로 새로운 핵이 되어 떨어져 이동한다.

위의 내용은 대부분 허구이지만, 피르호는 분명히 아주 상세한 관찰 사실을 기술하는 것처럼 주저하지 않았다.

레마크와 같은 1840~1850년대의 저자들은 때때로 새로운 핵은 원래의 핵이 직접 분열하여 형성된다고 생각하였다. 그러나 몇몇 저자들은 이러한 생각에서 벗어나 더 자주 새로운 핵이 생체 내에서 만들어진다고 생각하였다. 예를 들면 브로이어(R. Breuer)는 1844년에 흉터의 형성과 상태에 대한 그의 박사학위 논문에서 "핵은 두 개나 그 이상의 부분으로 분할되어 있다."고 하였다. 그러나 추가로 "핵은 실제로 이미 존재하고 있던 핵의 분할에 의해 내부 발생적으로 드물게 만들어진다."고도 하였다. 브로이어의 제자인 귄츠베르크(Günzberg)는 핵이 분할된 작은 단위의 수는 인의 수에 따라 결정된다고 믿었다. 1841년 초에 레마크는 배아 적혈구에서의 세포 분열에 대한 그의 첫 번째 보고서를 발표하였다. 바게(Bagge)는 Ascaris nigrovenosa의 초기 배에서 핵분열이 세포 분열보다 먼저 일어난다는 점에 주목하였으나 핵분열의 기작에 대해서는 약간만 언급하였다. 독일에서 유명한 해부학자 중 한 명인 게겐바우르(Carl Gegenbaur)는 핵분열에 대한 피르호의 논문이 발표된 지 1년 후에 Sagitta의 발생에 대한 논문을 발표하였다. 여기에서 그는 핵분열에 대해 훨씬 더 신중하게 언급하고 있다.

분열기 동안에 핵이 매우 길어지는 어떤 단계를 자주 관찰하였다.
실제로 핵분열이 관찰되지는 않았으나 많은 핵들이 압축되었다.
그럼에도 불구하고 분열은 일어난다고 결론지었다. 덧붙이면 핵이
없는 세포를 본 경우는 없었다.

유사 분열 시에 핵의 길이 연장(염색체가 염색사로 풀리는 현상)은 몇몇 저자가 관찰하였으나, 염색체나 방추사의 행동은 정확하게 관찰하지 못했다.
게겐바우르의 스승이자 취리히대학교 생리학과의 비교 해부학 교수

인 쾰리커(Kölliker)는 두족류인 오징어나 문어 등의 발생에 대한 논문에서, 핵의 길이 연장에 대해 언급하며 핵이 두 개로 분열한다고 주장하였다. "…핵은 새로운 세포를 만들기 위해 만들어지는데, 이것은 1차 세포 내에서 내생적으로 형성된다. 즉 핵의 길이가 연장되고 가운데를 가로지르며 압축이 되고 결국 두 개로 분할된다." 그러나 이 과정은 슈반에 의해 이미 밝혀졌고, 쾰리커는 균질한 유동액으로부터 핵의 결정화가 이루어진다는 슈반의 주장을 따랐다. 1846년 베어 역시 Echinus lividus의 알에서 핵의 길이 연장에 대해 기술하였는데, 그의 설명은 쾰리커보다 더 사실적이었다. 핵의 끝은 팽창되고 중간 부분은 수축된다. 핵이 두 개로 나누어질 때 팽창된 핵 끝부분은 부속물들을 끌어당기고 결국 다시 구형으로 회복된다. 슐체는 1861년에 기존에 존재하고 있던 핵의 분할에 의해 생겨난 근섬유의 핵을 통해서 바로 핵 분할에 대한 결론을 내렸으며, 1863년 바이스만(August Weismann)은 Musca vomitoria의 초기 발생에서 세포 분열과 핵분열은 동시에 발생한다고 주장하였다.

그러나 여전히 세포 분열 시 핵은 사라진다는 라이헤르트의 학설을 지지하는 사람이 있었다. 예를 들면 크론(Krohn)은 1852년 해초류 발생에 대한 저서에서 "할구 내의 소포핵까지 관련시켜, 세포 분열이 임박하면 핵은 사라지고 세포 분열이 완성되었을 때에만 다시 생겨난다."고 하였다. 1870년대에 본(Bonn)대학교의 식물학 교수인 한스타인(Johannes von Hannstein)은 여전히 라이헤르트의 학설에 대해 이의를 제기하였다. 한스타인은 핵은 섬세한 결찰사(ligature)에 의해 둘로 분할되며, 각각은 따로 움직이게 되고 둘 사이에는 새로운 세포벽이 형성된다고 주장하였다.

유사 분열 과정 중 나타나는 염색체를 최초로 관찰한 사람이 누구인지를 알기란 쉽지 않다. 하지만 처음으로 염색체를 관찰한 사람이 염색체의 중요성에 대해서는 알지 못하였다는 사실에는 의심의 여지가 없다. 헨레는 1841년 그의 저서에서 핵이 신장되고 긴 가닥으로 모양이 변화되는 것을 기술하였고, 인이 없어지고 작은 과립들로 바뀐다고 하였다. 베이커는 헨레의 주장이 설득력이 부족하다고 간주하고 네겔리의 주장을 옹호하였다. 1842년에 쓰인 연구 논문에서 네겔리는 나리(Lilium)와 자주달개비(Tradescantia)의 세포에서 사이토블라스트가 어떻게 일시적으로 많은 작은 수의 사이토블라스트로 바뀌는지를 기술한 바 있다. 그러나 이렇게 작은 사이토블라스트가 형성되는 과정에 대해서는 기술하였지만, 그것이 염색체인지 아닌지 확실한 어떤 언급은 없었다. 베이커에 따르면 1871년 키예프(Kiev)에서 동물학 교수로 있던 코발레브스키(Alexander Kowalevski)를 염색체에 관해 최초로 언급한 사람이라고 간주하였다. 하지만 베이커의 생각은 사람들이 염색체라고 부르기로 한 것에 대한 전문적인 해석 측면에서 본다면 이런 판단은 확실히 잘못이다. 왜냐하면 베이커의 결론은 레마크가 1858년에 발표한 논문과, 1848년과 1849년에 호프마이스터(Wilhelm Hofmeister)가 발표한 논문에 실린 모식도를 간과했기 때문이다. 레마크가 밝힌 그림들은 유사 분열의 후기와 말기의 모습을 나타내고 있다. 그러나 그는 그 모습을 '주름진 핵(verschrumpfte Kerne)'이라고 표현하였으며, 관찰 과정에서 잘못으로 나타난 허상이라고 하였다. 당시

그림 53 호프마이스터(Wilhelm Hofmeister, 1824~1877)

레마크는 핵과 인은 둘로 나누어진다고 확신하고 있었으나, 그가 정확히 묘사했던 그림들이 생물학적으로 얼마나 중요하였는지에 대해서는 알지 못했다.

식물을 재료로 연구하고 있던 호프마이스터는 현재 우리가 알고 있는 유사 분열의 모든 단계를 확인하여 그림으로 묘사하였다. 1848년에 연속으로 발표한 3편의 논문에서 그는 자주달개비의 화분 모세포에서 핵막은 세포 분열 이전에 분해된다고 보고하였다. 그러나 그는 핵의 내용물들은 계속 존재한다고 생각하고 있었다. 이 시기의 세포들을 요오드로 염색하여 보면 핵이 잘게 부서진 '덩어리(Klumpen)'로 된 것을 관찰할 수 있었다.

호프마이스터는 이런 것들이 네겔리가 언급하였던 일시적으로 나타

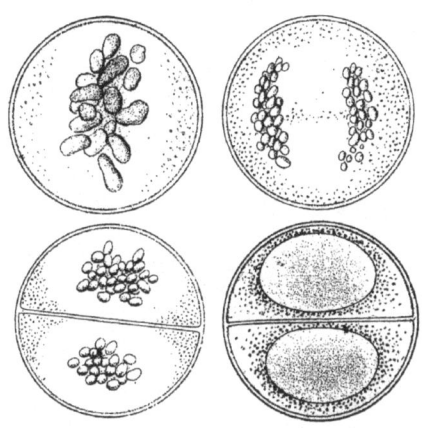

그림 54 유사 분열의 중기, 후기와 딸세포 형성을 정확하게 묘사한 호프마이스터의 그림

난 작은 사이토블라스트에 해당하는 것이라고 믿었다. 즉 과립성 점액이 이 덩어리 주위로 모이는 것처럼 보였으며 세포가 분열될 때 응집된 핵물질들은 둘로 나누어진다. 그리고 이 응집물들은 막을 갖게 되고 딸세포의 핵을 형성한다고 하였다. 1848년에 발표한 논문과 1849년의 연구 보고서에 실은 모식도에 의하면 자주달개비에서는 유사 분열의 첫 번째 단계를 덩굴식물인 시계꽃(Passiflora coreulea)과 소나무의 일종(Pinus maritima)에서는 분열 과정 후반부의 단계를 매우 정확하게 묘사하였다. 즉 세포 분열 이전에 일어나는 세포핵의 형태 변화, 핵막의 분해, 아주 뚜렷한 염색체의 적도판 배열, 막이 없는 상태의 딸세포에서 핵의 재형성, 새로 형성된 핵 주위에 핵막 형성, 그리고 두 딸세포 사이의 분할막의 형성 등을 선명하고 정확하게 묘사했다. 이러한 현상은 딸세포가 다시 분열하여 4 세포군이 만들어질 때에도 같게 나타났다.

호프마이스터는 물론 그가 기술했던 현상의 생물학적 의미에 대한 개념은 전혀 가지고 있지 않았다. 하지만 그는 그러한 현상들이 우연히 일어나는 현상이 아니라는 것을 알고 있었다. 또한 그는 분열하는 핵에서 만들어지는 '덩어리' 구조를 단백질이 굳어진 덩어리라고 언급하였지만, 이는 단백질 침전과 같은 임의적인 과정을 의미하는 것도 아닌 듯하다. 1867년에 출간한 책에서도 그는 여전히 '덩어리' 구조가 단백질이 응집된 것이라는 견해를 고수하고 있었으나 그것들이 반복적으로 일정하게 재현되는 것을 생각하면, 어떤 체계화된 과정의 일환으로 만들어진다는 결론은 피할 수가 없었다. 호프마이스터의 책은 솔잎란의 일종인 Psilotum에서의 감수분열에 대한 정확한 설명을 하고 있다. 그리고 이러한 과정에서 핵분열에 의해 만들어진 덩어리 수에 대한 그의 추측은 우리가 현재 이 종이 갖고 있다고 알고 있는 염색체 수의 1/2에 매우 근접하였다. 비록 레마크와 네겔리가 상상하였던 핵 분할 현상을 여전히 고수하고 있기는 하지만, 호프마이스터의 정확하고 폭넓은 연구는 핵분열이 이보다는 훨씬 더 복잡한 과정으로 일어난다는 것도 인식하게 하였다. 이러한 더 복잡한 과정을 설명하기 위한 '간접적인' 핵분열이라는 용어는 1879년이 되어서야 플레밍(Flemming)이 도입하였다.

19세기 중반 동물 세포의 구조 연구는 식물 세포에 비해 계속 뒤지고 있었다. 그 당시 많은 식물학자들이 의학 교육을 받았음에도 불구하고 동물 조직에 대한 현미경적 연구와 식물에 대한 그와 유사한 연구 사이에는 인식의 차이가 있는 듯하다. 코발로브스키(1871)의 연구는 주로 선충류인 Sagitta, Euaxes, 절지동물인 진딧물 및 나비류, 그리고 환형동물인 Lumbricus, Hydrophilus 등의 발생에 관한 내용이었다. 그의 논문에 실린 그림 중 하나는 방추사와 후기 염색체로 추측되는 것을 보여주고 있지만, 제시한 그림들이 매우 작았다. 식물학자인 루소(Russow)는 그가 관찰한 것과 호프마이스터의 것과의 연관성을 찾아낸 사람이다. 1872년에 출간한 루소의 논문은 유관속 은화식물에서 포자 형성 과정을 관찰한 것이다. 그의 그림 역시 작아서 묘사한 설명을 자세히 이해하기는 어려웠지만, 적도판에 배열된 염색체를 본 사실은 명백하였다. 그는 이를 '적도판(Stäbchenplatte)'과 염색체를 작은 '막대(Stäbchen)'란 용어로 기술하였다. 이러한 모양들은 다른 은화식물의 포자 모세포에서도 관찰되었다. 그리고 나리의 일종인 Lilium bulbiferum은 아주 큰 염색체를 가졌기 때문에 명확하게 관찰할 수 있는 시료가 될 수 있었다. 루소는 적도판을 '밝고 굴절형으로 신장된 과립 또는 작은 막대'라고 표현하였다. 그는 호프마이스터의 그림을 인용하였으며 그 내용이 자기가 관찰한 것과 동일하다는 것을 인정하였다. 그러나 그는 유사 분열의 그림이 식물을 물에 장시간 처리해서 생긴 단백질 덩어리라는 호프마이스터의 의견과는 달리하였다. 루소에 의하면 작은 막대(염색체)와 적도판에 대하여 다음 세 가지 이유로 잘못된 인위 구조(artifact)가 아니라고 주장하였다. 첫째, 그들은 반복적으로 발생한다. 둘째, 적도판은 세포 내에서 항상 동일한 위치에 같은 방향에 존재한다. 셋째, 이와 유사한 모양을 균류인 Polypodum vulgare와 Aspidium felix의 포자낭 내에 있는 생세포에서도 볼 수 있다는 것이다. 그러므로 앞에서 언급했듯이 임의의 침전물이 호프마이스터가 생각하고 있었던 것인지는 명백하지 않지만, 그가 기술했던 유사 분열의 그림은 어떤 임의의 단백질 침전물은 아니다.

그 당시 기센대학교의 동물학 교수이자 뮐러의 전 조수였던 슈나이더(Anton Schneider, 1873)는 극피동물인 Mesostomum ebrenbergii의 난할 과정에서 나타나는 '굵은 막대(dicke Stangen)'에 대해 언급했다. 그는 이와 유사한 구조를 배 발생 후기 단계에서도 관찰했는데, 세포가 분열하면 막대의 반은 한쪽으로, 나머지 반은 그 반대쪽으로 이동한다고 했다. 그는 이것이 세포 분열 동안에 완전히 없어진다고 생각되는 핵 소멸이라고 믿었다. 하지만 그는 또한 핵의 '직접적' 분열은 다른 경우에도 일어난다고 믿었다.

1875년 식물학 잡지인 『*Botanische Zeitung*』에 연재로 게재한 치스티아코프(Tschistiakoff)의 논문에서, 치스티아코프는 루소가 자신이 이전에 수행한 연구 내용을 무시하고 있다는 비평의 글을 실었다. 키예프에서 저술한 코발로브스키, 모스크바에서 저술한 치스티아코프, 그리고 『*IASS*(Imperial Academy of Science of St Peterbung)』에 실린 루소의 논문 등이 모두 독일어로 기재된 사실로 볼 때 그 당시 러시아 학계에 대한 독일의 영향력을 가늠해 볼 수 있다. 치스티아코프의 연구 내용은 양치식물을 비롯한 다양한 식물에서 포자와 화분의 형성 과정에 관한 것이었다. 그는 물부주의 일종인 Isoetes durieui의 포자 모세포에서 세포가 분열할 때 뚜렷이 구분되는 그가 'Theilungslamelle'라고 부르는 적도판이 항상 같은 위치에 나타난다는 사실을 발견했다. 그는 또한 이 판을 설명하는 그림에서 방추사와 양극에 위치하는 어떤 물질들을 보여주고 있다. 하지만 치스티아코프는 염색체가 각 적도판에 계속 존재하는 동안에도 세포 양극에서는 새로운 핵이 만들어진다고 믿고 있었다. 물론 이것은 관찰 중에 잘못 판별한 것이며, 이런 오인이 없었다면 매우 정확한 관찰이 되었을 것이다. 그는 화분모세포에 관해 다음과 같이 기술하였다.

> 얼마 후 전인(pronucleolus)과 전핵(pronucleus)은 매우 독특한 줄무늬 형태로 보였는데, 표면에 조밀하게 꼬인 원형질 물질로 구성된 수많은 연충모양의 선으로 나타난다. 이것들은 두 전핵에 존재하는 분화선(differentiation lines)이라 생각된다. 다음 단계에서 분화선들은 뚜렷한 수직선을 형성하는 넓고 조밀하게 굴절된 사상체로 바뀌게 되며 관찰이 가능하다. 전핵의 중기판(염색체가 판을 따라서 배열하는 유사 분열 시기) 역시 신장되어 중앙 직도판 상에 위치하고 굴절된 원형질의 '덩어리'(그는 여기서 호프마이스터가 사용했던 단어를 사용)로 구성되어 있다. 이때쯤 되면 수직으로 배열하였던 사상체들이 모이게 되는 양극에서 원형질 부분을 관찰할 수 있는데 이 부분은 처음에는 조밀하지 않았던 부분이며 나중에 두 딸핵을 만들게 되는 부분이다.

치스티아코프는 호프마이스터가 사용한 '덩어리'라는 용어를 사용했을 뿐만 아니라 세포를 물로 처리했을 때만 방추사를 관찰할 수 있다고 주장하였으며 이때 물은 호프마이스터가 언급했던 단백질 응고물을 형성시키는 요소라고 생각하였다.

베이커는 슬라브계이면서 독일어로 논문을 발표한 에베츠키(von Ewetsky, 1875)가 가장 정확하게 세포 분열의 전기를 설명한 사람이라고 평가하였으며, 그의 설명은 유사 분열의 전기에 대한 훌륭한 표현이라고 확신하고 있다. 하지만 25년 전에 호프마이스터가 세포 분열 이전의 핵 내의 생리학적 변화를 관찰하고 묘사하였는데 이것이 전기에 대한 정확한 묘사였다는 사실을 잊지 말아야 한다. 에베츠키는 전기를 다음과 같이 설명하였다. "일반 내상피층 세포에서 보면 처음 5일쯤부터 간상 혹은 사상으로 신장된 굴절형 구조를 갖는 핵을 관찰할 수 있다. 이들은 매우 심하게 감기거나 뒤엉킨 실타래 모양을 하고 있다." 그럼에도 불구하고 에베츠키는 핵이 둘 혹은 그 이상의 딸핵으로 직접 분할된다고 믿고 있었다.

1875년이 되어서야 비로소 동물 세포와 식물 세포의 유사 분열 과정을 비교해 볼 수가 있었다. 슈트라스부르거는 그의 대표적인 저서『세포 형성과 세포 분열(*Zellbildung und Zellteilung*)』(1875)이란 책에서 동물과 식물에서 일어나는 핵분열의 상동성을 설명하고 있다. 이는 그가 뷔칠리(Otto Bütschli)의 연구 내용을 보고 명확하게 이해가 되었다. 뷔칠리는 선충인 Cucullanus elegans의 난할과 극체 형성에 관해 연구하며 중기와 후기 과정을 관찰하고 있었다. 그는 핵이 없어질 때 현재 우리가 알고 있는 방추사가 형성되는 것과 그 적도 상에는 방추사 돌기로 생각되는 과립

그림 55 슈트라스부르거(Eduard Strasburger, 1844~1912)

응집물들이 존재한다는 것을 관찰했다. 뷔칠리는 또한 과립 응집물들이 두 부분으로 나누어지고 나중에 이것들이 세포의 양극으로 이동하는 것을 관찰하였으며, 이 사실을 1875년에 최초로 보고하였다. 다양한 식물과 동물을 재료로 하여 연구하고 있었으며, 특히 침엽수의 수정 현상과 포유류의 연골세포 유사 분열을 연구하던 슈트라스부르거는 뷔칠리에 편지를 썼고 뷔칠리는 그에게 선충인 Cucullanus elegans의 유사 분열과 바퀴인 Blatta germanica와 감수분열 과정에 관한 아직 출판되지 않은 그림을 보내주었다. 이 그림들은 슈트라스부르거의 책에 게재되었으며 1876년에 뷔칠리가 출판하였다. 뷔칠리와 슈트라스부르거는 세포 분열 중기와 후기 과정에 대해서는 명확하게 관찰하였으나 말기에 관해서는 뚜렷하게 밝히지 못하였고, 방추사의 역할에 대해서는 서로 다르게 이해하

제14장 세포핵의 분열 | 287

고 있었다. 슈트라스부르거는 방추사는 적도판과 함께 핵이라고 생각했으며 딸핵은 방추사의 두 반쪽과 함께 분열된 판의 생성물이 융합해서 형성된다고 생각했다. 반면에 뷔칠리는 방추사 끝에 형성되는 극체(Richtungsbläschen)에 주목하였고 앞에서도 언급했듯이 '짙은 막대(dunkle Stäbachen)'를 방추사의 팽창물로 간주하였다. 슈트라스부르거는 또한 살아 있는 세포에서 유사 분열을 관찰하였으며 이를 규명하기 위한 가장 적합한 재료로 녹조류인 Spirogyra를 선택하였다. 뷔칠리는 주로 동물 세포에 관심이 있었으며 그가 선충류를 가지고 행한 관찰에서부터 닭의 어린 배의 적혈구까지 다양한 관찰을 하였다. 마침내 그는 레마크가 핵분열은 직접 분할에 의해 나누어진다는 잘못된 가정으로 이끌었던 바로 그 재료를 가지고 정확한 유사 분열 과정을 설명한 것이다.

난자의 수정에 관한 뷔칠리의 연구는 다음과 같았다. 그는 독·프랑스 전쟁 직후인 당시 24세부터 연구를 시작하였다. 그러나 그는 동물학 교수인 뫼비우스(Karl Möbius)의 조교직을 얻기 위해 항구 도시인 키예프로 이주하였다. 그러나 뷔칠리는 키예프에 적응하지 못하고 고향인 프랑크푸르트로 다시 돌아왔다. 1878년에 하이델베르크대학교의 동물학 교수가 되었고 거기서 여생을 보냈다. 슈트라스부르거는 비록 바르샤바 출신이었으나, 1869년부터 1881년까지 예나에서 식물학 교수로 재직하였으며, 1881년부터 1912년 사망할 때까지 본에서 살았다. 그러므로 그들 연구의 인용 면을 본다면 루소나 치스티아코프의 연구가 뷔칠리와 슈트라스부르거의 연구보다 앞서 있었음에도 불구하고, 뷔칠리와 슈트라스부

그림 56 뷔칠리(Otto Butschli, 1848~1920)

르거가 러시아계 세포학자인 루소나 치스티아코프보다 훨씬 영향력이 있었다는 것이 전혀 놀라운 일이 아니다.

1875년에 출간한 슈트라스부르거의 책과 1876년에 발표한 뷔칠리의 긴 논문은 다른 학자들로 하여금 다양한 생물체 내에서의 유사 분열에 관하여 많은 발표를 하도록 자극하였다. 그들 중에는 마이젤(W. Mayzel, 1878)과 에버스(C. J. Eberth, 1876) 같은 학자들이 있었으며, 한 예비 보고서에서 마이젤은 얼마간 개구리 상피세포의 재생에 관해 연구하고 있었는데 그중 세포 분열 과정에서 특이한 세포핵을 관찰했다고 보고하였다. 그러나 그가 관찰한 내용의 중요성을 판단한 것은 슈트라스부르거와 뷔칠리의 논문을 읽고 난 후였다. 마이젤은 1877년 또 다른 짧은 보고문을 발표하였다. 그는 연구 내용을 1877년 『의학 신문(Gazeta lekarska)』에 폴란드어로 보고하였으며, 그해 바르샤바에서 개최된 '러시아 생물학자와 의사회' 회의에서 러시아어로 보고되었다고 지적했다. 마이젤의 두 번째 보고서는 다른 많은 종에서의 상피세포 재생에 관한 연구를 담고 있었는데 조류, 포유류에서 인간에 이르기까지 연구 범위를 넓혔다. 그가 다룬 유사 분열에 대한 설명은 주로 뷔칠리와 슈트라스부르거에 의해 설명되었던 중기와 후기에 관한 것이었다. 방추사로 보이는 것에 대해 독일어로 쓴 그의 표현은 다음과 같다. "비스킷 모양 또는 섬유로 만들어진 모래시계를 닮은…" 취리히의 병리학 교수였던 에버스는 1876년 그의 논문에서 뷔칠리, 슈트라스부르거 그리고 에베츠키의 것을 인용했으며, 그 역시 1873년과 1874년 상피세포의 재생에 관해 연구하였다고 주장하였다. 하지만 그가 관찰했던 유사 분열의 과정의 중요성에 대해서는 인식하지 못했다. 그러나 현재 그는 그것들이 슈트라스부르거가 식물 세포에서 설명한 바 있는 것과 동일한 것이라고 확신하였다. 에버스의 논문에 실려 있는 그림은 재생 단계에 있는 상피세포와 내피세포의 유사 분열 전 과정을 설명한 것이다.

실제로 1876년까지의 유사 분열에 대한 모든 연구 관찰은 설명적으로만 기술된 '간접적인' 핵분열에 대해 상세히 설명하고자 이루어졌다. 하지만 왜 핵이 이렇게 특이하고 정교한 방법으로 분열해야 하는가를 설명할 수 있는 어떤 이론도 제시하지 못했다. 결론적으로 이러한 문제에 대한 만족할 만한 답을 제공할 수 있는 실험 계획에 있어서의 첫 단계는 발비아니(Edouard Balbiani)가 1876년 프랑스 학술원에 투고한 보고서였다.

제15장

세포막의 필요 불가결함

식물 세포가 가지는 특성인 고형의 세포벽이 동물 세포에서는 확실히 관찰되지 않았기에, 세포가 어떠한 막에 의해 반드시 구획 지어져야 하는지는 의문시되었다. 이것은 슈반이 주장하였던 식물 세포와 동물 세포 사이의 상사성에 반대되는 한 예이다. 난황막과 같은 몇몇 실질적인 구조나 광학적인 인위 구조들이 식물 세포벽의 동물 세포 유사체로 제안되기도 했다. 그러나 대체로 이러한 유사성들을 정설로 받아들이지 않았다. 동물 세포의 운동성 그 자체를 단단한 세포벽들의 존재 가능성과 상반된 요소로 생각하였는데, 그 예로 에커가 관찰했다는 개구리 할구의 움직임을 들 수 있다. 반면 라이헤르트(1841)는 양서류 난자의 발생 과정을 연구하던 중 증류수에서 삼투 현상에 의해 하나의 막이 세포의 표면으로부터 분리되는 것을 관찰하였다. 앞서 논의한 바와 같이 레마크는 개구리알을 싸고 있는 막을 관찰하기 위해 경화제를 사용하였다. 사실상 난할과 세포 분열에 대한 그의 일반적인 설명은 굴레를 형성하면서 두 개의 세포로 갈라지게 하는 세포막의 활성에 기초하고 있다. 이분법이 모든 세포 증식의 기본이라는 그의 주장에 대해 강한 반론이 있었던 반면, 어떤 종류의 막이 이분법과 연관된다는 주장에 대해서는 별다른 반론이 없었다.

동물 세포가 막에 의해 둘러싸여 있다는 가설에 대한 반론은 아마도 몇몇 원생동물의 유동성과 원시 점균류의 다핵성에 기초를 둔 것 같다. 몇몇 학자들에게 막이라는 단어는 식물의 세포벽과 같은 단단한 구조를 의미하였다. 이들에게 사실상 세포의 움직임이나 이동 현상은 막의 존재를 배제하는 요인으로 작용하였으며, 다른 부류의 학자들에게조차 막(Membran)이라는 용어는 적어도 처음에는 유동적인 구조를 의미하지 않았다. 레마크는 통속적인 단어인 'Hülle(외투 또는 덮개)'를 'Membran'에 대신하여 사용하였다. 그는 'Membran'이 반드시 단단하다고 생각하지만은 않았지만, 반면에 반드시 그렇다고 주장하는 부류들도 있었다.

프라이부르크, 할레, 슈트라스부르크에서 연이어 식물학 교수를 역임한 드 바리(Anton de Bary)는 점균류에 대한 자신의 연구에 영향을 받아, 1860년에 운동성 포자들은 그 말 자체가 내포하는 것처럼 세포막을 가지고 있지 않다고 발표하였다. 드 바리에게 세포막은 분명히 식물의 세포벽과 같은 단단한 구조를 의미하였다. 그는 가장 원시적인 동물 세포는 외피를 가지고 있지 않다고 공언하였지만 다른 동물 세포들은 외피를 가질 수도, 가지지 않을 수도 있다고 생각하였다. 이러한 드 바리의 주장에 커다란 영향을 준 요인은 그가 오랫동안 연구해 왔고, 주전공 논문으로 발표한 점균류에 대한 연구 결과이며, 특히 점균류의 생활사의 과정 중에 나타나는 다핵 변형체의 존재이다. 구획이 없이, 원형질의 덩어리 속에 싸여 있는 다핵의 존재에 대한 관찰은 기본적인 단위세포는 막이 없는 세포질에 둘러싸인 핵이며, 막에 의해 구획될 필요가 없다는 것을 자연스럽게 암시하였다.

드 바리의 견해를 본의 식물학 교수이며 무세포막의 주창자인 슐체(Max Schultze)는 확신하였다. 1858년에 그는 북해 규조류의 세포질의 운동에 대한 관찰을 한 논문에 발표하였는데, 그 내용들은 고등 식물을 포함한 다른 생물체의 세포에 대한 웅거와 크론의 관찰과 유사하다는 결론을

그림 57 슐체(Max Schultze, 1825~1874)

내렸다. 드 바리는 이러한 운동이 원형질 자체의 수축성에 기인하며 외부의 힘에는 의존하지 않는 것으로 생각하였다. 1860년 슐체는 세포는 원래 무막성이며 막처럼 보이는 구조는 경화되는 과정에서 나타나는 인위 구조라는 결론에 도달했다. 다시 말해, 슐체가 확신하였고 논쟁의 여지가 없다고 하였던 'Membran'은 세포의 운동을 방해한다는 주장이었다.

원형질의 수축성을 고려할 때, 세포 전체 모양의 변형은 융통성이 없는 세포막의 존재로 인해, 설령 불가능하지는 않다고 하더라도 방해를 받을 것이다. 원형질의 표면이 막으로 덜 굳어질수록 세포는 핵을 가진 무막성의 원형질 덩어리로 운동성이 덜 방해받는 원래의 상태로 있게 될 것이다.

1861년에 발표한 슐체의 논문은 근육에 관한 것이었으며, '세포를 무엇이라고 불러야 하는가'라는 부제를 달았다. 그는 세포 표본을 만들 때 사용하는 경화제에 대한 레마크의 연구 내용에 대해 특별히 언급하였고, 개구리알의 발생에 대한 레마크의 발견을 다시 관찰할 수 있었으나, 나중에 행한 그 자신의 실험은 의문을 유발하였다는 것을 토로하였다. 그는 여전히 경화제의 처리에 의해 관찰되는 막은 인위 구조이며, 알의 분할 시기에 화학적으로 뚜렷한 막은 존재하지 않는다고 하였다. 마침내 전형적인 세포는 어떠한 종류의 외피 없는(hüllenlos), 핵이 있는 원형질의 덩어리라고 정의하였다. 점균류에 있어서, 드 바리와 같이 슐체는 근육섬유의 다핵성이 그의 주장을 뒷받침하는 기반으로 생각하였다. 이러한 주장이 전반적으로 받아들여진 것은 아니지만, 오랜 기간 동안 논쟁거리로 남아 있었다.

　헤켈(Ernst Haeckel)은 세포의 생활사에서 핵의 중요성을 주장했던 초기 학자 중 한 사람이다. 그러나 그는 핵이 없는 원형질체의 존재를 인정했고, 그것을 'cytode'라 불렀으며, 반드시 막에 의해 구획 지어질 필요가 없다고 하였다. 그가 교과서에서 기술한 방산충류의 세포 운동은 원형질의 특별한 피막층에 의해 전적으로 매개된다고 하였다. "방산충류의 이동성은 따라서 원형질의 특별한 피막 부분과 연관되어 있다." 1880년까지 한스타인(von Hannstein)은 그 기본적인 단위는 원형질체라 하였고, 이것은 벽을 분비할 수도, 안 할 수도 있다고 주장하였다. 그러나 식물에는 외피라고 불리는 좀 더 단단한 외피와 부드러운 내피가 있다고 하였는데, 이

것이 세포의 내막과 외벽을 인식한 첫 출발이었다.

결정적인 증거는 역시 식물학자들이 찾아냈다. 암스테르담의 식물학 교수이자 후에 멘델의 업적을 재발견한 삼인방의 한 사람인 드 프리스(Hugo de Vries)는 1884년에 세포벽과 전혀 다른 막이 존재한다는 것을 확신했고, 또한 이러한 막의 특성을 연구할 수 있는 체계적인 방법도 고안하였다. 주로 팽압의 측정에 대한 논문에서 드 프리스는 등장 상수(isotonic coefficient)를 유도하였으며 다음과 같은 정의를 내렸다. "…등장 상수는 미상의 물질이 희석된 상태에서 물에 대한 친화도를 나타내는 것." 드 프리스가 소개한 이러한 방법론은 주로 식물 세포를 여러 염류액에 노출하였을 때 물과 염류의 식물 세포 안팎으로의 이동에 기초를 두고 있다. 이 것은 물론 뒤트로셰의 내침투(endosmosis) 및 외침투(exosmosis)와 일맥상통한 것이나, 드 프리스는 단지 주석에 언급하였다. 그러나 드 프리스는 프링스하임(Nathanael Pringsheim)이 30년 전에 관찰한 것을 논의하였는데, 그 내용은 희석된 용액에서 세포의 내용물은 세포벽으로부터 분리된다는 것이었고, 드 프리스는 이것을 원형질 분리라고 명명하였다. "만일 성장한 세포가 상당히 강한 농도의 염분 용액에 노출되었을 때 살아 있는 세포질의 층은 세포벽으로부터 분리되고 부피는 줄어든다. 이것은 세포가 그것이 함유하고 있던 수액을 주위의 용액으로 방출하기 때문이며, 이 용액이 약할수록 수축 또는 원형질 분리는 적게 일어난다."

드 프리스는 역시 1855년의 네겔리의 논문을 소개하였는데, 그것의 제목에는 내삼투와 외삼투가 포함되어 있다. 드 프리스는 다양한 고등 식

그림 58 드 프리스(Hugo de Vries, 1848~1935)

물을 대상으로, 특히 칼륨과 칼슘이 포함된 염용액에 의하여 발생하는 내삼투와 외삼투에 대해 연구하였다. 또한 그는 용액의 등장 상수와 빙점 강하의 관계를 연구하였고, 그가 측정한 삼투 현상은 식물 세포의 액포를 둘러싸고 있는 막에 의한 것이지 세포벽에 의한 것이 아니라고 역설하였다. 식물의 세포벽과 세포막에 대한 구별이 오버튼(Ernest Overton)의 고전적 연구(1895, 1899, 1900)에 의해 밝혀졌다. 오버튼은 주로 해캄속의 녹조류(Spirogyra)를 사용하여 원형질 분리를 연구하였는데, 삼투압의 원인은 세포질을 둘러싼 막(Grenzschicht)이지 세포벽이 아니라는 것이었다. 오버튼은 또한 어떠한 물질이 세포막을 통과하는 경향은 그 물질의 지방에 대한 용해도에 달려 있다는 것을 보여주었다. 비슷한 현상을 동물 세포에서 발견하는 데는 더 오랜 세월이 걸렸다. 그러나 세기가 바뀔 즈음, 동물 세포가 비록 식물 세포와 달리 셀룰로오스막, 즉 세포벽은 가지고 있지 않지만, 막에 의해 둘러싸여 있다는 것은 그 누구도 의심하지 않았다.

제16장

염색체

그림 59 발비아니(Edouard Balbiani, 1825~1899)

발비아니와 반 베네덴(van Beneden)의 연구와 함께, 우리는 핵분열 기작에 관한 토론으로부터 염색체의 정확한 모양과 세포 분열 중에 그들이 하는 일에 대하여 생각해 보려고 한다. 발비아니는 1823년 아이티에서 태어났다. 그의 아버지는 이탈리아 사람이었고 어머니는 프랑스 크레올(Creole) 태생이다. 그는 프랑스에서 생물학 교육을 받았고, 그의 나이 31세에 프랑스대학교(College de France)에서 발생학 교수가 되어 그의 여생을 보냈다. 1861년에 원생동물의 유성 생식에 관한 논문에서 발비아니는 짚신벌레 소핵의 중기와 아마도 전기에 해당하는 부분을 기록하였다. 그의 그림은 여러 가지 중기 분열상을 분명하게 보여주지만 아마도 에렌베르크의 영향으로 그는 그가 본 것을 잘못 이해하여 중기 상을 그 생물체의 정소로, 대핵을 난소라고 생각하였다. 이러한 생각을 뷔칠리가 정정하였는데, 그는 발비아니가 관찰한 구조는 소핵의 분열 결과라는 것을 보여주었다. 1876년에 발비아니의 관찰은 정확도가 전혀 다른 수준에 이르렀다. 세포학적 연구에 아주 적합한 재료인 메뚜기 종류 Stenobothrus의 난소에 있는 상피 조직을 연구하는 동안 발비아니는 근본적으로 유사 분열의 모든 과정을 정확하게 보았고, 세포 분열 때 핵이 '바톤네트(batonnet, 폭이 좁고 작은 막대 모양 구조들)'가 모여 있는 곳으로 녹아들어 간다는 것에 주목하였다. 이 구조를 설명하기 위해 사용하는 '바톤네트'라는 용어는 반 베네덴이 이전 해에 토끼의 배 발생 중 외배엽에서 핵 복제를 설명할 때 사용하였다.

반 베네덴의 업적은 뒤에 상세히 설명되겠지만, 그는 적도판의 '바톤네트'는 두 그룹으로 나누어지며, 이것은 핵판(nuclear discs)을 이룬다고 했다. 그 후 이들은 분리 이동하여 확장하면서 딸핵(daughter nuclei)을 형성한다고 설명했다. 그러나 발비아니는 두 가지의 부가적인 관찰을 하였다. 첫째, '바톤네트'는 같은 크기가 아니라는 것, 둘째, 그들 각각은 두 개로 나누어진다는 것이었다. 발비아니는 '바톤네트'가 나누어지는 모습에 대하여 정확하게 설명하지는 않았지만, 그 논문에서 풍기는 인상은 분열은 각각의 '바톤네트' 중앙을 지나서 횡적으로 일어났다고 생각했다는 것이다. 그는 확실히 '바톤네트'가 종적 분리로 인하여 두 개로 나누어진다고 생각하지 않았다. 그 후 분열 결과 두 그룹으로 분리되어 결국 딸핵을 만드는데 그 안에서 '바톤네트'는 다시 서로 혼합되는 것으로 보여졌다. '바톤네트' 크기가 다르다는 것을 발비아니가 관찰한 의미는 서턴

(Sutton)이 1902년 그의 논문에서 발표할 때까지 완전하게 밝혀지지 않았으나 '바톤네트'가 똑같지 않았다는 점은 어떤 경우에서도 분명하였다. 그리고 각각의 '바톤네트'가 두 개로 나누어진다는 관찰은 핵분열이 간접적이었다는 사실을 설명하는 실마리를 제시하였다. 핵 내용물이 정확하게 동량으로 나누어지므로 그 분열 과정은 간접적이었다.

슈트라스부르거는 목적을 위한 관찰과 비타협적인 오해가 어처구니 없게 혼합된 논문을 계속해서 써냈다. 1875년 발간된 표 『Zellbildung und Zelltheilung』의 첫판에서 그는 배젖 핵은 슐라이덴이 제시하였던 것처럼 근본적으로 처음부터 형성되었다고 주장하였다. 1877년 그는 대체로 에버스에 동의한다고 선언하였으나 그는 세포핵이 두 개 이상으로 나누어진다는 것을 결코 관찰하지 못했다고 주장했다. 그 당시에는 방추사의 성질과 형성에 대한 많은 논쟁이 있었다. 슈트라스부르거는 마이젤이 바르샤바에서 그에게 보낸 그 자신의 관찰과 조직 표본에 근거하여 방추사는 핵의 원형질 전체 성분 속으로부터 변화에 의하여 형성된 것으로 결론지었다고 주장하였다.

마이젤은 유사 분열에 관한 최초의 설명을 출판한 이래 용액에서 세포를 띄우는 기법을 사용해 왔고, 그리하여 그가 이전에 고정한 조직 표본에서만 관찰하였던 것을 살아 있는 상태로 볼 수 있었다. 그가 슈트라스부르거에게 보낸 조직 표본들은 영원(Triton cristatus)의 세포에 있는 방추사 형성의 좋은 사례였다. 슈트라스부르거 자신은 Tradescantia의 수술에 있는 세포가 유사 분열의 연구에 가장 적당한 재료라는 것을 알았고, 이들 세포 속에서 그는 실제로 살아 있는 상태에서 그 과정의 모든 단계를 관찰하였다. 그는 이 결과를 1879년 발표한 한 논문에서 상세하게 설명하였다. 그러나 1880년에 발간한 그의 『Zellbildung und Zelltheilung』의 3판에서, 그는 중기 분열상 자체는 둘로 나누어지고 염색체 막대는 정상적이지만 방추사를 따라서 반드시 한 줄로 배열하지는 않고, 그들의 분리는 완전히 임의적이라고 주장하였다. 만약 하나의 막대가 중기 분열상의 이등분선을 따라 분리되어 나누어졌을 때, 각각 나누어진 막대는 그것에 더 가까운 극쪽으로 이동하였다. 그 당시 킬(Kiel)대학교의 해부학 교수인 플레밍은 1878년에 막대의 종단 분열에 관하여 처음으로 강의하였고, 1879년에 간접적인 핵분열의 상세한 것에 대하여 2편의 논문을 발표했다. 1880년 슈트라스부르거는 종단 분열은 하나의 막대가 중기 분열상에서 적절한 판 속에 나타날 때를 제외하고는 절대 일어나지 않는다고 주장하였다.

플레밍은 그가 페레메쉬코(Peremeschko)의 논문을 읽고 킬에서 강의를 한 바로 그날(1878년 8월 1일)이었다고 주장하였다. 페레메쉬코는 그가 영원(Triton cristatus)의 투명한 꼬리 속에 있는 세포로 관찰한 보고서를 키예프로 보냈다. 그는 상피세포들과 별 모양의 결합 조직 세포를 백혈구와 내피세포 속에서 핵분열이 동일한 방법으로 일어나고 있다는 것을 발견했다. 세포에서는 입자와 실 모양의 물체(Fäden)가 나타났는데, 곧이어 새로운 핵이 형성되었다. 세포의 중앙에 있는 실 모양의 물체들은 약간 두꺼워졌고, 이렇게 두꺼워진 것은 둘로 동등하게 나누어져 즉시 분리되었다. 그것이 두 개의 새로운 핵이 형성되는 과정이다. 페레메쉬코는 연

그림 60 플레밍(Walther Flemming, 1843~1905)

골세포에 관한 슐레이처(Schleicher)의 논문을 읽었을 때, 그는 이미 그의 보고서를 완성하였다고 설명하였다. 페레메쉬코가 언급한 논문은 1874년에 발표되었고 역시 연골세포에 관한 2번째 논문은 1879년에 출판되었다.

슐레이처는 양서류 배아의 연골세포와 어린 개구리, 고양이의 견갑골의 연골에서 유사 분열의 모든 과정을 기술하였다. 그는 처음으로 간접적인 핵의 분열을 'Karyokinesis(핵분열)'라고 명명하였다. 페레메쉬코의 관찰은 슐레이처와 크게 다르지 않았다. 플레밍은 자신의 유사 분열에 관한 발견이 페레메쉬코나 슐레이처보다 앞섰다고 주장했으나 후자의 2명 역시 자신의 발견이 플레밍보다 먼저라고 주장한 점으로 미루어 이들 3명의 경쟁이 어떠하였는지 짐작할 만하다.

실로 플레밍의 논문은 참 읽기 힘들다. 페레메쉬코가 자신의 연구가 슐레이처의 결과와 몇몇 세세한 부분에서만 다를 뿐 거의 비슷하다고 주장하는 데 만족하지만, 플레밍은 자신의 결과가 다른 연구자들의 결과와 다른 점들을 세세히 항목별로 지적하였다. 물론 여전히 염색체가 세로로 나누어진다는 사실에 관해 자세하게 설명하지는 못하였다. 그리고 슈트라스부르거가 이 흥미로운 주장에 대한 논의를 거부함으로써 플레밍의 논문이 보다 일찍 빛을 보지 못하게 된다. 그럼에도 불구하고 그 당시 현미경에 의해서 밝혀진 대로 플레밍이 수년간에 걸쳐 발표한 논문들이 체세포분열에 관한 새로운 장과 연구 방향을 제시했다는 점에 대해서는 논란의 여지가 없었다. 플레밍은 처음에 도롱뇽을 실험 재료로 사용하였는데, 이는 도롱뇽의 세포가 크고 관찰하기 쉬운 큰 핵이 있었기 때문이었다. 그는 1877년 논문에서 간기 핵의 관찰 결과를 발표하였고, 그 논문에서 얻은 결과들이 이전 연구자들의 결과와 무엇이 다른지에 대하여 매우 자세하게 비교하였다. 플레밍은 수많은 고정액과 염색약의 효과를 분석하였으며, 장간막, 폐, 부레막 등의 투명한 조직을 생체에서 직접 채취하여 현미경으로 관찰하였다. 물론 그가 1878년 킬에서 읽었던 논문에서도 역시 도롱뇽의 세포막에 관해 언급하고 있었으나, 플레밍의 당시 논문에서는 훨씬 다양한 조직에 대한 관찰 결과가 실려 있었으며, 더욱이 고정된 상태와 생체 상태에 대한 모든 결과를 분석하였다. 플레밍은 논문을 통해 간기 핵물질로부터 염색사가 형성되기까지, 체세포의 초기 분열상을 분명하게 규명하였으며, 염색체가 두꺼워지고 인이 소실되는 중기 분열상의 염색체 모양을 '별(Stern)'로 표현하였다. 당시 플레밍은 염색체들이 세로로 분열된다고 주장하였으나, 그때까지는 둘로 나뉘어진 염색체들이 서로 반대 극으로 이동한다는 사실을 관찰하지는 못하고 있었다. 그러나 이 플레밍의 논문이 바로 슈트라스부르거가 제안한 염색체 분열에 대한 가설에 많은 반론과 비판을 제기한 첫 번째 것이었다.

1879년 플레밍은 두 편의 논문을 발표하였다. 한편은 『Virchow's Archiv』에, 그리고 한편은 『Archive für Microskeopische Anatomie』에 발표하였다. 첫 번째 논문은 핵이 단순한 절단 현상에 의해 분열한다는 것에 대한 반박을 핵심으로 하고 있었다. 그는 자신의 논문에서 당시 에를랑겐대학교의 학위 논문으로 제출된 피르호의 연구 결과와 레마크가 발표한 세포 분열 이론에 대해 반박하였는데, 이들 두 사람은 모두 핵의 직접 분열을 지지하고 있었다. 플레밍은 특히 인, 핵 그리고 세포가 순차적으로 직접 분열 방식에 의해 나누어진다는 레마크의 이론에 반론을 제기하였다. 플레밍은 5년 동안의 실험과 관찰을 통해 기존 이론에 반론을 제기하였으며, 이러한 현상들은 핵의 간접 분열 방식으로 설명할 수 있다고 하였다. 그러나 세포질 분열이 완료되기 전 한 세포 내에서 핵분열에 의한 다핵 형성 이론에 관해서는 플레밍도 레마크의 이론에 동의하고 있었다. 플레밍은 오직 백혈구와 같이 유동적인 세포에서만 직접적인 핵분열이 일어날 가능성이 있다고 하였으나 그 경우에도 실험적 증거는 전혀 없다고 강조하였다. 『Archive für Microskeopische Anatomie』에 실린 두 번째 논문은 세포 분열에 관해 상세하게 기술한 최초의 논문이었다. 플레밍은 당연히 염색체의 세로 분할에 관해 중점을 두었고, 나뉜 두 개의 염색체들이 각각의 딸세포로 이동한다는 점을 제안하게 되었다. 그는 또한 염색체는 서로 연속된 실타래의 모양으로 연결되어 있다는 사실을 고찰하였다. 핵이 염색사로 전환하는 것을 표시하기 위해서 플레밍은 슐레이처가 사용한 바 있는 'Karyokinese'라는 용어를 이용하였으나, 간접 핵분열의 전반적인 과정을 표현하기 위해 'Karyomitose'라는 새로운 용어를 만들어 냈으며, 세포 분열을 표현하는 말로 현재 우리가 사용하는 체세포분열인 'Mitosen'이라는 용어를 사용하였다. 그는 분열상을 다시 8단계로 세분화하여 각 단계별로 특수화하려 했으나 너무 세분화한 나머지 실제 일부 단계 간에는 구분이 거의 불가능한 것도 있었다. 따라서 플레밍의 8단계 이론은 당대에서는 물론 현재까지도 인정받지는 못하고 있다. 현재 세포 분열의 과정은 전기, 중기, 후기 및 말기로 구분하여 설명하고 있다.

연속 편으로 발표한 논문 중 두 번째 논문이 1880년 같은 학술지에 게재되었다. 이 논문에서는 다양한 세포에서의 간접 핵분열에 관한 관찰을 통하여 세포의 유형마다 서로 다른 핵분열 방식을 갖는다는 기존의 슈트라스부르거의 주장에 보다 많은 비판과 반론을 가하였다. 다음 해에 발표한 세 번째 논문에서, 플레밍은 슈트라스부르거의 이론에 대해 보다 신랄한 비판과 반론을 제기하였다. 그러나 슈트라스부르거는 당시 여전히 가로획에 의한 염색체 분할을 주장하고 있었으며, 1880년 그의 저서 『Zellbildung und Zelltheilung』의 3판에서도 역시 염색체 분열의 중기 상에서 가로획에 의한 분할을 주장하였다. 이에 대해 플레밍은 다음과 같이 비평하였다.

둘째로, 염색체가 적도판에 배열한 다음 염색사들이 세로획으로 분열하는 것은 분명한 사실이다. 슈트라스부르거는 자신의 이론을 계속 주장하기 위해서는 정확한 자료를 제시하여야만 함에도 불구하고, 그의 자료들은 그의 이론을 뒷받침하지 못하고 있다. 나는 이미 세로획에 의한 염색체 분할에 관하여 매우 자세한 증거를 제시하였다. 내가 도롱뇽에서 발견하였던 세로획에 의한 염색체 분할은 염색사들이 실타래 모양으로 나타날 때 시작하여 염색사들이 별 모양의 형태를 갖추는 단계에 이르기까지 전 과정에 걸쳐 계속된다.

이 논문에서 플레밍은 나리의 일종인 Lilium croceum과 다른 식물들에서 관찰한 핵분열상에 관해 보고하였다. 그는 이때 이미 자신이 이전에 도롱뇽에서 관찰한 바 있는 염색체의 세로획 분할을 비롯한 핵분열 현상들이 식물에서도 일어난다는 사실을 알게 되었다. 플레밍은 동일한 현상을 수정란의 난할에서도 관찰하였다. 그러나 그는 곧이어서 논의될 인물들인 폴(Fol), 세렌카(Selenka) 및 슈나이더의 관찰 결과들에 대해서 매우 비판적이기도 하였다. 마침내 그는 그의 관심을 인간의 세포로까지 확장했고, 인간의 각막 표피에서의 핵분열도 그동안 자신의 연구 결과와 차이가 없다는 것을 발견하였다. 1882년 플레밍은 『세포 물질, 핵 및 세포 분열 (*Zellsubstanz, Kern und Zelltheilung*)』이라는 저술을 통하여 그동안 그가 발견하고 행하였던 실험 결과들을 종합하였다. 그는 이 책에서 자신의 가장 중요한 발견인 세로획에 의한 염색체 분할에 대한 자신의 이론을 강조하는 데 가장 큰 역점을 두었다. 즉 그는 자신의 저서에서 독자들의 호기심을 불러일으키기보다는 왜 염색체가 가로획이 아닌 세로획으로 분할되어야 하는가에 대해서 집중적으로 기술하였다. 실제로 그는 저서에서 당대에 모든 가설에 대해서 이론적인 논쟁을 서슴지 않았고, 핵은 무형의 물질에 의해서 자연적으로 생성되지 않음을 분명히 하였다. 그리고 피르호가 그의 책에서 사용했던 유명한 문구를 인용하여 "모든 핵은 기존의 핵으로부터 유래한다(Omnis nucleus e nucleo)."라는 말로 자신의 핵분열에 관한 신념을 표현하였다.

당시 순전히 기술적이고 서술 형태였던 염색체와 세포학 연구가 분석적이고 실험적인 학문으로 전환할 수 있도록 한 가장 큰 원동력은 수정과 초기 발생에 관련된 실험 자료들의 축적이었다. 많은 독일의 교과서는 뷔칠리를 바로 이러한 전환을 가능케 하였던 시조로 보고 있다. 그리고 그보다 크게 알려지지 않은 이전의 선구자가 이미 있었지만, 그 점으로 인해 뷔칠리의 업적이 평가 절하되지는 않고 있다. 정자가 침투한 직후 수정란에서 두 개의 전핵이 형성된다는 사실은 뷔칠리가 아니고 20년 이전에 이미 바르네크(Nicholas Warneck)가 발견하였다. 바르네크는 그의 연구 결과를 1850년 모스크바의 『*Bulletin of the Imperial Society of Naturalists*』에 발표하였으나 그것은 완전히 잊혀졌으며, 1870년대에 이르러서야 폴에 의해서 재조명되기 시작하였다. 바르네크는 담수산 달팽이류의 수정란을 실험 재료로 사용하여 수정 후 수정란에는 1개가 아니라 2개의 원형

구가 존재함을 관찰하였다. 뷔칠리는 선충류를 대상으로 이와 유사한 현상을 확인하였다. 이것은 물론 20년 전의 바르네크의 관찰보다는 훨씬 자세했지만 근본적으로는 재확인 작업이었다. 골드슈미트(Richard Goldschmidt)는 1953년 뷔칠리의 찬양사에서 뷔칠리의 업적에 대해서 뷔칠리 자신이 실제 의도했던 것보다도 더 많은 의미를 두고 있다. 예를 들면 뷔칠리는 수정란에 존재하는 전핵들 중 1개가 정자로부터 유래했다는 사실을 당시 증명하지 못하였을 뿐만 아니라 실제 그는 다음과 같은 가능성을 제안하기도 하였다.

> 수정란이 이러한 상태로 얼마간 있고 난 뒤에 나는 분명히 협막 쪽을 향한 극쪽에서 1개의 밝은 구형의 출현을 관찰하였으며, 얼마 후 두 번째 구형이 근처에서 나타남…. 물론 이들 구형체의 기원을 정확히 관찰할 수는 없으며 이들은 오직 일정 크기에 도달하여야만 관찰이 가능하다. 또한 매우 희박한 가능성이기는 하나 두 번째 구형체가 첫 번째 구형체로부터 파생되었을 가능성을 전혀 배제할 수 없을 것이다.

더욱이 뷔칠리의 초기 논문에는 단 1개의 정자만이 난자에 침투할 수 있다는 것을 밝힌 최초의 인물이 바로 뷔칠리라는 골드슈미트의 주장을 뒷받침해 줄 수 있는 어떠한 언급도 없다.

이런 사실에 대한 결정적인 증거를 제시한 사람은 당시 제네바대학교 교수였던 프랑스인 폴(Herman Fol)이었던 것으로 여겨진다. 하지만 앞에서도 언급한 바와 같이, 발비아니가 접합 중인 원생동물의 정소라고 생각했던 구조가 사실은 소핵의 분열에 관여한다는 것을 밝힌 사람은 뷔칠리였다. 뷔칠리는 또 당시 여러 다른 생물학자들과 마찬가지로 동물 세포의 체세포분열의 전 과정을 자세하게 기술하기도 했다. 폴은 주로 불가사리를 가지고 연구했지만, 성게나 화살벌레의 난자를 연구하기도 했다. 그는 난자를 파고드는 정자에 관하여 "정자는 난자의 난황막의 어느 부위를 뚫고 들어갔다. 내 생각으로는 불가사리의 정상적인 수정에는 단 하나의 정자로 충분하며 성게에서는 더욱 분명하다."라고 명확히 기술했다. 폴은 정자의 핵이 고스란히 난자의 세포질 속으로 전달되어 수컷 전핵(pronucleus)으로 발달하는 과정을 다음과 같이 관찰했다. "정자가 뚫고 들어가는 부위가 수컷 성상체(male aster)가 되며 그 중심에 수컷 전핵을 형성하는 물질들이 축적되어 성게에서 나타나는 방식과 매우 흡사하게 암컷 전핵과 결합한다."

몇몇 독일 자료에 의하면, 당시 예나대학교의 대우부교수를 역임했던 헤르트비히(Oskar Hertwig)은 이미 폴의 연구 결과를 예측하고 있었다. 1875년부터 발표한 일련의 논문에서 그는 성게(Toxopneustes lividus)의 수정란 속의 전핵 중 하나는 정자로부터 온 것이라고 주장했다. 그러나 그의 제안은 직접 관찰에 의한 것이 아니라 추론에 의한 것이었다. 그는 수정란의 핵은 두 전핵들의 접합에 의해 만들어진다고 믿었고, 폴, 세렌카, 그리고 플레밍도 같은 견해를 갖고 있었다. 사실 헤르트비히의 결과는 아우어바흐(Auerbach)가 예견하였다. 1874년 브레슬라우의 논문에 따르면

그림 61 헤르트비히(Oskar Hertwig, 1849~1922)

아우어바흐도 두 전핵들이 합쳐져 수정란의 핵이 된다고 보고했었다. 아우어바흐는 암수의 핵물질이 합쳐지는 것이야말로 유성 생식의 기본적인 특성이라고 보았다. 왜냐하면 수정란으로부터 유래한 모든 세포의 핵 속에는 부계와 모계의 핵물질이 모두 들어 있음을 의미하기 때문이다.

헤르트비히는 또 뷔칠리의 영향을 받아 방추사들이 부푼 것이 염색체라고 믿었다. 헤르트비히는 주로 성게의 수정을 연구했지만, 그 밖에도 그는 거머리, 개구리 등도 연구한 결과, 그의 연구 결과가 적어도 동물 난자의 경우에는 상당히 보편적으로 적용된다고 생각했다. 셀렌카는 다른 종의 성게(Toxopneustes variegatus)를 연구했지만, 그의 연구 결과는 헤르트비히나 폴의 그것들과 비슷했다. 그의 연구 결과는 반 베네덴이 몇 번 언급하였지만 1878년에 출판된 그의 책에 정리되어 있다. 두 전핵이 합쳐져

그림 62 반 베네덴(Edouard van Beneden, 1846~1910)

수정란의 핵을 이룬다는 세렌카의 연구야말로 다른 연구자들로 하여금 핵의 기능에 관한 일반적인 질문들은 물론 생식에 암수가 어떻게 기여하는가에 대해 탐구하도록 만든 선구적인 연구였다. 아마도 이런 질문 때문에 세렌카는 Toxopneustes variegatus의 염색체 수를 세게 되었는데, 불행하게도 기술적인 문제로 들쭉날쭉한 결과를 얻었다.

반 베네덴의 논문은 375쪽에 달하는 모노그래프였으며, 1883년 『Archives de Bioligie』에 게재되었다. 반 베네덴은 루벤에서 태어나 네덜란드의 라이덴(Leiden)대학교의 동물학과 과장을 역임했으며 리에주(Liege)에서 사망했다. 벨기에 학계는 당시 프랑스어를 사용했기 때문에 반 베네덴도 프랑스어로 논문을 썼다. 그가 수정 단계의 많은 의문점을 풀어낼 수 있었던 이유는 바로 그가 Ascaris megalocephala를 실험 재료로 사용했기 때문이었다. 말에 기생하는 이 회충의 난자는 크고 투명하며, 더욱 중요한 것은 수정란이 자궁에 이르기까지 여러 단계들이 동시다발적으로 일어나 각 발생 단계의 수정란들을 다수 얻을 수 있었다. 또 이 종은 염색체를 4개만 지니고 있었고, 어떤 종들은 2개뿐이어서 여러 개의 염색체가 겹쳐서 발생하는 관찰의 혼동을 피할 수 있었다. 그러나 반 베네덴은 수정란에서 두 전핵이 합쳐진다는 사실을 전적으로 부정하였다.

그의 논문은 기존의 연구들에 대한 자세한 논평으로 시작했는데 거기에는 전핵들이 합쳐진다는 연구 결과들도 포함되어 있었다. 그리고는 회충에 관한 그의 연구 결과를 자세하게 기록하였다. 그의 결론은 다음과 같다.

(1) 수컷 전핵의 생성 과정에는 정자의 염색성 핵은 물론 그것을 싸고 있는 비염색성 막의 생성도 포함된다. (2) 생식낭(germinal vesicle)은 암컷 전핵에 염색성 요소는 물론 비염색싱 물질도 제공한다. (3) 두 전핵은 합쳐지지 않고도 점진적인 성장 과정을 거쳐 정상적인 핵으로 발달할 수 있다. (4) 말의 회충에서는 두 전핵이 없어지며 하나의 핵이 형성되는 것이 아니다. 즉 헤르트비히가 말하는 난할핵(Furchungskern, cleavage nucleus)이 존재하지 않는다. 수정이란 두 핵물질이 결합하여 이루어지는 것이 아니라 난모 세포 내에 있는 두 요소로부터 만들어진다. 두 핵 중 하나는 난자에서 그리고 다른 하나는 정자에서 온다. 공 모양의 극체 형태로 방출된 핵물질 대신

수컷 전핵이 들어와 두 반핵(half-nucleus)들이 형성되면 수정이 되는 것이다. (5) 두 전핵이 여느 세포 분열이나 마찬가지로 일련의 변형 과정을 거치고 나면 각각 두 개의 염색성 고리를 형성한다. (6) 네 개의 염색성 고리들은 별 모양의 염색체를 형성하지만 각각 고유의 형태를 유지한다. 그리고 각각 길이로 분열하여 한 쌍의 둘째 고리를 만든다. (7) 최초의 두 할구(blastomere)들에 들어 있는 각각의 핵은 첫째 고리의 반씩을 받는다. 즉 두 암컷과 두 수컷의 둘째 고리 네 개가 만들어진다.

따라서 세포 분열 과정 중 어느 때에서라도 암컷 염색 물질과 수컷 염색 물질의 결합은 일어나지 않는다. …

수컷 요소와 암컷 요소는 난할핵에서 결코 합쳐지지 않으며 그들로부터 만들어지는 모든 핵들에서도 늘 별개의 존재로 남는다.

이 같은 그의 기술은 자세한 그림과 함께 명확하게 기술되어 있다. 다만 그의 연구는 단순히 해부학적 기술뿐만 아니라 생물학적 법칙에 관한 것이었다. 둘째 염색체 고리들을 쌍둥이 구조로 간주하였고 그림에 나와 있는 대로 형태적으로 첫째 고리와 동일하다는 것은 구조가 같으면 기능도 같음을 의미한다. 두 개의 1차 할구 각각이 첫째 고리 각각의 반을 받는다는 관찰에 의거하여 그는 두 1차 할구의 핵들이 동일한 염색성 고리들을 받는다는 것을 알았다. 이러한 사실은 같은 고리들이 1차 할구로부터 생성되는 모든 세포들에서도 별개의 존재로 안정성 있게 유지된다는 관

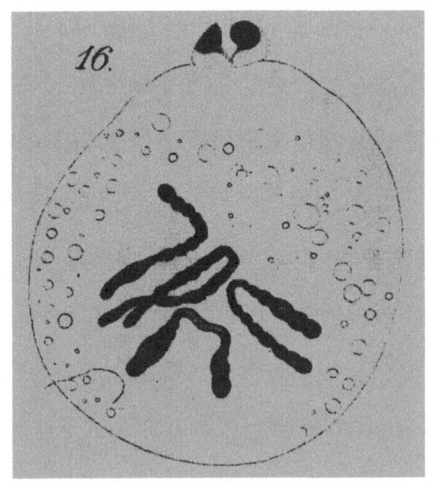

그림 63 말 회충의 염색체(2n = 4)를 정확하게 묘사한 반 베네덴의 도해

찰로 확인하였다.

그는 그 후 토끼와 박쥐 등 포유류에 대한 연구도 수행했는데 회충 연구와 다른 점을 발견하지 못했다. 그는 또 1887년 네이트(Neyt)와 함께 동원체(centromere)의 형성에 관련한 미스터리 대부분을 풀어냈다. 그들은 동원체가 독립적으로 영원한 삶을 유지한다고 믿었다. 동원체를 할구뿐만 아니라 그로부터 생성되는 모든 세포에서도 발견하였다. 각각의 유인구(attraction sphere)는 기존의 유인구로부터 만들어졌고 각각의 소체(corpuscle) 역시 기존의 소체로부터 만들어졌다. 더욱 중요한 것은 이 소기관의 분열이 핵의 분열보다 먼저 일어난다는 사실이었다. 동원체의 독립성에 반 베네덴과 네이트는 너무나 감동되어 그것이 핵 못지않게 중요하다고 주장하기에 이르렀다. 반 베네덴은 그의 1883년 논문 후기에 슈나

이더의 연구에 대해 언급했고, 그의 연구가 같은 해 책으로 나왔지만, 반 베네덴이 이미 그의 논문을 제출한 후에야 도착했다. 슈나이더도 같은 종의 회충을 연구했고 난자 전핵의 활동을 관찰했지만, 정자 전핵의 존재를 부인했고 수정란 속의 두 전핵들은 난자 전핵이 분열하여 만들어지는 것으로 믿었다. 반 베네덴의 비판은 가혹했다. 라스파일에 대한 슐라이덴의 비판을 연상케 하는 것이었다. 반 베네덴은 독자들에게 스스로 슈나이더의 책이 얼마나 가치 없는 것인가를 판단하라고 요구했다. 반 베네덴의 관찰은 이듬해 식물에서 비슷한 현상을 관찰한 호이저가 확인하였다.

오스트리아인으로 피르호의 사위이자 보베리의 칭송을 받았던 라블(Carl Rabl)도 반 베네덴 못지않게 세심한 관찰을 했다. 어떤 면으로는 유전적인 측면에 더 큰 관심을 보였다. 라블의 논문은 1885년에 발표되었는데 Salamandra maculata 유충의 입과 아가미 표피세포의 분열을 주로 다뤘다. 이것은 세포학적 연구에는 좋은 재료였으나 Ascaris megalocephala 보다는 못해 라블이 기재한 해부학적 발견은 그보다 2년 전에 발표된 반 베네덴의 연구만큼 자세하지 않았다. 그러나 라블은 플레밍이 주장했던 것처럼 세포 분열 전기의 염색체들이 서로 연결되어 있는 것이 아니라 처음부터 분명히 따로 떨어져 있었다는 것을 밝혔다. 전기 상태의 염색체들의 수를 세어 보니 중기의 염색체 수와 다르지 않았다. 라블은 염색체의 수가 종에 따라 일정하다는 것을 증명하여 Toxopneustes에서 세렌카가 관찰한 수적인 변이는 오류임을 밝혔다. 마이어(Mayr)는 훗날 보베리가 설명한 염색체의 독립성과 연속성을 처음으로 정리한 사람이 바로 라블이

그림 64 라블(Carl Rabl, 1853~1917)

라고 평가한다. 하지만 나는 이 점은 라블의 단순한 발견에 지나친 의미성을 부가하는 것 같다고 생각한다. 반 베네덴은 본인이 라블보다 먼저 이러한 사실을 밝혔음을 주장했고 그의 그런 주장은 Ascaris에 대한 연구로 잘 입증되었다. 반 베네덴은 또 염색체의 수가 할구 난세는 물론 그로부터 생성되는 모든 세포에서도 일정하다는 사실을 밝혔다. 다만 라블의 결과를 독일 학자들이 특별히 자주 인용하였고 그의 연구가 척추동물에 관한 것이라서 더 일반적인 지지를 받은 것 같다.

정확도를 요구하는 미세해부학 연구에서는 명명법이 매우 중요하다. 앞서 말한 대로 'Karyokinesis'라는 용어를 슐레이처가 소개하였는가 하면 체세포분열(mitosis)이라는 용어는 플레밍이 만들었다. 전기, 중기, 후기 등의 용어들은 1884년에 발표된 슈트라스부르거의 논문에 소개되었다. 그는 염색체가 길이에 따라 갈라진다는 사실을 인정함은 물론 핵분열의 복잡한 과정에 관한 플레밍의 공헌을 높이 평가하기도 했다. 그는 전기를 '염색체가 실타래처럼 묶이기 시작하는 핵분열의 초기 단계'라고 정의했다. 그는 또 중기란 염색체가 길이로 갈리는 시기이며 '두 딸핵 부분으로 갈라지기 시작하여 궁극적으로는 완전히 분리되어 재배열되는 과정'을 일컫는다. 그리고 후기는 '딸핵 부분으로 완전히 갈라진 후 딸핵이 형성되는 시기'를 말한다.

이전의 Stäbchen, Schleifen, Fäden 등의 용어 대신 염색체(Chromosomen)라는 용어는 1888년에 이르러서야 발데이어(H. W. G. Waldeyer-Harz)가 제안하였다. 발데이어는 몇몇 독일 대학들의 학과장직을 거쳐 베를린의 해부학 교수로 재직하다 그곳에서 생을 마감하였다. '말기'라는 용어는 쾰리커스(Köllikers)의 조수였던 하이덴하인(Martin Heidenhain)이 그의 긴 논문의 제4장 제목에서 'Telophasen' 또는 'Telokinesis'라는 말로 처음 사용했다. 같은 장에서 그는 다음과 같은 정의를 내렸다. "체세포분열의 마지막에 벌어지는 핵과 '적도판(microcentre)'의 움직임을 나는 'telokinesis'라 부른다." 그리고 그는 이 새 용어에 대한 설명을 상세하게 적었다.

'간기(interphase)'라는 용어는 제1차 세계대전이 발발하기 바로 전 해에 등장했다. 룬데고르드(Lundegardh)는 체세포분열을 하지 않는 휴지기의 세포들을 구별하기 위해 이 용어를 만들고 한 체세포분열로부터 다음 체세포분열까지 가는 동안의 비활동적인 시기를 다음과 같이 기록했다.

휴지 상태의 핵을 자세히 들여다보면 금방 휴지기로 들어선 세포와 이미 얼마간 휴지 상태에 있었던 세포 사이에는 염색 물질(caryotin)의 모양이 다르다는 것을 알 수 있다. 그러므로 두 세포 분열 사이의 기간에 새로운 이름을 붙여줄 필요가 있다고 본다. 그래서 나는 이 시기를 간기라 부르고 특별히 간기가 어느 정도 진행된 후의 핵에 대해 논하고 있다.

이 장에서 논의한 연구들은 기본적으로 형태학적 연구들이다. 대부분 염색체의 구조, 수, 성질, 그리고 행동에 관한 것들이다. 반 베네덴과 라블은 그들이 관찰한 현상의 생물학적 의미에 대해 잘 알고 있었으나 그 기능에 대해서는 그리 깊게 다루지 못했다. 핵분열의 형태적인 면들이 분명하게 알려진 후에야 비로소 기능이 중요하게 다뤄지기 시작했다. 염색체의 기능이 초기에는 어떻게 분석되었으며 염색체의 행동과 유전 물질의 전달 간의 관계가 어떻게 확립되었는가가 다음 장의 주제이다.

제17장

세포 내 유전 결정 인자들

그림 65 헤켈(Ernst Haeckel, 1834~1919)

요약한 유전학의 역사를 다루는 것이 이 책의 목표는 아니다. 그러나 세포 내 유전 결정 인자들과 이들이 어떻게 발견되었는지에 대한 논의를 전혀 하지 않고는 세포설을 논의할 수가 없다. 핵이 세포의 유전 물질을 지니고 있다고 처음으로 제안한 사람 중 하나가 예나에서 40년 이상 동물학 교수를 지낸 헤켈인 것 같다. 그의 저술은 너무나 방대하고 후에 인정 받지 못한 이론들 때문에 영향을 받고 있어, 그의 핵에 대한 견해가 실험적 근거에 의한 것인지 아니면 단순히 그가 내어놓은 여러 일상적인 견해들 중에서 영감을 받은 추측인지에 대해서는 단정하기가 어렵다. 어쨌든 1866년의 『일반해부학(*Allgemeine Anatomie*)』에서 그는 핵을 포함하지 않으며, 막에 의해 둘러싸여 있을 수도 있고 둘러싸여 있지 않을 수도 있는 무핵세포와 핵을 포함하는 실제 세포들을 비교하였다. "우리는 기본적인 개체들 중에서 무핵세포라 정의할 수 있는 것과 핵을 포함하는 실제 세포들을 구분해야 한다." 그리고 다시 "무핵세포 혹은 무핵의 원형질 덩어리는 핵이 있는 실제 세포들과 마찬가지로 두 부류로 나누어진다." 자명하게도 헤켈은 핵을 실제 세포에서 절대 필요한 요소로 간주하였고, 실질적으로 핵이 유전 형질의 전달을 담당한다고 제안하였다. 원형질은 그의 제안대로라면 환경에 대한 세포의 수용체에 불과하였다. 방대한 두 권의 책에 쓰인 이 짧은 문장은 기억조차 되지도 않았으며, 이러한 영감을 받은 추측은 일반적으로 받아들여지지 않았다. 이후 한 세기가 지난 뒤에야 비로소 심도 있게 받아들여지게 되었다.

1880년대 초기에 비로소 몇몇 학자들이 유전 형질의 전달을 세포 수준에서 생각하기 시작하였다. 1760년대에 이루어진 콜로이터(Kolreuter)의 식물 육종 실험들은 최소한 Nicotiana에서는 난자와 정자가 유전적으로 동등하게 기여한다는 것을 보여주었다. 그러나 난자의 원형질이 정자의 원형질보다 훨씬 많다. 이러한 자명한 관찰이 네겔리로 하여금 당시에 많은 주목을 받은 상상력이 가득한 유전에 관한 이론을 도출하게 하였으나 곧 허구로 밝혀지게 된다. 네겔리는 유전 형질들은 안정되고 일반적인 환경적 영향에 민감하지 않은 원형질의 작은 일부분에 의해서 전달된다고 생각하였다. 그는 이러한 인자를 이디오플라즘(idioplasm)이라고 명명하였으며, 이미 알려진 사실들과 일치시키기 위하여 이디오플라즘은 정자와 난자에 동량이 존재해야 한다고 생각하였다. 그리고 나서 네겔리는 이디오플라즘의 물리적 성질에 관해서 자세히 기술하였는데, 이 기술은 실제와는 전혀 동떨어진 내용이었다. 세포에서 세포로 전달되는 이디오플라즘은 세포의 어느 단면에서나 동일한 구조를 지닌 긴 선형으로 이루어졌다고 그는 추측하였다. 성장은 이 선형 구조가 기본 구조의 변함없이 길게 자라서 이루어진다고 생각하였다. 그럼에도 불구하고 각 선형은 독특한 성질을 지니며, 이러한 연유로 세포와 조직의 분화를 조절한다고 상상하였다. 이 공상으로부터 우리가 알 수 있는 것은, 네겔리가 유전 형질의 결정 인자와 유전 형질 그 자체 간에 차이가 있음을 분명히 알고 있었다는 사실이다. 그러나 이미 알려져 있는 사실임에도 불구하고, 네겔리가 어디에서도 핵이 그가 주장한 이디오플라즘의 실체일 가능성도 있다는 것을 언급하지 않았다는 사실이 아직도 놀라울 뿐이다.

네겔리의 책이 출판되기 바로 전해에, 당시 브레슬라우대학교의 강사였던 루(Wilhelm Roux)가 이론적 논문을 출판하면서 핵분열은 간접적이며, 염색체들의 종적 분열을 수반한다는 사실에 대한 분명한 해석을 내린다. 루는 간접적 핵분열이 핵물질을 양적으로 뿐만 아니라 질적으로도 똑같이 분배시킨다고 주장하였다. 직접 핵분열이 핵을 정확히 둘로 나눌 수 있을지는 몰라도, 핵의 특성을 동등하게 분열시키기 위해서는 핵이 균질일 때만 가능한데, 수많은 관찰을 통해 핵이 균질하지 않음은 알려져 있었다. 루는 염색체들이 한 벌의 서로 다른 유전 결정 인자들로 구성되어 있으므로, 각 딸세포가 같게 유전되기 위해서는 종적 분열이 필수적이라고 제안하였다. 루가 종종 배의 극성이 포배의 핵이 불균등 핵분열에 의해 결정된다는 입장을 취하였기 때문에 비판을 받았다. 그러나 극성에 대한 가

그림 66 루(Wilhelm Roux, 1850~1924)

능한 모델이 20세기 후반에서야 제시되었다는 점을 감안하면, 루가 분화의 문제에 대한 해답으로 핵의 유전 형질이 정확히 분배되는 과정을 밝혀내지 못한 것은 놀라운 일이 아니다. 루는 발생학자였고, 그가 발생의 근본 문제가 염색체에 대해서 알려진 사실에 의해서만 풀 수 없다는 것을 충분히 주지하고 있었음은 그의 선견지명이라 할 수 있다. 어쨌든 루는 한동안 세포 내 유전 결정 인자를 핵 이외의 다른 곳에서 발견할 수 있을지도 모른다는 가능성을 인정하지 않았다.

바로 다음 해에 슈트라스부르거는 이 견해를 뒷받침하는 결정적 실험 증거를 제시하게 된다. 슈트라스부르거는 난초의 꽃가루관이 암술을 따라 내려가면서 배낭으로 들어갈 때, 핵은 관의 끝으로 밀려 나가 배낭 안으로 들어가는 반면, 원형질은 들어가지 않는다는 것을 밝혀내었다. 이때 핵을 따라 소량의 원형질이 따라 들어간다고 반론을 제기할 수도 있는데, 이 반론은 1952년에 허시(A. D. Hershey)와 체이스(M. Chase)의 널리 알려진 실험에서도 야기될 수 있다. 허시와 체이스는 박테리아를 파지로 감염시켰을 때, 박테리아 안으로 들어가는 것은 방사능 인으로 표지된 파지의 핵산이지 방사능 황으로 표지된 파지의 단백질이 아님을 밝혔다. 아무튼 슈트라스부르거의 관찰 후에는 핵이 유전 형질의 전달에 관여할지도 모른다는 가능성을 완전히 무시할 수가 없게 되었다. 헤르트비히는 1884년과 1885년에 발표한 두 논문에서 이 문제를 해결하였다. 헤르트비히는 유전의 새로운 이론을 제시하면서, 네겔리의 이디오플라즘 가설이 수컷과 암컷의 전핵의 혼합으로 형성된 융합핵으로 충족될 수 있다고 제시하였다. 헤르트비히는 여기서 한발 더 나아가, 유전되는 특성의 전달자로 작용하는 핵물질은 1869년도에 미셔(Friedrich Miescher)가 핵으로부터 추출한 인이 풍부하면서 점도가 높은 물질인 뉴클레인(nuclein)이라고 제안하였다. 이 제안은 그 당시 잠시 흥미를 불러일으키긴 하였지만, 1940년대에 에이버리(Oswald Avery)와 그의 동료들이 DNA가 유전 물질임을 입증하기 전까지는 주목을 받지 못하게 된다.[1]

유전학의 역사에 있어서 바이스만(August Weismann)의 역할은 너무나 잘 알려져 있어서 여기서는 장황하게 설명할 필요가 없다. 그러나 생식질에 대한 그의 유명한 두 논문이 이디오플라즘에 대한 네겔리의 책이 출판되기 한해 전과 한해 뒤에 출판되었다는 사실은 흥미롭다. 바이스만은

---

[1] 한국유전학회 총서 제7권 『DNA 연구의 선구자들』, 2000. 전파과학사. 서울

그림 67 바이스만(August Weismann, 1834~1914)

세포를 생식 계통 세포 계열과 개체의 나머지를 구성하는 체세포로 구분을 지었다. 그는 세포핵은 전달이 가능한 유전 물질의 저장고라고 확신하였으며, 더 나아가 이들이 염색체의 환상선을 따라 일직선상으로 배열되어 있다고 주장하였다. 그는 수정이 일어날 때 염색체들의 새로운 조합이 만들어져 새로운 유전 결정 인자들의 조합이 형성되어야 한다고 주장하였다. 이 주장은 세포학적인 견지에서 반 베네덴이 처음으로 자세히 기술한 감수분열에서 염색체 숫자가 반으로 줄어드는 사실에 대한 만족할 만한 설명을 제시하였다. 네겔리가 의도적으로 핵에 대한 논의를 피했는지에 대한 의문은 추측만이 가능하다. 우리는 그가 그때까지 자신의 초기 관찰인 무핵세포와 핵이 단지 일시적으로 존재하는 세포의 영향을 어느 정도 받고 있었다고 추측해 볼 수 있다.

그림 68 보베리(Theodor Boveri, 1862~1915)

염색체가 유전 형질의 운반체라는 결정적인 증명은 뷔르츠부르크대학교에서 대부분의 연구 경력을 바친 보베리(Theodor Boveri)의 연구로부터 나왔다. 그의 실험은 방법론에 있어서 커다란 변화를 가져왔다. 보베리 전에는 세포 구성 인자들에 대한 분석이 바이스만의 경우처럼 이론에 의거하거나 아니면, 플레밍의 경우처럼 선택한 세포나 조직들에 대한 자세한 현미경 관찰에 의존하였다. 보베리는 세포생물학에 대한 연구를 관찰과 유추로부터 손으로 조작할 수 있는 실험으로 전환시켰다. 그의 염색체 기능에 대한 연구는 그가 존경하고 있는 반 베네덴의 관찰에 대한 재조명으로부터 시작되었다. 반 베네덴과 마찬가지로 보베리는 Ascaris megalocephala의 난자를 실험 재료로 사용하였는데, 그가 도달한 결론은 기본적으로 반 베네덴과 라블이 제안한 견해와 같았다. 그러나 보베리는 전에는 추측이거나 해석이었던 것들을 원리로 전환시켜 놓았다. 그는 이것을 단지 두 개의 염색체만을 가지고 있어서 형태를 아주 쉽게 분석할 수 있는 Ascaris univalens에 대한 관찰로 확대시킴으로써 이룰 수 있었다. 이 종을 이용해서 보베리는 포배의 핵분열 중에 보이는 염색체의 숫자, 배열 및 형태가 보존된다는 것을 확실하게 보여줄 수 있었다. 더욱이 그는 이러한 현상은 일반적이라고 주장하였으며, 이 사실을 염색체의 연속성(Continuity of chromosome)이라는 원리로 명명하였다.

염색체의 연속성이란, 근본적으로 휴지기의 핵에서조차도 염색체들이 자신의 독립성을 유지하는 독립적인 실체로 존재함을 의미한다. 그는 핵에서 나오는 것은 핵으로 들어간다고 주장하였다. 이것은 물론 라블의 논리이지만, 이제 더 확고한 증거로 이용되었다. 여전히 Ascaris를 가지고 연구하고 있던 보베리는 1888년에 중심체의 독립성도 확인하고 중심체의 생활환을 기술하였다. 반 베네덴과 네이트가 1년 전에 아주 유사한 결론에 도달하지만 보베리는 이를 전혀 모르고 있었다.

그러나 보베리의 경이적인 실험 기법을 보여준 것은 그의 두 번째 원리인 염색체의 개별성(individuality of chromosome)이었다. 그는 헤르트비히가 사용하였던 성게알을 재료로 이용한다. 이것을 선택한 이유는 비교적 간단한 방법으로 서로 다르고 불완전한 염색체 조합을 갖는 포배들을 생산할 수 있기 때문이었다. 만일 성게알들이 아주 높은 농도의 정자에 노출되면 하나의 알에 2개의 정자가 침입하는 것이 가능하게 되어 3극 분열(tripolar mitosis), 4극 분열(tetrapolar mitosis)들을 만들 수 있다. 4극 분열은 수정란의 첫 번째 분할 분열을 억제하여 네 개의 중심체를 갖는 세포를 만들어낼 수 있다. 보베리는 이미 염색체들이 세포의 한 세대로부터 다음 세대로 넘어갈 때 연속성을 유지한다는 것을 알고 있었다. 즉 발생하는 수정란은 염색체들의 완전한 집단을 알과 정자 모두로부터 받으며, 각 조상의 염색체 집단은 그 자체로서 수정란의 정상적 발생을 유도하는 데 충분하다는 것이다. 실험적으로 유도한 비정상적 염색체 조성을 갖는 포배들의 운명을 연구함으로써, 그는 루가 제의한 각 염색체들이 유전적으로 다른 하중을 갖는다는 것을 시험해 볼 수 있었다. 보베리가 얻은 결과들은 결정적으로 루가 옳다는 것을 보여주었다. 유전 형질을 전달하는 각 염색체들이 다른 능력들을 갖는다는 것이 밝혀지게 된 것이다.

그러나 이러한 발견은 모두에게 받아들여지지는 않았다. 이 발견을 헤르트비히와 특히 피크(Fick)가 강력히 부정했다. 1909년까지도 보베리는 피크의 이론에 대해 자신의 입장을 방어하고 있었다. 보베리가 자신의 최후 입장을 요약한 것은 현대 교과서에 실려도 부적절하지 않을 징도이다.

> 수정시 이 두 반수체 핵은 서로 합쳐져서 이배체 핵을 형성하여 2쌍의 염색체를 갖게 된다. 그리고 각 염색체의 분열과 딸염색체의 조절된 핵분열에 의해 일차 포배 세포 모두 이를 유전받게 되는 것이다. 결과적으로 휴지기의 핵에서는 각 염색체들이 파괴된다. 그러나 우리는 휴지기 핵의 핵질에서 핵으로 들어간 모든 염색체들이 특정 위치에서 파괴되지 않고 있는 강력한 증거를 가지고 있다. 그리고

세포가 다음 분열을 준비하면서 이 부위가 다시 같은 염색체들을 생산해 낸다(염색체들의 개별성에 관한 논리). 이와 같은 방식으로 염색체들의 두 조합이 수정 시 합쳐져서 새로운 개체의 모든 세포들에게 유전되는 것이다. 일명 감수분열은 생식 세포에서만 일어나서 이배체를 반수체로 전환시킨다.

보베리는 곧바로 자신의 염색체의 개별성에 관한 논리가 1866년에 『식물 잡종에 대한 연구(Versuche über Pflanzen-Hybriden)』에 출판된 멘델의 분리의 법칙과 일치함을 알아냈다. 잘 알려진 것처럼 멘델의 논문은 드 프리스(de Vries), 코렌스(Correns), 체르마크(Tschermak)에 의해서 1900년에 재발견되기 전까지는 오랫동안 잊혀져 있었다. 보베리는 이 일치성에 대해서 1902년에 처음 언급하였으며, 1903년과 1904년에 이를 더 자세히 논의하였다. 그는 멘델이 기술한 유전 형질의 안정성과 개별성이 자신이 밝히려고 많은 노력을 기울인 염색체 역학과 얼마나 잘 일치하는가를 알 수 있었다. 그는 다시 한번 멘델이 발견한 유전 법칙이 염색체의 작용에 의해서 결정된다고 확신하게 되었다.

새로운 세기의 도래와 함께 미국 학자들의 세포설에 대한 기여가 시작되었다. 1901년에 펜실베이니아대학교와 우드홀 해양생물학연구소에서 연구하고 있던 몽고메리(Thomas H. Mongomery)가 42종의 반시목 곤충의 정자 염색체에 관한 논문을 출판하였다. 그는 염색체의 크기가 현저히 다른 쌍을 이루지 않는 성염색체로 추정되는 염색체를 발견하였다.

또한 감수분열 시 수컷에서 유래한 염색체는 항상 암컷에서 유래한 염색체와 짝을 이루는 것도 알아냈으며, 염색체가 단 두 개밖에 없는 Ascaris univalens의 경우에 있어서도 이 법칙이 적용될 것이라고 언급하였다. 이것은 염색체들이 크기뿐만 아니라 질에 있어서도 다르다는 것을 강력히 함축하고 있다.

1902년에 출판된 매클렁(C. E. McClung)의 논문은 「부속 염색체—성 결정 인자(The Accessory Chromosome—Sex Determinant)」라는 제목이었다. 주로 메뚜기를 재료로 연구한 매클렁은 당시 캔사스대학교의 동물학과 강사로 있었으며 뒤에 학과장이 되는데, 정자는 두 종류가 형성되며 이 중 하나만이 부속 염색체를 갖는다는 것을 알아내었다. 이 부속 염색체는 전체 정자의 반에만 존재하기 때문에 매클렁은 이것이 개체의 성을 결정하는 데 관여할 것이라는 결론을 이끌어내게 된다. 아마도 이것이 특정 기능을 특정 염색체에 부여하려는 첫 시도 중의 하나일는지도 모르나, 매클렁이 부속 염색체에서 발견한 이 기능 특이성이 일반적으로 다른 염색체들에게 적용되기까지에는 너무나 큰 거리가 있었다. "이것이 모든 경우에 가능할 것이다."라는 것을 보인 것은 1902년에 서턴(Sutton)에 의해서였다. 서턴은 매클렁의 첫 번째 대학원생이었으며, 1901년에 컬럼비아대학교의 윌슨(E. B. Wilson)의 실험실로 옮겨갔다. 서턴은 덩치가 큰 메뚜기 Brachystola magna에서 11쌍의 염색체들이 형태적으로 서로 다르며, 이는 물론 부속 염색체도 그러하다는 것을 알아내었다. 그리고 일반적인 염색체들 간의 변치 않는 형태적 차이들이 생리학적 혹은 질적 차이의 가시적인 발현일 가능성이 높다고 생각하였다. 그는 논문의 결론에서 아버지와 어머니의 염색체가 쌍을 이루는 것과 감수분열 시 서로 분리되는 것이 멘델의 유전 법칙의 바탕을 이룬다고 제안하였다.

이 요지는 1903년 서턴이 출판한 개괄논문에서 더 정교하게 다듬어진다. 이러한 연구들은 윌슨 실험실에서 이루어졌는데, 윌슨은 이 아이디어를 '서턴-보베리(Sutton-Boveri theory)' 이론이라는 이름으로 전파하려 하였다. 서턴은 이 논문을 쓴 1902년에 보베리의 연구에 대해 이미 알고 있었으며, 보베리와 같이 연구를 한 윌슨도 보베리의 연구에 대해 이미 알고 있었다. 사실 서턴은 다음과 같은 문구로 보베리에게 공훈을 돌리면서 이를 인정하고 있다. "염색체 연구로 제기한 증거들은 증거라기보다는 차라리 제안의 성격이 더 강한데 이 연결은 이미 보베리가 수행한 실험적 연구의 형태학적 보충이다." 이것이 몽고메리, 매클렁, 서턴 측 그리고 보베리 간의 차이점을 총괄한다고 할 수 있다. 앞의 세 명은 모두 형태학적 관찰로부터 추정을 한 반면, 보베리는 이를 실험으로 풀려고 했다는 것이다.

제1차 세계대전이 발발한 해에 보베리는 심혈을 기울인 논문에서 악성종양의 기원에 대해서 언급하는데, 현재 우리들의 아이디어와 큰 차이가 없다. 그는 1년 뒤에 사망하였다. 이제는 유전 형질이 염색체 이외의 다른 것에 의해서 전달될 수 있다고 주장하는 것은 생각조차 할 수 없게 되었다. 주된 관심사는 과연 염색체가 실제로 유전 형질을 전달하느냐라기보다는 어떻게 전달하느냐로 바뀌었다. 염색체 기능 연구의 새로운 장은 모건(Thomas Hunt Morgan)[2]에 의해서 열리게 되었다. 모건의 초파리(Drosophila melanogaster) 유전에 대한 첫 번째 논문은 그가 컬럼비아대학교의 윌슨 실험실에 있던 1910년에 출판되었는데, 아주 빨리 번식하는 초파리가 유전학 연구에 있어서 중심적 위치를 차지하게 되는 것은 이후 멀지 않은 시기에 이루어지게 된다. 모건은 이후 캘리포니아 공학 연구소로 옮기게 되는데, 주위의 많은 재능있는 협력자들을 모아서 궁극적으로 현대 유전학의 새로운 장을 연다. 염색체 연구의 새로운 차원은 보베리와 함께 연구하였던 페인터(Theophilus Painter)에 의해서 열리게 된다. 그는 1933년에 초파리의 침샘에서 거대 염색체를 발견했음을 보고 하면서 이것이 염색체 구조를 연구함에 있어서 전대미문의 기회를 제공하게 될 것임을 인식하게 된다. 즉시 초파리의 돌연변이를 거대 염색체의 특정 위치의 가시적 변화와 연결시킬 수 있게 된다. 제1차 세계대전의 발발로 1914년 8월부터 유럽의 주요 생물학 실험실들이 연구를 중지하게 되고, 염색체 기능의 유전학적 분석의 주도권은 미국으로 넘어가게 되는데, 이어 나치즘의 대두로 나치즘의 공포를 피해 유럽을 떠난 학자들이 미국에서 지대한 공헌을 하게 된다.

20세기 초반부에 세포론(cell doctrine)에 대한 기본적인 윤곽이 설정된다. 동물과 식물 조직 모두 근본적으로 세포로 이루어졌으며, 세포는 이분법에 의해서 증식하고, 세포는 막으로 둘러싸인 원형질과 핵으로 이루어져 있다. 염색체는 핵에 저장되어 있으며 염색체는 세포가 분열할 때 가

---

2 한국유전학회 총서 제3권 『유전학 최초의 노벨상 수상자 모건』, 2000. 전파과학사, 서울.

시화되어 세로로 갈라진다. 그리고 염색체가 유전 형질의 운반체이며, 각 염색체는 특정 형태와 특정 기능을 갖는다는 사실에 모두 동의하게 된다. 이러한 사실은 자연선택설[3]과 융합하여 모든 현대 생명과학의 근본 바탕이 되었다. 생명의 기원이 어떠하든지 간에 끊임없는 생명 진화의 문제점에 대한 해답은 점진적인 세포에 대한 더 깊은 이해에서 찾을 수 있을 것이다. 이것이 생물학이 인류의 문화에 제공할 수 있는 가장 큰 공헌이 될 것이다.

---

3   한국동물학회 교양총서 제1권 『찰스 다윈』, 1999. 전파과학사, 서울.